聚合物结晶的建模与模拟

阮春蕾　著

電子工業出版社
Publishing House of Electronics Industry
北京·BEIJING

内 容 简 介

聚合物结晶行为及其形态演化是决定聚合物制品力学性能的关键因素。本书着眼于聚合物介观尺度的结晶形态，建立了相应的数学模型与数值算法。同时，考虑到聚合物介观尺度的结晶形态与宏观尺度的温度、流场的多尺度耦合特点，本书将多尺度算法引入聚合物静态结晶、流动诱导结晶过程中，较为深入地研究了聚合物的结晶行为。本书的主要内容包括聚合物静态等温结晶的建模与模拟、聚合物静态非等温结晶的建模与模拟、冷却阶段聚合物静态结晶的多尺度建模与模拟、短纤维增强聚合物静态结晶的建模与模拟、温度梯度下聚合物静态结晶的建模与模拟、耦合流动传热的聚合物成型结晶的建模与模拟。其中，前五部分主要涉及聚合物静态结晶，最后一部分涉及流动诱导结晶。

本书可供计算数学、计算材料、计算化学等专业的研究生和教师，以及相关的科研人员阅读和参考。

图书在版编目（CIP）数据

聚合物结晶的建模与模拟 / 阮春蕾著. —北京：电子工业出版社，2024.4
ISBN 978-7-121-47718-8

Ⅰ. ①聚… Ⅱ. ①阮… Ⅲ. ①聚合物－结晶－研究 Ⅳ. ①TQ31

中国国家版本馆 CIP 数据核字（2024）第 077351 号

责任编辑：秦淑灵　　特约编辑：田学清
印　　刷：三河市鑫金马印装有限公司
装　　订：三河市鑫金马印装有限公司
出版发行：电子工业出版社
　　　　　北京市海淀区万寿路 173 信箱　　　邮编：100036
开　　本：787×1 092　1/16　印张：10.5　字数：261 千字
版　　次：2024 年 4 月第 1 版
印　　次：2024 年 4 月第 1 次印刷
定　　价：68.00 元

凡所购买电子工业出版社图书有缺损问题，请向购买书店调换。若书店售缺，请与本社发行部联系，联系及邮购电话：(010) 88254888，88258888。

质量投诉请发邮件至 zlts@phei.com.cn，盗版侵权举报请发邮件至 dbqq@phei.com.cn。

本书咨询联系方式：qinshl@phei.com.cn。

前　言

我国是聚合物制品的需求大国。聚合物制品如何实现高性能化已成为我国聚合物工业面临的巨大挑战。聚合物的结晶过程是影响晶体微观结构并决定聚合物制品性能的关键因素。由于结晶过程的复杂性，传统的解析解法和实验方法受到很大的制约，数值算法为改变这种状况提供了新手段。

目前关于聚合物结晶的模拟大多停留在宏观尺度上，只能预测诸如相对结晶度、结晶速率等宏观参数，无法获得体系内部的结构演化等细节。本书解决了聚合物结晶形态演化无法预测的问题，为聚合物相变多尺度模型的建立及宏观-介观算法的研究提供了理论与技术支持，为深入探索聚合物的工艺-结构-性能之间的关系提供了途径。

本书的内容多为作者近年来发表的一些研究成果。本书的出版不仅得到了国家自然科学基金（11402078）、中国博士后基金（2019M661782）的资助，还得到了河南科技大学数学与统计学院的领导和老师们的大力支持和关心，作者在此表示感谢。同时感谢电子工业出版社同志倾注的心血。出版一本关于聚合物结晶数值模拟的专著，是作者多年的梦想，但因能力有限，书中难免存在不妥之处，殷切希望读者批评指正。

目　录

第 1 章　绪论 ········· 1
1.1　引言 ········· 1
1.2　聚合物结晶的概述 ········· 2
1.2.1　聚合物结晶的多尺度特点 ········· 2
1.2.2　聚合物结晶形态 ········· 3
1.3　聚合物静态结晶的研究现状 ········· 4
1.3.1　聚合物静态结晶动力学 ········· 4
1.3.2　聚合物静态结晶形态学 ········· 8
1.3.3　聚合物静态结晶的数值模拟 ········· 10
1.4　聚合物/纤维复合体系结晶的研究现状 ········· 11
1.4.1　横晶的形成及其对复合材料力学性能的影响 ········· 12
1.4.2　聚合物/纤维复合体系结晶动力学及结晶形态学 ········· 12
1.5　聚合物流动诱导结晶的研究现状 ········· 13
1.5.1　聚合物流动诱导结晶动力学模型 ········· 13
1.5.2　结晶对流变学的影响 ········· 16
1.5.3　聚合物流动诱导结晶的形态学 ········· 17
1.5.4　聚合物流动诱导结晶的数值模拟 ········· 18
1.6　主要内容与结构安排 ········· 21
第 2 章　聚合物静态等温结晶的建模与模拟 ········· 23
2.1　二维等温结晶的建模与模拟 ········· 23
2.1.1　等温结晶的数学模型 ········· 23
2.1.2　等温结晶的二维数值算法 ········· 26
2.1.3　二维等温结晶动力学的 Avrami 模型 ········· 27
2.1.4　结果与讨论 ········· 27
2.2　三维等温结晶的建模与模拟 ········· 32
2.2.1　等温结晶的参数描述模型 ········· 32
2.2.2　等温结晶的三维数值算法 ········· 33
2.2.3　三维等温结晶动力学 Avrami 模型 ········· 33
2.2.4　结果与讨论 ········· 34
2.3　本章小结 ········· 40

第 3 章　聚合物静态非等温结晶的建模与模拟 …… 41
3.1　二维非等温结晶的建模与模拟 …… 41
3.1.1　非等温结晶的数学模型 …… 41
3.1.2　非等温结晶的二维数值算法 …… 43
3.1.3　二维非等温结晶动力学的 Kolmogorov 模型 …… 44
3.1.4　结果与讨论 …… 45
3.2　三维非等温结晶的建模与模拟 …… 47
3.2.1　非等温结晶的参数描述模型 …… 48
3.2.2　非等温结晶的三维数值算法 …… 48
3.2.3　三维非等温结晶动力学的 Kolmogorov 模型 …… 49
3.2.4　结果与讨论 …… 49
3.3　本章小结 …… 55
第 4 章　冷却阶段聚合物静态结晶的多尺度建模与模拟 …… 57
4.1　冷却阶段结晶过程的二维多尺度建模与模拟 …… 58
4.1.1　多尺度模型 …… 58
4.1.2　二维多尺度算法 …… 59
4.1.3　问题描述与数值模拟 …… 60
4.2　冷却阶段结晶过程的三维多尺度建模与模拟 …… 63
4.2.1　多尺度模型与多尺度算法 …… 64
4.2.2　结果与讨论 …… 66
4.3　本章小结 …… 72
第 5 章　短纤维增强聚合物静态结晶的建模与模拟 …… 73
5.1　简单温度场下的短纤维增强聚合物结晶 …… 73
5.1.1　等温结晶 …… 74
5.1.2　非等温结晶 …… 82
5.2　复杂温度场（冷却阶段）下的短纤维增强聚合物结晶 …… 90
5.2.1　多尺度模型 …… 90
5.2.2　多尺度算法 …… 91
5.2.3　问题描述与数值模拟 …… 91
5.3　本章小结 …… 99
第 6 章　温度梯度下聚合物静态结晶的建模与模拟 …… 101
6.1　温度梯度下聚合物结晶的 Monte Carlo 模拟 …… 101
6.1.1　数学模型 …… 101
6.1.2　Monte Carlo 法 …… 102
6.1.3　结果与讨论 …… 103

6.2 结晶动力学模型——概率解析模型的使用方法……110
6.2.1 模型和算法……111
6.2.2 直接采用概率解析模型的效果……113
6.2.3 如何正确采用概率解析模型……117
6.2.4 采用平均概率解析模型的效果……117
6.2.5 平均概率解析模型中剖分份数的影响……119
6.3 本章小结……120

第 7 章 耦合流动传热的聚合物成型结晶过程的建模与模拟……121

7.1 剪切流场中聚合物结晶过程的建模与模拟……122
7.1.1 数学模型……122
7.1.2 数值算法……126
7.1.3 结果与讨论……128
7.2 库埃特流场中聚合物结晶过程的建模与模拟……133
7.2.1 多尺度模型……133
7.2.2 多尺度算法……134
7.2.3 结果与讨论……137
7.3 “表层-芯层-表层”结晶结构的多尺度建模与模拟……142
7.3.1 多尺度模型……142
7.3.2 多尺度算法……143
7.3.3 结果与讨论……146
7.4 本章小结……152

参考文献……153

第1章

绪论

1.1 引言

我国是聚合物制品的需求大国。以塑料、橡胶为代表的聚合物制品在国防、汽车、机械电子、石油化工、轻工等产业及与人们日常生活相关的产业中随处可见[1]。随着聚合物制品在国民经济和国防工业等领域的广泛应用，聚合物制品如何实现高性能化已成为我国聚合物工业面临的巨大挑战。

聚合物的成型过程是获得各种形状、结构和性能的聚合物制品的关键。聚合物常见的成型方法有挤出成型、注塑成型、模压成型等[1]。虽然这些成型方法的工艺各异，但聚合物在成型过程中几乎都经历了加热、熔融、流动、形变、冷却等阶段。聚合物在成型过程中受到不同外场力的作用、经历不同的热历史，最终形成的聚合物制品的内部结构非常复杂，而这些内部结构又影响着聚合物制品的力学性能、导热性能、表面光泽度等[1]。对于结晶型聚合物而言，其结晶过程主要发生在冷却阶段，在低温条件下，高分子链折叠堆砌形成凝聚态结构，最终形成不同的结晶形态；而这些结晶形态是决定聚合物制品性能的关键因素[1]。因此，研究聚合物成型过程中的结晶行为及其形态演化对于分析聚合物制品性能具有重大意义。

聚合物的结晶过程具有典型的时空多尺度特性[2]：从化学键振荡需要 10^{-15}～10^{-13}s，到分子聚集链行为需要 10^{-3}～10^{0}s，再到宏观传热传质需要更长时间，跨度可达十几个数量级（时间尺度）；从单分子链折叠有 10^{-10}～10^{-8}m，到聚集体或晶体有 10^{-5}～10^{-3}m，再到宏观传热传质有 10^{-2}～10^{0}m，跨度可达十几个数量级（时间尺度）。此外，聚合物在结晶过程中形成的结晶形态较为复杂，与其所处状态（如稀溶液、浓溶液或熔体）、结晶条件（如过冷度、有无应力或压力作用）等密切相关。在聚合物的结晶过程中，最常见的结晶形态有球晶和串晶两种[3, 4]。人们一般认为，在聚合物制品中心部分，聚合物所受外场力作用较小，具有形成球晶的外部条件；在聚合物制品皮层部分，聚合物所受外场力作用较大，具有形成串晶的外部条件。

在过去的几十年里，已有学者围绕聚合物的结晶行为及相关问题展开了大量研究，主要体现在各类聚合物结晶行为的实验研究及结晶动力学的理论研究上[5, 6]。随着计算机及其技术的迅猛发展，数值模拟日益活跃，目前其已成为与实验手段、理论分析相辅相成的研究工具。本书以聚合物介观尺度的结晶形态为主要研究对象，以温度场下的静态结晶、流动诱结晶（Flow Induced Crystallization，FIC）为研究重点，构建聚合物介观尺度的结晶形态演化与宏观尺度的流动传热耦合的多尺度模型，介观像素着色法、Monte Carlo 法、宏观有限差分法、有限体积法耦合的多尺度算法，较为深入地研究聚合物的结晶行为。本书的内容涉及计算数学、材料学、化学化工、热力学、高分子物理、统计学等，属于综合性交叉学科范畴。

本章的后续内容安排如下。

（1）1.2 节对聚合物结晶内容进行概述，包括聚合物结晶的多尺度特点及其结晶形态。

（2）1.3 节介绍聚合物静态结晶的研究现状，包括聚合物静态结晶动力学、聚合物静态结晶形态学及聚合物静态结晶的数值模拟。

（3）1.4 节介绍聚合物/纤维复合体系结晶的研究现状，包括横晶的形成及其对复合材料力学性能的影响、聚合物/纤维复合体系结晶动力学及结晶形态学。

（4）1.5 节介绍聚合物流动诱导结晶的研究现状，包括聚合物流动诱导结晶动力学模型、结晶对流变学的影响、聚合物流动诱导结晶的形态学、聚合物流动诱导结晶的数值模拟。

（5）1.6 节介绍本书的主要内容与结构安排。

1.2 聚合物结晶的概述

很多聚合物都具有结晶能力。结晶对聚合物的一些性质（如密度、力学性能、热性能、光学性能）有显著影响[1]。聚合物结晶与低分子结晶相比，具有很多特点，如晶胞由一个或多个高分子链段构成、不能完全结晶、熔点处于某个熔限内[7]等。

本节将从聚合物结晶的多尺度特点及聚合物结晶形态两方面对聚合物结晶进行阐述。

1.2.1 聚合物结晶的多尺度特点

聚合物结晶呈现出多尺度特点[2, 8]，具体内容如下。

（1）在宏观尺度（10^{-2}～10^{0}m）上，聚合物结晶行为实际上是由液体向固体转变的相变过程。相变区域既包含固相的晶体又包含液相的聚合物熔体，是一个复杂多相体系。在这个尺度上，人们不仅要考虑相变潜热对温度的影响，质量、动量及能量的输运，还要考虑相对结晶度对体系其他参数的影响。

（2）在介观尺度（10^{-5}～10^{-3}m）上，晶体呈现出不同的形态，不断成核与生长，并发生碰撞，将空间分为不同的几何形状。

（3）在微观尺度（10^{-9}～10^{-6}m）上，晶体内部由单个的层状片晶组成。这些片晶被无定形区域分开。对于高结晶度（80%～90%）的低分子均聚物而言，层状片晶是其主要组成部分。同时，由于层状片晶的各向异性，在偏光显微镜下，低分子均聚物内部的球部纹理会产生特有的马耳他十字纹理。

（4）在分子尺度（10^{-10}～10^{-8}m）上，晶体内部存在着复杂的超分子结构。层状片晶的杆是由无序链单元连接的，而其内部则由高分子链折叠堆砌而成。层间区域是均聚物体系和无规共聚物体系的重要组成部分，这也是片晶和非片晶界面区域（10～50 埃）所必有的拓扑结构。

1.2.2　聚合物结晶形态

聚合物成型过程中的温度、温度历史、流动及流动历史对聚合物的最终形态及性能起着重要的控制作用。

图 1.1 给出了某注塑聚合物制品横截面的结晶形态。由图 1.1 可发现该注塑聚合物制品的结晶结构呈现出典型的表层-芯层-表层结构（Skin-Core-Skin Structure）[4]，即在该注塑聚合物制品的表层，聚合物所受外场力作用较大，结晶形态以高度取向的串晶为主；在该注塑聚合物制品的芯层，聚合物所受外场力作用较小，结晶形态以各向同性的球晶为主。同时，该注塑聚合物制品中还分布着其他形态的晶体，下面对这些晶体做简单介绍。

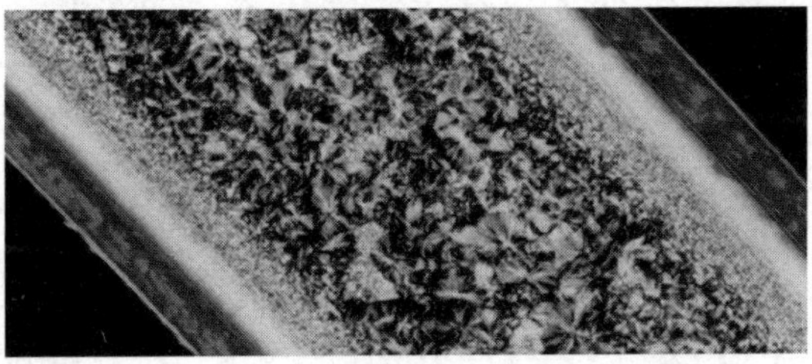

图 1.1　某注塑聚合物制品横截面的结晶形态[4]

1）球晶

球晶是聚合物结晶中最常见的一种晶体。在不受外场力作用的情况下，聚合物倾向生成各向同性的球晶。在聚合物的结晶过程中，球晶一般在聚合物制品的芯层。在球晶生长初期，球晶呈现出球形的外形；在球晶生长后期，球晶间发生碰撞，将失去球形的外形，得到不规则的多面体。

2）伸直链晶体

熔融态结晶的聚合物在低于熔点的温度下进行加压热处理，可得到伸直链晶体。伸直链晶体是最稳定的一种晶体，并且其形态可大幅度提高聚合物的力学强度。在聚合物的结晶过程中，聚合物所受的外场力往往不足以使其形成伸直链晶体。

3）串晶

聚合物在受到剪切或拉伸作用时，倾向于生成串晶。串晶是由基于伸直链结构的中心线及中心线上间隔生长的具有折叠链结构的片晶组成的[9]。当聚合物受到流场速度、压力和应力的作用时，大分子链沿着流动方向拉伸，生成具有取向性的晶核，即串型结构；而多晶结构是沿垂直于串型结构方向生长的具有折叠链结构的片晶。串晶的英文名为“Shish-Kebab”，因其形状酷似羊肉串而得名。

4）柱晶

在应变或应力的作用下，大分子链呈带状取向并生成晶核，即排核。排核诱导具有折叠链结构的片晶空间取向生长，形成柱状对称的晶体，即柱晶。柱晶实际上是扁平球晶的堆砌。在注塑成型的聚合物制品中，也可以观察到柱晶。

5）横晶

横晶是纤维增强聚合物结晶中一种特殊结构的晶体。纤维的加入往往会导致聚合物界面区域形态和结晶性能的改变[10, 11]。工业生产中的许多具有增强作用的纤维均具有成核作用。当聚合物基质与该纤维复合时，聚合物基质会在纤维表面大量成核，从而具有较高的核密度。由于聚合物基质成核位置高度集中，对最初生成的球晶晶核向三维空间生长形成阻碍，因此每个球晶晶核只能沿垂直于纤维表面的方向向外生长（沿一维空间生长），最终形成圆柱状的晶体。这种晶体称为横晶[12, 13]。

在聚合物的结晶过程中，聚合物的结晶形态一般以球晶和串晶为主。聚合物受到温度场的降温作用开始结晶，若没有应变则认为其按球晶结构生长，否则按串晶结构生长，如图 1.2 所示。

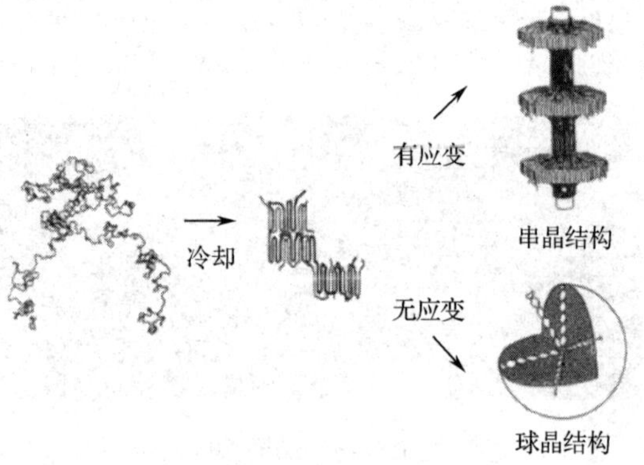

图 1.2　球晶-串晶的形成[4]

1.3　聚合物静态结晶的研究现状

聚合物静态结晶是指温度场下聚合物的结晶过程。温度是影响聚合物结晶过程的唯一因素。根据结晶温度的不同，聚合物静态结晶可分为等温结晶和非等温结晶[1]。此外，人们对于聚合物静态结晶的研究主要集中在聚合物结晶动力学及聚合物静态结晶形态学两方面。

1.3.1　聚合物静态结晶动力学

聚合物静态结晶动力学是表征聚合物结晶性能的重要手段[14]，它研究的是聚合物结晶速率与相对结晶度之间的关系。由于聚合物静态结晶可分为等温结晶和非等温结晶，因此聚合物静态结晶动力学的研究可分为等温结晶动力学和非等温结晶动力学两类。

1.3.1.1 等温结晶动力学模型

聚合物的等温结晶可由其熔体在熔点以上的某温度快速冷却至结晶温度，并保持该温度不变直至结晶结束来实现[14]。聚合物等温结晶过程中得到的结晶速率、晶体生长及分布等信息对于分析聚合物制品性能有重要意义。

在等温结晶动力学中，Avrami[15-17]模型是最经典也是应用最广泛的模型。二十世纪三四十年代，Avrami[15-17]与 Evans[18]几乎同时构建了结晶动力学模型，故 Avrami 模型又被称为 Avrami-Evans 模型。Avrami 模型最初是用来研究金属结晶规律的，由于其用在聚合物静态结晶动力学上也颇为成功，故其应用相当广泛。

Avrami 模型的表达式为[15-17]

$$1-\alpha=\exp(-kt^n) \tag{1.1}$$

式中，α 为相对结晶度；k 为结晶速率常数，与生长速率及晶体成核方式有关；n 为 Avrami 指数，与晶体成核方式及结晶形态有关。对于不同的晶体成核方式及结晶形态，参数 k 和 n 取值不同，详见表 1.1。

表 1.1 Avrami 模型中参数 k 和 n 的取值

晶体	预先成核		散现成核	
	n	k	n	k
球晶（三维生长）	3	$4\pi NG^3/3$	4	$k_1\pi G^3/3$
盘状晶体（二维生长）	2	πNdG^2	3	$k_1\pi dG^2$
棒状晶体（一维生长）	1	NGS	2	$k_1GS/2$

晶体成核方式分为预先成核和散现成核两类[19]。预先成核是指晶核预先存在，晶核数不随时间的变化而变化，在该方式中，成核可视为在瞬时完成的，故预先成核也称为瞬时成核；散现成核是指晶核数随时间的变化而变化，成核速率为时间的函数。晶体分为球晶、盘状晶体、棒状晶体三类，对应的生长模式分别为三维生长、二维生长及一维生长。表 1.1 中的 N 为晶核数（或成核密度），G 为生长速率，d 为盘状晶体的厚度（皮层厚度），k_1 为成核速率，S 为棒状晶体的横截面积。由此可知，在运用 Avrami 模型时，必须谨慎分析问题，恰当选取 k 和 n 的值。

需要说明的是，Avrami 模型虽然是目前公认的描述聚合物等温结晶的经典模型，但也存在一些缺点[14, 20]。由于 Avrami 模型是在比较理想的条件下推导出来的，因此其预测结果与实际结晶会发生偏离，而这种偏离主要表现在结晶后期。在结晶后期中，晶体间发生碰撞，生长模式将不再是既定的三维、二维或一维生长（表 1.1 中的 n）。因此，Avrami 模型在预测聚合物后期结晶速率时会产生误差。不少学者对 Avrami 模型进行了修正及改进，提出了结晶后期动力学模型[21]。例如，通过考虑结晶后期晶体间的相互碰撞，周卫华等学者[22]提出了一级增长动力学模型、Qian 等学者[23]提出了 Q-改进的 Avrami 模型、Tobin 提出了有名的 Tobin 模型；通过考虑晶体生长过程中晶核体积的影响，Cheng 等学者[24]提出了修正的 Avrami 模型，他们认为当晶核所占体积分数达到 10%以上时，晶核体积对结晶过程的贡献就变得比较明显，会阻碍晶体在后期的生长；通过考虑晶体生长过程中生长速率的变化，Cheng 等学者[24]提出了 Cheng&Wunderlich 模型、Kim 等学者[25]提出了 Kim 模型，他们认为结晶后期晶体生长受限，其生长速率逐渐减慢，应考虑生长速率对结晶速率的影响；通过将结晶过程分为主结晶和二次结晶，Price[26]、Fernando 等学者[27]和 Velisaris 等学者[28]均提出了相应的两步结晶模型。

Avrami 模型的理论、应用及局限性等可参见 Wunderlich[29]的专著。1988 年，IUPAC 高分子专业委员会建议规定，Avrami 模型仅适合于描述聚合物初期的结晶动力学行为。

1.3.1.2 非等温结晶动力学模型

等温结晶动力学研究的温度范围往往比较小，通过此类研究，人们得到的信息是有限的；而非等温结晶动力学的研究更贴近实际生产过程，通过此类研究，人们能从理论上获得更多的信息，为指导实际生产提供借鉴。

非等温结晶动力学研究的是变化温度场下聚合物的结晶过程。根据温度场的变化规律，非等温结晶动力学研究的研究方法可分为等速升降温方法（温度的变化率是常数）和变速升降温方法（温度的变化率不是常数），其中文献报道较多的是研究方法为等速升降温的非等温结晶动力学[30]。

目前，已有许多学者提出了关于非等温结晶的理论模型（非等温动力学模型），但很多模型并不能获得令人满意的结果。常见的非等温结晶动力学模型有 Ozawa 模型[31]、Ziabicki 模型[32]、Jeziorny 模型[33]、Nakamura 模型[34]、Kolmogorov 模型[35]等。Nakamura 模型和 Kolmogorov 模型是应用较多的两种模型，它们均是在等温结晶动力学 Avrami 模型的理论基础上发展而来的。

1）Nakamura 模型

由 Avrami 模型可知

$$\alpha = 1 - \exp(-\alpha_f) \tag{1.2}$$

式中，α_f 为不考虑碰撞所得的晶体虚拟体积。Nakamura 模型认为晶体成核与生长阶段对温度有相同的依赖，由此获得的晶体虚拟体积 α_f 为

$$\alpha_f = \left(\int_0^t K(T(s))\mathrm{d}s \right)^n (\ln 2) \tag{1.3}$$

式中，K 为非等温结晶速率常数，与晶体成核方式、生长速率等有关，是温度的函数；n 为 Avrami 指数。

在式（1.3）中，K 与温度的关系通常可由两种表达式表示，一种为 Gaussian 表达式，即[5]

$$K(T) = K_0 \exp\left(-4\frac{(T - T_{\max})^2}{D^2} \ln 2 \right) \tag{1.4}$$

另一种为 Hoffman-Lauritzen 表达式，即[5]

$$K(T) = K_0 \exp\left(-\frac{U^*}{R_g (T - T_\infty)} \right) \exp\left(-\frac{K_g}{T \Delta T f} \right) \tag{1.5}$$

其中，式（1.4）中有 K_0、$T_{\max}$、D 三个未知数；式（1.5）中 $f = 2T/(T_m^0 + T)$，有 K_0、U^*、K_g、T_∞、T_m^0 五个未知数。

由式（1.2）和式（1.3）得到 Nakamura 模型的微分格式[34]为

$$\frac{\mathrm{d}\alpha}{\mathrm{d}t}=nK(T)(1-\alpha)\left(-\ln(1-\alpha)\right)^{1-\frac{1}{\alpha}} \tag{1.6}$$

该模型由于处理较为简单而受到广泛应用，但主要缺点是不能得到晶体更多微观结构的信息。

2）Kolmogorov 模型

如上所述，由于式（1.3）中的 K 并没有阐述晶体的相关信息，式（1.4）和式（1.5）中的一些参数（如参数 K_0）仅仅是实验数据的拟合，因此 Nakamura 模型无法得到晶体更多微观结构的信息。事实上，晶体的微观结构信息与最终聚合物制品的性能息息相关。为了解决这个问题，Kolmogorov 模型便应运而生。Kolmogorov 模型考虑了晶体的成核与生长。

Kolmogorov 模型中的晶体虚拟体积 α_f 为

$$\alpha_f=C_n\int_0^t \dot{N}(s)\left(\int_0^t G(u)\mathrm{d}u\right)^n \mathrm{d}s \tag{1.7}$$

式中，$\dot{N}$ 为成核速率；$G(u)$ 为生长速率；C_n、n 为形状参数，当晶体为二维球晶时，$C_n=\pi$，$n=2$，当晶体为三维球晶时，$C_n=4\pi/3$，$n=3$。

人们在使用式（1.7）时需要给出成核速率的公式及生长速率的公式。人们通常认为生长速率满足 Hoffman-Lauritzen 表达式，即[36]

$$G(T)=G_0\exp\left(-\frac{U^*}{R_{\mathrm{g}}(T-T_\infty)}\right)\exp\left(-\frac{K_{\mathrm{g}}}{T\Delta Tf}\right) \tag{1.8}$$

式中，G_0 为参考因子；U^* 为聚合物的分子活化能；K_{g} 为参考因子；R_{g} 为气体常数；$T_\infty=T_{\mathrm{g}}-30$，$T_{\mathrm{g}}$ 为玻璃化转变温度；$f=2T/(T_{\mathrm{m}}^0+T)$，$T_{\mathrm{m}}^0$ 为平衡熔点。Eder 等学者提出了如下的生长速率公式[37]。

$$G(T)=G_{\max}\exp(-\beta(T-T_r)) \tag{1.9}$$

式中，$G_{\max}$、β 为模型参数，通过实验数据拟合得到。

结晶的成核机理根据有无异物的影响可分为均相成核和异相成核。若结晶的成核机理为异相成核，则成核密度公式如下，即[38, 39]

$$N(T(t))=N_0\exp(\varphi(T_{\mathrm{m}}^0-T(t))) \tag{1.10}$$

$$N(T(t))=N_0\exp\left(-\varepsilon\frac{T_{\mathrm{m}}^0}{T(t)(T_{\mathrm{m}}^0-T(t))}\right) \tag{1.11}$$

$$N(T(t))=\exp(a(T_{\mathrm{m}}^0-T(t))+b) \tag{1.12}$$

$$N(T(t))=N_0\exp(-\tilde{\beta}(T-T_r)) \tag{1.13}$$

若结晶的成核机理为均相成核，则成核密度满足如下的 Hoffman-Lauritzen 表达式[5]。

$$\frac{\mathrm{d}N(T(t))}{\mathrm{d}t}=N_0\exp\left(\frac{-C_1}{T(t)-T_\infty}\right)\exp\left(\frac{-C_2}{T\Delta Tf}\right) \tag{1.14}$$

式中，N_0、φ、ε、a、b、$\tilde{\beta}$、C_1、C_2 均为参数，由实验数据拟合得到。

对于 Kolmogorov 模型而言，结晶结束时的成核数 N_a 是可知的，即

$$N_{a,\text{final}} = \int_0^{t_{\text{final}}} \frac{\mathrm{d}N(T(s))}{\mathrm{d}s}(1-\alpha)\mathrm{d}s \tag{1.15}$$

因此计算出的晶粒平均半径为

$$\overline{R} = \sqrt[3]{\frac{3\alpha_{\text{final}}}{4\pi N_{a,\text{final}}}} \tag{1.16}$$

Pantanin 等学者[5]与 Zuidema 等学者[9]采用晶粒平均半径描述了聚合物的结晶分布。

也有学者采用不同方法计算了结晶结束时的活化晶核。他们利用式（1.4）和式（1.8）分别计算了 $K(T)$ 和 $G(T)$，并采用如下方程计算活化晶核数。

$$N_a(T) = \frac{3\ln(2)}{4\pi}\left(\frac{K(T)}{G(T)}\right)^3 \tag{1.17}$$

将上式代入式（1.16），即可求出晶粒平均半径。Guo 等学者[40]采用这种方法对注塑成型中的聚丙烯的球晶尺寸做了说明。

1.3.2 聚合物静态结晶形态学

聚合物静态结晶形态学主要研究在聚合物结晶过程中晶体的发展演化，其中包括晶核的生成、晶体的生长与碰撞边界（模壁）的演化等[41]。聚合物静态结晶形态学的研究对人们深入理解聚合物结晶机理有很重要的意义。此外，聚合物的最终结晶形态（包括晶体尺寸）会影响到聚合物的力学性能。研究聚合物成型过程中热条件对结晶形态的影响有助于优化聚合物成型工艺。

如上所述，聚合物的结晶形态较为复杂，与聚合物熔体所处状态及结晶条件等息息相关。在静态条件下，聚合物倾向于按球晶结构生长。事实上，目前关于结晶形态的模拟也大多以球晶为模拟对象。

下面对目前已有的一些方法做简单说明。

1）Kolmogorov-Johnson-Mehl-Avrami（KJMA）模型[42]

KJMA 模型又被称为 Voronoi Tessellation 模型。该模型假设晶核满足泊松分布，球晶间发生碰撞所得的最终图形被称为 Johnson-Mehl 图。由于在实际的聚合物结晶过程中晶核的分布极为复杂，因此 KJMA 模型的发展受到了阻碍。尽管如此，在早期的计算机模拟聚合物结晶过程中，该模型起了很重要的作用，不少学者也对这种模型做了改进。例如，Billon 等学者[43]将该模型推广到限制体积下的聚合物结晶过程模拟中；Eder[37]基于此，提出了广义的 Kolmogorov 模型；Piorkowska[44]则引入了概率论方法，并考虑了纤维增强聚合物结晶中的横晶；Ziabicki[45]应用 KJMA 模型处理了带应力和压力作用的结晶动力学问题。

2）界面追踪法

Swaminaarayan 等学者[2]提出了法向生长模型和径向生长模型来模拟单个树枝状晶的生长及特定温度场下椭球晶的生长。Charbon 等学者[46]提出了介观尺度晶体法向生长和径

向生长的“细胞模型”，并提出了由宏观尺度传热方程计算的有限差分法和宏介观耦合的多尺度算法，所得聚合物制品的结晶形态如图 1.3 所示。虽然他们提出的模型假设偏多，晶核是事先生成的，与实际相差很大，但是他们提出的宏介观耦合的思想是值得借鉴的。

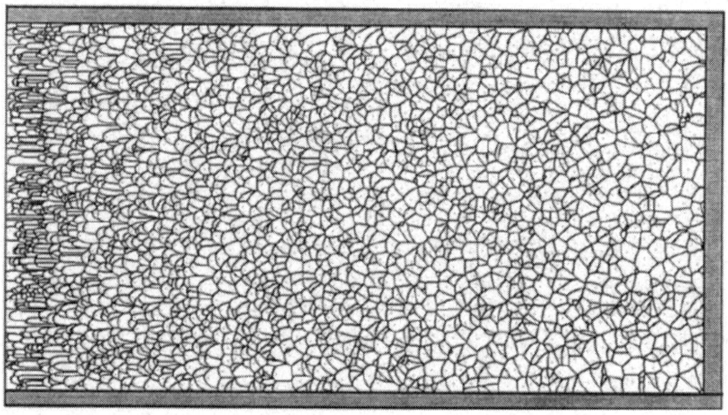

图 1.3　聚合物制品的结晶形态[46]

3）元胞自动机法

元胞自动机法最初用于金属结晶的模拟，后来也被用于聚合物结晶的模拟。Raabe[47]和 Raabe 等学者[48]采用元胞自动机法对三维静态和弱剪切条件下的等温聚合物结晶进行了模拟。他们假设聚合物结晶形态为球晶，并基于随机成核机理及晶体生长动力学理论，通过局部和最大表面能量之比、局部和最大相变自由能之比确定了元胞的生长规律。Lin 等学者[49]随后将该方法应用于尼龙 6 材料的等温结晶模拟中。

4）径向生长遍历法

Huang 等学者[8]提出了结晶形态演化模拟的径向生长遍历法。其基本思想：将生成的晶核看作半径为 r 的圆，并将圆弧分成 n 等份，将圆弧上的点和圆心的连线作为球晶的内部结构（纤维状丝）向外扩展。球晶间的碰撞通过 δ 函数实现，即判断一个球晶圆弧上的点与另一个球晶圆弧上的某点距离是否足够小；若满足该条件，则认为该点已与另一个球晶发生碰撞，通过 δ 函数作用于该方向上，使其停止生长。该方法除计算量大外，还有一个缺点是不容易确定停止径向生长的点。他们还利用径向生长遍历法模拟了结晶形态演化，同时考虑了偏光显微镜的光线干涉原理，捕捉到了马耳他十字纹理，所得图形如图 1.4 所示。

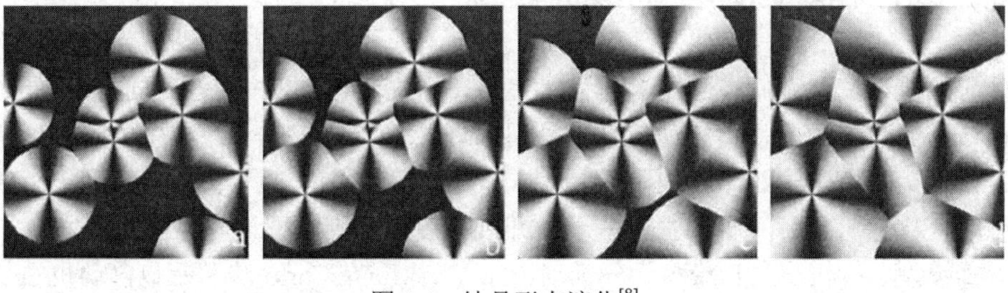

图 1.4　结晶形态演化[8]

5）像素着色法

像素着色法结合了径向生长遍历法和元胞自动机法的优点。其基本思想：保证同一晶体内有相同颜色；不同晶体通过不同颜色以示区分。在聚合物结晶过程的模拟中，首先将模拟区域分成若干正方形，以晶体表面的单元为探测单元，计算某时间段内晶体表面向外扩展的长度，并通过最小时间原理及颜色的判断，确定该晶体在这一时间段内发生相变的单元，把这些单元作为下一时间段的探测单元。该方法的实施相对简单。Capasso[50]、Micheletti 等学者[51]、Ketdee 等学者[52]、Anantawaraskul 等学者[53]将该方法应用于聚合物结晶过程的模拟中。阮春蕾[54]采用该方法对聚合物的等温、非等温及冷却阶段的结晶过程进行了研究，同时将该方法推广到了短纤维增强聚合物结晶的模拟中[55-57]，捕捉到了横晶的形态演化，并探讨了短纤维各参数对结晶动力学及形态学的影响。

6）Monte Carlo 法

Monte Carlo 法又称随机模拟法。其基本思想：根据实际问题构造模拟概型；根据模拟概型的特点，设计降低方差的各种方法，加速模拟结果的收敛；给出模拟概型中不同分布随机变量的抽样方法；统计处理模拟结果，给出问题的近似解[58]。任敏巧等学者[21]采用 Monte Carlo 法对聚合物非等温结晶过程、有限体积元中的等温聚合物结晶过程进行了模拟。Shen 等学者[59]采用 Monte Carlo 法对聚合物在复杂条件下的结晶过程进行了模拟。他们主要采用 Monte Carlo 法给出宏观相对结晶度的演化模拟，并没有涉及结晶形态的演化模拟。

7）相场法

相场法也是金属结晶的一种模拟方法，近年来也被应用到聚合物结晶的模拟中。相场法认为晶体前沿界面具有一定的扩散性，能形成一个微小的界面带状区域。Wang 等学者采用相场法模拟了静态条件下的二维球晶生长[60]、带状球晶生长[61]、三维球晶生长[62]及流动诱导结晶[62-64]。张晨辉[65]采用相场法对聚合物结晶的球晶、枝晶、片晶的形成进行了模拟。王志凤等学者[66]构建了改进的聚合物结晶相场模型并对聚苯乙烯结晶的各种形态进行了模拟。Fan 等学者[67]采用相场法模拟了不同过冷度下聚合物基质性质对复合材料中聚四氟乙烯晶体生长过程的影响。

8）Level Set 法

Level Set 法是一种基于 Euler 网格的用于捕捉自由界面的方法。Kim 等学者[68]采用 Level Set 法模拟了枝晶的生长。Liu 等学者[69, 70]构建了粒子 Level Set 法以对温度梯度下的静态结晶进行模拟。

1.3.3 聚合物静态结晶的数值模拟

目前，关于聚合物静态结晶的研究大多基于单一尺度。例如，工程加工人员对聚合物静态结晶的研究主要基于宏观尺度，采用的理论与方法有[71-73]：传热传质机理、结晶动力学模型、斯特藩理论、液-固相界面移动的动态网格法、固定网格法等；而高分子学者对聚合物静态结晶的研究主要基于微介观尺度，采用的理论与方法有[47, 50, 73]：高分子链折叠模型、成核与生长模型、分子动力学法、Monte Carlo 法、元胞自动机法、像素着色法等。

1.3.3.1 宏观尺度的模拟

基于宏观尺度的聚合物静态结晶的研究方法主要通过计算结晶动力学模型对聚合

物静态结晶进行研究。若研究聚合物具体成型过程中的结晶过程，则需要将能量方程与结晶动力学方程进行联立求解，以获得一些有用数据。

Isayev 等学者[74]将能量方程与结晶动力学方程联立进行了一维聚合物制品冷却过程中的结晶行为模拟，通过与实验数据的比较，他们分析了 Avrami 方程、Nakamura 方程与 Tobin 方程的结果，得出 Nakamura 方程效果最好，Avrami 方程次之，而 Tobin 方程最差。他们还对晶体直径进行了比较。

Yan 等学者[75]采用有限元法对能量方程及 Nakamura 方程进行了计算，考察了二维聚对苯二甲酸乙二醇酯（PolyEthylene Terephthalate，PET）结晶度随冷却速率的变化，从而得出在较小的冷却速率下，其结晶度变化不大；但当冷却速率大于临界冷却速率 30K/min 时，其结晶度显著降低。

Goff 等学者[71]将能量方程与 Nakamura 方程联立模拟了一维情况下半结晶型聚合物冷却阶段的结晶过程，通过与差示扫描量热法（Differential Scanning Calorimetry，DSC）获得的实验值进行比较，验证了数值结果的准确性，同时分析了冷却速率、初始温度等对聚合物结晶过程的影响。

Yang 等学者[72, 76]采用斯特藩理论，利用热焓法模拟了聚合物注塑成型及气辅成型中的结晶过程。他们研究了聚合物成型过程中的一些工艺参数对结晶过程的影响，并得出模具温度对结晶过程起主导作用；而与传统的注塑成型相比，气辅成型中边界与气体的冷却作用导致其缩短了成型周期，比传统的注塑成型工艺更为可观。

1.3.3.2　微介观尺度的模拟

微观尺度的模拟主要集中在大分子链如何折叠形成晶体，而介观尺度的模拟则主要关注结晶形态。微观尺度的模拟方法主要有分子动力学法和 Monte Carlo 法。介观尺度的模拟及其方法的具体内容可参见 1.3.2 节。

在采用 Monte Carlo 法模拟高分子结晶的研究中，国内做得比较突出的主要有胡文兵团队。Hu 等学者[77-81]利用格子空间的 Monte Carlo 法系统研究了高分子的结晶过程。为了模拟高分子的结晶过程，Hu 等学者创造性地引入了驱动结晶所需的高分子链间的各向异性相互作用的能量，即平行排列能，将其对应于结晶焓变[80]。所得的 Monte Carlo 法模拟结果与实验结果较为一致，成功地解释了许多高分子结晶中的微观机理。

陈彦等学者[82]、杨小震[83]采用分子动力学法研究了不同状态下的聚乙烯（PolyEthylene，PE）结晶过程。并且，杨小震在其专著[83]中系统阐述了“分子模拟”的基本原理，介绍了通过计算机从原子水平上描述与模拟高分子，并分析了高分子的化学结构与宏观性质的关系，也对国内外主流的分子模拟软件，如 MP 和 CERIUS2 等进行了介绍。

1.4　聚合物/纤维复合体系结晶的研究现状

据研究统计，在纤维增强聚合物结晶过程中，大部分纤维都具有成核能力，因此其表面会诱导出横晶[10, 11]。关于横晶的作用，人们说法不一。本节将介绍横晶的形成及作用，并对纤维增强聚合物体系下结晶过程的结晶动力学与结晶形态学进行介绍。

1.4.1 横晶的形成及其对复合材料力学性能的影响

横晶是纤维增强聚合物结晶中的一种特殊结构。纤维的加入会导致聚合物界面区域形态和结晶性能的改变[10, 11]。工业生产中的许多起增强作用的纤维均具有成核作用。当聚合物基质与纤维复合时，聚合物基质会在纤维表面大量成核，产生较高的核密度。

横晶的结构具有各向异性，它的形成对聚合物/纤维界面性质会产生较大影响，而这种界面性质在很大程度上影响着聚合物/纤维复合材料的性能。一直以来，学者们在横晶对聚合物/纤维界面性质和聚合物/纤维复合材料性能的影响方面存在争议，一些学者[84-86]认为横晶的形成可改善聚合物/纤维界面的黏合强度进而改善聚合物/纤维复合材料的力学性能，也有不少学者[87-89]认为横晶会使聚合物/纤维界面黏合强度降低或对聚合物/纤维界面性质和聚合物/纤维复合材料的影响很小。

目前，学者们对横晶形成机理也说法不一，但总体可归结为以下几种。

（1）应力成核理论[90, 91]。在聚合物/纤维复合材料的制备过程中，聚合物基质与纤维界面处会产生应力，导致界面处聚合物分子的结晶位垒下降，大量成核，晶体生长形成横晶。

（2）杂质成核理论[12, 92]。该理论认为聚合物基质中有具备成核能力的杂质，该杂质在聚合物成型过程中会迁移并吸附到纤维表面，使聚合物基质在界面处大量成核，导致晶体生长形成横晶。

（3）纤维是聚合物基质的异相成核剂[34, 93]，会使聚合物基质在纤维周围成核形成横晶。当纤维成核能力不足时，可通过对纤维表面进行处理或在纤维表面涂覆成核剂来诱导横晶形成。

自横晶被发现以来，一直都受到人们的广泛关注。虽然人们对横晶的研究比较多，但是直到现在，人们对横晶的认识还有欠缺，对横晶的形成、生长机理说法不一，尤其是在横晶对聚合物力学性能的影响方面。以上问题都有待人们对横晶进行进一步研究。

1.4.2 聚合物/纤维复合体系结晶动力学及结晶形态学

纤维对聚合物/纤维复合体系的结晶速率有双重作用，这也被很多实验研究证实了[94-96]。一方面，纤维的存在，阻碍了晶体的生长，从而降低了结晶速率；另一方面，纤维表面能提供额外的晶核，这又进一步加快了结晶速率。正是由于纤维对聚合物/纤维复合体系结晶速率的双重作用，使得传统的结晶动力学模型在预测结晶速率时不再适用，这也激发了很多学者的研究兴趣。从结晶形态而言，纤维一方面会由于碰撞机理改变结晶形态，另一方面其表面提供的晶核能进一步生长形成横晶。目前，人们对横晶的认识还有欠缺[10]，研究的道路还很漫长。

Benard 等学者[97]利用“扩展体积”法导出了长纤维增强体系下等温结晶动力学模型的解析表达式。他们将长纤维看成圆柱，通过计算变直径的球与圆柱交接时的体积，并将该体积通过 Avrami 的“扩展体积”思想转换为相对结晶度，从而导出模型的解析表达式。但该解析表达式形式过于烦琐，需要特殊处理的问题太多，因此 Piorkowska[44]

利用概率统计模型推导了相同体系下的结晶动力学模型。Piorkowska 模型类似于 Evans[18]模型，通过计算某点处由聚合物熔体转化为晶体事件发生的概率得来。

由于等温结晶动力学模型的解析表达式过于烦琐，因此人们需要寻求一种更简便、更直接的方式来处理复杂问题。数值模拟就是一种有效方式。Mehl 等学者[98-100]、Krause 等学者[101]、Piorkowska[44]给出了长纤维增强体系下等温结晶速率和结晶形态的模拟。在这些模拟中，长纤维被视为不重叠的等直径圆柱，或随机分布或均匀分布。聚合物基质中的晶核为预先或热致成核，而纤维表面则为预先成核。需要指出的是，Mehl 等学者[99, 100]通过对二维和三维聚合物结晶过程的模拟结果比较得出：二维聚合物结晶过程是三维聚合物结晶过程的有效简化，两者至少在定性上是一致的。

以上研究均是对等温情况下的长纤维增强体系而言的，对于不同温度条件，尤其是不同长径比下不同取向的短纤维结晶，目前尚无相关研究报道。

1.5　聚合物流动诱导结晶的研究现状

随着静态条件下等温及非等温结晶过程研究工作的深入，人们逐渐发现在聚合物成型过程中聚合物受到流动的剪切和拉伸作用，其结晶过程会发生较大的变化，直接影响到结晶速率及结晶形态。这是目前的研究热点，即流动诱导结晶。

人们通过对流动诱导结晶的研究已经获得了很多研究成果[102]。关于流动诱导结晶的主要结论：流动提高了晶体成核速率，但对晶体生长速率几乎没有影响；流动改变了结晶形态，不同于静态条件下所得的球晶，在流场作用下可获得高度异相的串晶；结晶促使聚合物熔体黏度显著提高，通常在高于某临界结晶度时，聚合物熔体黏度会产生突变。

基于上述结论，许多学者提出了很多关于聚合物流动诱导结晶动力学模型（理论状态下的模型）。下面对其进行总结。

1.5.1　聚合物流动诱导结晶动力学模型

目前关于流动诱导结晶的大体思想可分为两类[54]，一类认为流动的存在改变了高分子的构象，促使其熔点提高，从而加速了结晶；另一类认为流动使体系内晶核数显著增加或流动缩减了晶核形成的诱导时间。

长期以来，学者们在流动促进晶核数增加的机理方面存在争议：一些学者从唯象学角度出发，提出采用流场应变率[42]、流场应变[103]、应力迹[104]、第一法向应力差[105, 106]、可恢复形变[4, 9]、输入功[107]、流场应变与应变率等[108]一系列因素来反映流动对晶体成核速率的影响；另一些学者从分子角度出发，提出采用体系自由能变化[109, 110]来反映流动对晶体成核速率的影响。

人们对流动诱导结晶动力学模型基于的方程进行分类，可将其分为基于 Nakamura 方程的流动诱导结晶动力学模型和基于 Kolmogorov 方程的流动诱导结晶动力学模型。

1.5.1.1 基于 Nakamura 方程的流动诱导结晶动力学模型[5]

如上所述，Nakamura 模型是在描述等温结晶的 Avrami 方程中发展而来的非等温结晶动力学模型。Nakamura 模型形式简单、计算方便，很多关于流动诱导结晶的动力学模型都是通过对 Nakamura 方程进行修正而获得的。

1）流动诱导结晶的作用通过源项添加应力函数乘子实现

Doufas 等学者[104]通过引入乘子

$$F = \exp\left(\mathrm{tr}\left(\frac{\boldsymbol{\tau}}{G_0}\right)\right) \tag{1.18}$$

将流动诱导结晶的作用添加到 Nakamura 方程的源项研究了纤维纺丝过程。乘子中 $\boldsymbol{\tau}$ 为总黏弹偏应力张量，通过半结晶相张量和无定形相应力张量线性加和实现。

2）流动诱导结晶的作用通过源项添加剪切速率函数乘子实现

Tanner 等学者[108]在研究等规聚丙烯（isotactic PolyPropylene，iPP）时，通过引入乘子

$$F = 1 + \left(\frac{\dot{\gamma}}{\dot{\gamma}_{\mathrm{c}}}\right)^{1.35} \tag{1.19}$$

来体现流动诱导结晶的作用。其中，临界剪切速率 $\dot{\gamma}_{\mathrm{c}} = 1.12\times10^{-3}\mathrm{s}^{-1}$，由 Boutaous[111]的实验值获得。

3）流动诱导结晶的作用通过源项添加剪切应变函数乘子实现

Tanner 等学者[108]通过引入乘子

$$F = 1 + a\left|\gamma\right|^{m} \tag{1.20}$$

来体现流动诱导结晶的作用。Kulkarni 等学者[112]引入了

$$F = \exp\left(A\left(\sigma^2 + \frac{2}{\sigma} - 3\right)\right) \tag{1.21}$$

式中，σ 为分子应变，由橡胶弹性获得。

4）流动诱导结晶的作用通过源项添加取向函数乘子实现

Ziabicki 等学者[105]通过引入乘子

$$F = \exp(A(T)f^2) \tag{1.22}$$

来体现流动诱导结晶的作用，其中 f 为取向因子。事实上，f 可被线性转化为应力，因此该乘子也被认为是与应力相关的。

5）流动诱导结晶的作用通过提高平衡熔点实现

由于流动的作用，可导致聚合物熔体链段伸长，从而使其熵减少，进而导致其平衡熔点升高，因此流动可提高结晶速率。当温度为平衡熔点时，晶体的自由能与聚合物熔体的自由能相等，因此有

$$T_{\mathrm{m}} = \frac{H_{\mathrm{m}} - H_{\mathrm{c}}}{S_{\mathrm{m}} - S_{\mathrm{c}}} \tag{1.23}$$

式中，H_{m}、S_{m}、H_{c}、S_{c} 为聚合物熔体与晶体的焓和熵。

经化简，有

$$T_{\mathrm{m}}(\mathrm{flow})=\frac{\Delta H^{0}}{\Delta H^{0}-T_{\mathrm{m}}^{0}\Delta S(\mathrm{flow})}T_{\mathrm{m}}^{0} \tag{1.24}$$

式中，上标 0 为静态条件下的值，ΔH 为结晶热焓。

Haas 等学者[113]通过将形变率转化为弹性量，得出如下平衡熔点公式。

$$T_{\mathrm{m}}=T_{\mathrm{m}}^{0}\left(1+\frac{\boldsymbol{\tau}}{2G_{s}\Delta H_{f}}\right) \tag{1.25}$$

式中，$\boldsymbol{\tau}$ 为总黏弹偏应力张量；G_s 为模量。

Guo 等学者[40]通过引入应力函数修改了平衡熔点，相应公式如下。

$$T_{\mathrm{m}}=T_{\mathrm{m}}^{0}+c_{1}\exp\left(\frac{-c_{2}}{\boldsymbol{\tau}}\right) \tag{1.26}$$

在他们的研究中，还引入了晶体成核的诱导时间。

Titomanlio 等学者[114]认为熵的改变是由形变产生的，故

$$\Delta S(\mathrm{flow})=\frac{k_{B}v}{2\left(\sigma^{2}+\dfrac{2}{\sigma}-3\right)} \tag{1.27}$$

式中，σ 为分子应变。将上式代入式（1.24），可得到平衡熔点的值。这种方法也被 Kim 等学者[115]所采用。

1.5.1.2 基于 Kolmogorov 方程的流动诱导结晶动力学模型[5]

Kolmogorov 方程是从晶体成核与生长的角度导出的结晶动力学方程，有明确的物理意义，且能提供较为详细的晶体微观结构信息。

目前，大多学者认为流动的存在能提供更多的晶核。但学者们关于流动对晶体生长速率的影响还未达成一致意见：一些学者认为流动对晶体生长速率影响较大，即流动能提高晶体生长速率；另一些学者认为流动对晶体生长速率影响不大。

1）流动诱导结晶的作用通过提高晶体成核数实现

Eder 等学者[116]认为晶体成核与剪切速率有关，因此他们引入了如下公式。

$$\frac{\mathrm{d}N(T(t))}{\mathrm{d}t}+\frac{N(T)}{B_{N}}=A_{N} \tag{1.28}$$

式中，$A_{N}=g_{N}(T)(\dot{\gamma}/\dot{\gamma}_{c})^{2}$。通常情况下，上式等号左边第二项由于 B_N 取值较大往往被忽略。

Zuidema 等学者[9]认为可恢复形变的第二不变量是引起流动致核的因素，从而将上式的 A_N 更改为 $A_{N}=g_{N}(T)(\boldsymbol{B}_{e}^{d}:\boldsymbol{B}_{e}^{d}/2)$。其中，$\boldsymbol{B}_{e}^{d}$ 为可恢复形变张量。

Doufas 等学者[104]和 Zheng 等学者[109]将晶体成核分为静态成核及流动成核，即

$$N=N_{\mathrm{q}}+N_{\mathrm{fic}} \tag{1.29}$$

Koscher 等学者[108]通过引入第一法向应力差，将其作为流动致核的驱动，即

$$\dot{N}_{\mathrm{fic}}=CN_{1} \tag{1.30}$$

Acierno 等学者[117]引入了自由能，认为成核速率为

$$\dot{N} = Ck_B T\Delta G \exp\left(-\frac{E_a}{k_B T}\right)\exp\left(-\frac{K}{T(\Delta G)^n}\right) \tag{1.31}$$

式中，ΔG 为自由能差，通过 Doi-Edwards 模型获得。他们认为流动会使片晶和高分子熔体间的自由能差发生改变，故自由能差可表示为静态条件下的自由能差和由流动引起的自由能差之和。

Zheng 等学者[109]修改了上式的源项，认为有

$$\begin{aligned} f = C_0 k_B T \exp\left(-\frac{U^*}{R(T-T_\infty)}\right)\cdot \\ \left[(\Delta F_{\mathrm{q}} + \Delta F_{\mathrm{fic}})\exp\left(-\frac{K}{T((1+\upsilon\Delta F_{\mathrm{fic}})T_{\mathrm{m}}^0 - T)}\right) - \Delta F_{\mathrm{q}}\exp\left(-\frac{K}{T\Delta T}\right)\right] \end{aligned} \tag{1.32}$$

式中，$\Delta F_{\mathrm{q}} = \Delta H_0 \Delta T / T$ 为静态条件下的自由能。此外，Zheng 等学者[109]也指出，由于串晶的存在，需要对 Kolmogorov 方程中的指数 n 做出修改，相应公式如下。

$$n = 4 - 3 < \boldsymbol{RR} >:< \boldsymbol{RR} > \tag{1.33}$$

式中，$< \boldsymbol{RR} >$ 为半结晶相（棒状哑铃）的二阶取向张量。

2）流动诱导结晶的作用通过缩短成核诱导时间实现

Guo 等学者[118]认为流动的作用缩短了成核诱导时间，进一步提高了结晶速率。他们认为流动与静态条件下的成核诱导时间满足如下关系。

$$t_i(T,\phi) = \frac{t_{\mathrm{q}i}(T)}{1+\kappa\phi} \tag{1.34}$$

式中，t_i、$t_{\mathrm{q}i}$ 分别为流动与静态条件下的成核诱导时间；κ 为流动增强系数；ϕ 为分子链形变因子，满足

$$\tau\frac{\mathrm{d}\phi}{\mathrm{d}t} + \phi = \left(\frac{E}{\dot{\gamma}_a}\right)^s (1-\phi) \tag{1.35}$$

式中，τ 为与分子取向相关的松弛时间；$\dot{\gamma}_a$ 为改变结晶形态的临界应变率；E 为形变强度，即

$$E = \sqrt{2\mathrm{tr}(\boldsymbol{D}\cdot\boldsymbol{D})} \tag{1.36}$$

式中，$\boldsymbol{D}$ 为形变率张量；$\mathrm{tr}(\cdot)$ 为取迹。Guo 等学者用形变强度代替了剪切速率，以保证分子链形变因子只与剪切速率大小有关而与流动方向无关。他们引入的分子链形变因子可区分表层串晶与芯层球晶。

1.5.2 结晶对流变学的影响

结晶度对聚合物熔体黏度的影响是相当大的，这点已经被许多实验所证实。一般而言，与温度对聚合物熔体黏度的影响相比，结晶度对聚合物熔体黏度的影响更为显著。

目前，较为公认的是，聚合物熔体黏度在高于某临界结晶度 ε_{c} 后会产生突增现象。

并且人们对临界结晶度 ε_c 的取值也是众说纷纭。聚合物熔体黏度与结晶度的关系通常由经验公式或悬浮机制给出。

常用的聚合物熔体黏度与结晶度的经验公式有

$$\frac{\eta}{\eta_0}=\frac{1}{(\varepsilon-\varepsilon_c)^{a_0}}，\quad \varepsilon_c=0.1 \tag{1.37}$$ [119]

$$\frac{\eta}{\eta_0}=1+a_1\exp\left(\frac{-a_2}{\varepsilon^{a_3}}\right) \tag{1.38}$$ [114]

$$\frac{\eta}{\eta_0}=\exp(a_1\varepsilon^{a_2}) \tag{1.39}$$ [4]

$$\frac{\eta}{\eta_0}=\exp(a_1\varepsilon+a_2\varepsilon^2)，\quad a_1=0.68 \tag{1.40}$$ [120]

$$\frac{\eta}{\eta_0}=1+a_1\varepsilon+a_2\varepsilon^2，\quad a_1=0.54，\ a_2=4，\ \varepsilon<0.4 \tag{1.41}$$ [121]

基于悬浮机制的公式有

$$\frac{\eta}{\eta_0}=1+a_0\varepsilon，\quad a_0=99 \tag{1.42}$$ [122]

$$\frac{\eta}{\eta_0}=1+\frac{\left(\dfrac{\varepsilon}{a_1}\right)^{a_2}}{1-\left(\dfrac{\varepsilon}{a_1}\right)^{a_2}}，\quad a_1=0.44 \tag{1.43}$$ [121]

$$\frac{\eta}{\eta_0}=\left(\frac{1-\varepsilon}{a_0}\right)^{-2}，\quad a_1=0.68 \tag{1.44}$$ [121]

除式(1.42)外，在其他各式中，聚合物熔体黏度随结晶度的增加而显著增加，而在式(1.37)、式（1.43)、式（1.44）中，结晶度在接近于临界结晶度 ε_c 时，会变得无穷大。

1.5.3 聚合物流动诱导结晶的形态学

在流动诱导产生的串晶形态描述上，Eder[37]基于针状晶核及层内生长假设，提出了串晶成核与生长模型，其中串晶用变直径与变长度的圆柱表示，所得模型为

$$\begin{cases}\dot{\psi}_3+\dfrac{\psi_3}{\tau_n}=8\pi R_1，\quad \psi_3=8\pi N_{\text{s-k}}\\[2ex] \dot{\psi}_2+\dfrac{\psi_2}{\tau_l}=\psi_3 R_2，\quad \psi_2=4\pi L_{\text{tot}}\\[2ex] \dot{\psi}_1=G_{\text{s-k}}\psi_2，\quad \psi_1=\tilde{S}_{\text{tot}}\\ \dot{\psi}_0=G_{\text{s-k}}\psi_1，\quad \psi_0=\tilde{V}_{\text{tot}}\end{cases} \tag{1.45}$$

式中，$N_{\text{s-k}}$、L_{tot}、$G_{\text{s-k}}$、$\tilde{S}_{\text{tot}}$、V_{tot} 分别为串晶的晶核数、总体长度、径向生长速率、总体表面积、总体体积；R_1、R_2 分别为串晶成核及轴向生长速率的驱动参数。在 Eder 模型

中，流场应变率是串晶成核与生长的主要驱动，即

$$\begin{cases} R_1 = \left(\dfrac{\dot{\gamma}}{\dot{\gamma}_n}\right)^2 g_n \\ R_2 = \left(\dfrac{\dot{\gamma}}{\dot{\gamma}_l}\right)^2 g_l \end{cases} \tag{1.46}$$

式中，$\dot{\gamma}$ 为应变率；$g_n/\dot{\gamma}_n^2$ 为拟合参数；$\tau_l = g_l/\dot{\gamma}_l^2$，为拟合参数。

Zuidema[4]认为可恢复形变是串晶成核与生长的主要驱动，应将上式修改为

$$\begin{cases} R_1 = f(J_2)g_n \\ R_2 = f(J_2)g_l \end{cases} \tag{1.47}$$

式中，$J_2(\boldsymbol{B}_e^d) = \dfrac{1}{2}\boldsymbol{B}_e^d : \boldsymbol{B}_e^d$。

虽然 Eder 模型[37]及 Zuidema[4]改进模型较成功地反映了串晶的微观结构信息，但是相关研究并没有显式地采用模拟方法给出其成核、生长及碰撞的演化细节，因此这些研究仍然摆脱不了使用结晶动力学模型。

Guo 等学者[118, 123]引入了分子链形变因子，即式（1.35），他们认为当温度高于平衡熔点时，静态场下聚合物熔体的分子链呈高斯分布，其构型熵是最大的；在施加剪切应力后，聚合物熔体的分子链呈两种特性，即取向排列和取向后再缠结，从宏观上表现为流动构型与弹性构型。因此，在聚合物熔体流动过程中，假设聚合物熔体处于这两种构型的竞争状态。一种是流动使分子链取向生长，另一种是由于弹性使分子链再缠结。由于很难从理论上描述分子链取向的出现与衰减现象，因此他们从唯象学的角度提出了一种描述分子链结构化构型的方程，即式（1.35）。

当分子链形变因子大于某临界值（当 iPP 取 $\phi = 0.99$[123]时）时，人们认为聚合物按串晶结构生长；当分子链形变因子小于某临界值时，人们认为聚合物按球晶结构生长。Guo 等学者[118, 123]利用该结论成功预测了 iPP 注塑制品的厚度。周应国[6]利用式（1.35）对注塑成型中的聚合物结晶进行了形态学显示，区分了球晶和串晶。

必须指出的是，Guo 等学者[118, 123]并没有预测到结晶形态的演化而只是给出了串晶厚度；周应国[6]并没有将结晶形态与结晶动力学建立联系，而只是给出了结晶形态的可能表示。

1.5.4 聚合物流动诱导结晶的数值模拟

如聚合物静态结晶的数值模拟一样，大多数关于聚合物流动诱导结晶的数值模拟也基于单一尺度。工程加工人员对聚合物流动诱导结晶的数值模拟主要基于宏观尺度；而高分子学者对聚合物流动诱导结晶的数值模拟主要基于微介观尺度。

1.5.4.1 宏观尺度的模拟

宏观尺度的模拟主要有两大类：一类是直接将上述构建的聚合物流动诱导结晶动力学模型应用到具体的简单流场，如简单剪切流场和拉伸流场，通过与实验结果的比较，

来考察聚合物流动诱导结晶动力学模型的优劣；另一类是将聚合物流动诱导结晶动力学模型与描述聚合物熔体的三大守恒方程及本构方程联立，研究加工成型中的聚合物结晶过程，获得一些有用数据，为优化工艺参数提供指导。目前，宏观尺度的模拟大多只能反映流动等外场因素对相对结晶度、结晶速率等的影响，且只能定性提供晶体成核数、晶体取向等信息。

对于加工成型中的聚合物流动诱导结晶，本节将介绍两大类模型及其方法。

Doufas 等学者[104]于 2000 年提出了经典的两相模型。他们认为由于冷却作用，聚合物发生结晶，即形成无定形相与半结晶相共存的两相体系。因此，两相体系的总黏弹偏应力张量 $\boldsymbol{\tau}$ 由两相的应力张量经过简单的线性加和而成，相应公式如下。

$$\boldsymbol{\tau} = \boldsymbol{\tau}_{\mathrm{a}} + \boldsymbol{\tau}_{\mathrm{sc}} \tag{1.48}$$

式中，$\boldsymbol{\tau}_{\mathrm{a}}$ 为无定形相应力张量；$\boldsymbol{\tau}_{\mathrm{sc}}$ 为半结晶相应力张量。

Doufas 模型结晶示意图如图 1.5 所示。

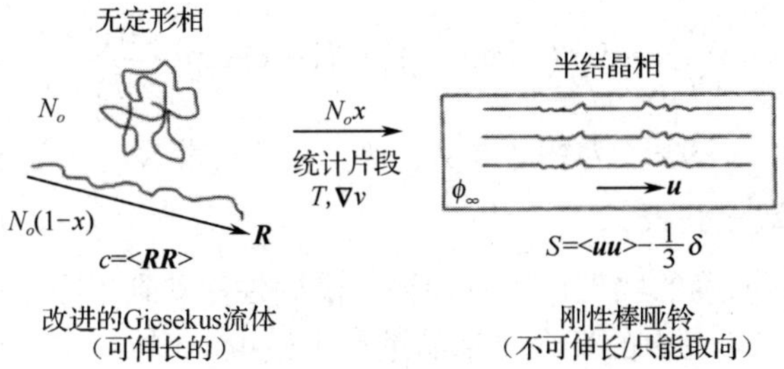

图 1.5　Doufas 模型[104]结晶示意图

Doufas 等学者采用 Giesekus 模型[124]描述无定形相的流变性质。Giesekus 模型是基于弹性哑铃模型而发展起来的黏弹性流体模型，其构象张量本构模型可表示为[125]

$$\lambda_{\mathrm{a}}(T)\overset{\nabla}{\boldsymbol{C}} + (1-x)\left[(1-\tilde{\alpha})\boldsymbol{I} + \tilde{\alpha}\frac{1}{1-x}E\boldsymbol{C}\right]\left(\frac{E\boldsymbol{C}}{1-x} - \boldsymbol{I}\right) = 0 \tag{1.49}$$

式中，$\lambda_{\mathrm{a}}(T)$ 为与温度相关的分子松弛时间；$\boldsymbol{C}$ 为构象张量；$\tilde{\alpha}$ 为滑移因子；E 为非线性弹簧因子；x 为无定形相向半结晶相的转化分数；$\overset{\nabla}{\boldsymbol{C}} = \partial C/\partial t + \boldsymbol{u}\cdot\nabla\boldsymbol{C} - (\nabla\boldsymbol{u})^{\mathrm{T}}\cdot\boldsymbol{C}\cdot\nabla\boldsymbol{u}$，为 $\boldsymbol{C}$ 的上随体导数，其中 $()^{\mathrm{T}}$ 表示转置。

在 Giesekus 模型中，无定形相的应力张量为[125]

$$\boldsymbol{\tau}_{\mathrm{a}} = nkT\left(\frac{E\boldsymbol{C}}{1-x} - \boldsymbol{I}\right) \tag{1.50}$$

通常，由于聚合物的结晶并不完善，因此结晶后聚合物体系被称为半结晶相，包括无定形部分及晶区。假设一个大分子中平均有 N 个链段从无定形相转化为半结晶相，则转化分数 x 可表示为

$$x = \frac{N}{N_0} \tag{1.51}$$

半结晶相中的绝对结晶度可表示为

$$\phi = x\phi_\infty \tag{1.52}$$

式中，ϕ_∞ 为单位半结晶相中的绝对结晶度。

Doufas 等学者认为半结晶相内的大分子只能取向，不能拉伸，形同刚性棒，故采用刚性棒流变模型来描述半结晶相内大分子的流变特性，其基本变量为取向张量 $<\boldsymbol{uu}>$，演化方程为[125]

$$\overset{\nabla}{<\boldsymbol{uu}>} = -\frac{\delta}{\lambda_{\text{sc}}(x,T)}\left(<\boldsymbol{uu}> - \frac{\boldsymbol{I}}{3}\right) - \dot{\gamma} :< \boldsymbol{uuuu}> \tag{1.53}$$

式中，$\lambda_{\text{sc}}(x,T)$ 为与温度和结晶度相关的半结晶相内大分子的松弛时间。四阶取向张量 $<\boldsymbol{uuuu}>$ 的计算可采用封闭方法，如二次、线性、混合、特征向量等[53]。

半结晶相的应力张量用如下公式表示[125]。

$$\boldsymbol{\tau}_{\text{sc}} = 3nkT(<\boldsymbol{uu}> + \lambda_{\text{sc}}\dot{\gamma} :< \boldsymbol{uuuu}>) \tag{1.54}$$

Doufas 等学者采用非平衡热力学的方法构建了一个流动诱导结晶模型，并将其作为结晶动力学模型，相应公式如下。

$$\frac{Dx}{Dt} = mK_{\text{av}}\left(-\ln(1-x)\right)^{\frac{n-1}{n}}(1-x)\exp\left(\frac{\xi \text{tr}(\boldsymbol{\tau})}{nkT}\right) \tag{1.55}$$

式中，$Dx/Dt = \partial x/\partial t + \boldsymbol{u}\cdot\nabla x$，为物质导数；$K_{\text{av}}$ 为时间常数，n 为 Avrami 指数，这两个参数通过 DSC 实验数据获得。

Doufas 模型因其明确的物理概念及预测的准确性，受到了极大的关注。不少学者采用 Doufas 模型对成型加工中的聚合物结晶进行了模拟。例如，Doufas 等学者[104]模拟了纤维纺丝过程中的结晶过程；郑泓[126]模拟了圆形纤维成型过程中的结晶过程；Meerveld[127]修改了 Doufas 模型中对无定形相本构方程的描述，模拟了缠绕聚合物的结晶过程。

由于 Doufas 模型的出发点是纤维纺丝过程中的结晶，适用于大剪切速率，于是，Zheng 等学者[109]对 Doufas 模型进行了改进，使其适应于注塑成型中的结晶过程。

Zheng 等学者[109]认为可将结晶过程看作半结晶相悬浮于无定形相组成的溶液中，其中无定形相采用弹性哑铃模型描述，如 FENE-P 模型，相应公式如下。

$$\lambda_{\text{a}}(T)\overset{\nabla}{\boldsymbol{C}} + \left(\frac{1}{1-\frac{\text{tr}(\boldsymbol{C})}{b}}\boldsymbol{C} - \boldsymbol{I}\right) = 0 \tag{1.56}$$

半结晶相则采用刚性棒哑铃模型描述，相应公式如下。

$$\overset{\nabla}{<\boldsymbol{RR}>} = -\frac{1}{\lambda_{\text{sc}}(x,T)}\left(<\boldsymbol{RR}> - \frac{\boldsymbol{I}}{3}\right) - \dot{\gamma} :< \boldsymbol{RRRR}> \tag{1.57}$$

Zheng 等学者认为无定形相只充当基质作用，其流变性质不随结晶过程的发生而变化。而体系的相对结晶度 α 满足 Avrami 方程，即

$$\alpha = 1 - \exp(-\alpha_f) \tag{1.58}$$

α_f 的计算公式为

$$\frac{D\alpha_f}{Dt} = mC_n G(t)\int_0^t \dot{N}(s)\left(\int_0^t G(u)\text{d}u\right)^{n-1}\text{d}s \tag{1.59}$$

式中，C_n 为形状参数；$\dot{N}$ 为成核速率；G 为生长速率；n 为 Avrami 指数，与半结晶相的取向相关，其可表示为

$$n = 4 - 3 < \boldsymbol{RR} >:< \boldsymbol{RR} > \tag{1.60}$$

因为 Zheng 等学者[109]提出的悬浮模型考虑了晶体的成核与生长，能够较多反映结晶的一些细节参数，所以其应用也较为广泛。例如，王锦燕等学者[128]和王锦燕[129]采用 Zheng 等学者[109]提出的悬浮模型，模拟了剪切流场下的聚合物结晶过程，研究了结晶速率与剪切速率、剪切时间等的关系；荣彦等学者[130, 131]采用谱方法计算了 Zheng 等学者[109]提出的悬浮模型，考察了剪切流场中剪切速率、剪切时间等对晶核数、结晶速率等的影响；Boutaous 等学者[132]模拟了较小剪切速率下的注塑成型中的流动诱导结晶。

1.5.4.2 微介观尺度的模拟

正如 1.3.2 节中所述，介观尺度主要关注的是结晶形态，因为其相关模型及方法已经在 1.5.3 节中进行了阐述，所以此处不再赘述。本节主要介绍微观尺度上聚合物结晶模拟的研究进展。

聂仪晶[133]采用 Monte Carlo 法对拉伸和流动场下的聚合物结晶进行了模拟，通过与实验结果比较，解释了结晶现象的一些机理。

张秀斌[7]采用分子动力学法对聚乙烯类高分子结晶过程进行了模拟，探讨了结晶条件对结晶过程及结晶性质的影响规律。

1.6 主要内容与结构安排

本书主要采用数学建模与数值模拟的手段研究聚合物的结晶过程，主要包括静态结晶和流动诱导结晶两部分。其中，静态结晶包括等温结晶、非等温结晶、冷却阶段中的结晶、短纤维增强体系下的结晶、温度梯度下的结晶五部分。本书分为七章，主要内容如下。

（1）第 1 章为绪论和研究进展。

（2）第 2 章研究简单温度场下不考虑传热现象的二维、三维静态等温结晶过程，构建相应的参数描述模型及捕捉球晶二维、三维生长的像素着色法，并给出结晶形态的演化，预测结晶速率等。

（3）第 3 章研究简单温度场下不考虑传热现象的二维、三维静态非等温结晶过程，构建相应的参数描述模型及捕捉球晶二维、三维生长的像素着色法，并分析冷却速率、初始温度等热条件对结晶速率及结晶形态的影响。

（4）第 4 章研究聚合物在冷却阶段的二维、三维静态结晶过程，构建宏观温度场与介观结晶形态耦合的多尺度模型、宏观有限体积法与介观像素着色法耦合的多尺度算法，并考察成型条件对结晶过程及温度场的影响。

（5）第 5 章研究短纤维增强体系下的聚合物静态结晶过程，构建短纤维增强体系下结晶过程的参数描述模型及捕捉球晶二维生长的改进的像素着色法；基于此，构建宏观有限体积法与介观改进的像素着色法相耦合的多尺度算法，探讨不同成型条件及短纤维

各参数对体系结晶过程的影响。

（6）第 6 章研究温度梯度下的聚合物静态结晶过程，建立温度线性分布条件下球晶生长的 Monte Carlo 法，分析温度等热条件对球晶生长的影响，并对解析模型进行深入的探讨。

（7）第 7 章研究耦合流动传热的聚合物成型中的结晶过程，构建宏观流体流动传热与介观结晶形态演化的多尺度模型及宏观有限体积法与介观 Monte Carlo 法耦合的多尺度算法，并基于模拟，研究外场因素对结晶形态及结晶速率的影响。

第2章

聚合物静态等温结晶的建模与模拟

本章主要研究静态条件下的聚合物等温结晶。等温结晶是指在恒定温度下进行的结晶过程。虽然在实际工业中较为少见，但它作为非等温结晶的基础，在结晶动力学的研究中占有重要地位。在静态条件下，聚合物倾向于生成球晶。

本章的主要内容是将像素着色法应用于二维、三维等温结晶的模拟中，考察算法的可行性与高效性，并通过数值模拟的手段揭示温度对结晶形态、结晶速率的影响规律。本章介绍的内容旨在为后续研究非等温结晶及复杂成型条件下的结晶奠定基础。

2.1 二维等温结晶的建模与模拟

本节主要研究静态条件下的二维等温结晶。在二维等温结晶过程中，球晶可视为不断长大的圆，结合像素着色法可捕捉球晶的生长演化细节，并计算结晶速率。二维等温结晶是三维等温结晶的简化，但对于薄膜这种缺失厚度的聚合物，其也可简化为二维模型。

2.1.1 等温结晶的数学模型

聚合物的结晶过程通常可分为成核、生长、碰撞三阶段[46]。在等温结晶中，当聚合物熔体温度快速降到结晶温度时，其内部会产生一些微小颗粒，这些颗粒即晶核；晶核在结晶温度下进一步生长，形成球晶，随着时间的推移，这些球晶不断生长，直到与相邻的球晶接触，形成碰撞边界。球晶不断生长与碰撞直至将整个空间填满，此时结晶过程结束。值得一提的是，虽然聚合物结晶是非完全的结晶，但是由于我们选取的尺度是球晶尺度，球晶中既包含结晶相又包含无定形相，因此在该尺度上，聚合物结晶能力与结晶度无关，能完全形成球晶。

2.1.1.1 成核模型

球晶的成核方式可根据不同角度进行区分[134]。当成核过程根据成核速率是否为时间的函数来划分时，球晶的成核方式可分为预先成核和散现成核。预先成核是指晶核预先存在，成核速率不是时间的函数，此方式可看作成核是在瞬时完成的，故又称为瞬时成核。散现成核是指成核速率是时间的函数，晶核数随着时间的变化而变化。当成核过程根据有无异物的影响来划分时，球晶的成核方式可分为均相成核和异相成核。均相成核由聚合物熔体中分子链形成链束或折叠链而成为晶核，晶核在整个结晶过程中不断生成，由此发展成的球晶大小不一。异相成核是以异物为晶核，一般异相成核是所有晶核同时形成，由此发展成的球晶大小均一。当成核过程根据成核速率是否依赖热条件来划分时，球晶的成核方式可分为热致成核和非热致成核。若在一定的温度范围内，球晶成核速率与温度相关，则球晶的成核方式为热致成核，否则为非热致成核。人们通常认为，热致成核与散现成核是等价的，而非热致成核和预先成核是等价的。均相成核总是与热致成核联系在一起，但热致成核并非全是均相成核。预先成核一般是非热致成核、异相成核，而散现成核是热致成核、均相成核。聚合物的实际结晶过程可能同时存在多种成核方式。

由于在聚合物的实际结晶过程中，成核方式过于复杂，因此往往需要对其做一些简化处理。假设在静态条件下，成核数只与过冷度 $\Delta T = T_{\mathrm{m}}^{0} - T$（$T_{\mathrm{m}}^{0}$ 为平衡熔点）有关，且球晶的成核方式为预先成核，成核密度满足[5, 135]

$$N(T) = N_0 \exp(\varphi \Delta T) \tag{2.1}$$

式中，N_0、φ 为经验参数。上式为成核密度与过冷度间的经验公式。事实上，针对不同的聚合物，已有文献给出了不同的成核公式，具体可参见 Pantaṇin 等学者[5]的综述。上式中 $N(T)$ 为三维成核密度。二维成核密度为[46]

$$N_{\mathrm{2D}} = 1.458 N_{\mathrm{3D}}^{\frac{2}{3}} \tag{2.2}$$

当温度从平衡熔点降到结晶温度时，球晶便进入了成核阶段。在等温结晶过程中，由式（2.2）可知所有晶核瞬时生成，其位置随机分布。晶核数不再随时间的推移而增多。成核结束后，便进入了球晶的生长阶段。

2.1.1.2 生长模型

在静态条件下，聚合物一般倾向于生成球晶，生长速率与温度有关，通常采用 Hoffman-Lauritzen 表达式表示，即[36]

$$G(T) = G_0 \exp\left(-\frac{U^*}{R_{\mathrm{g}}(T - T_\infty)}\right) \exp\left(-\frac{K_{\mathrm{g}}}{T \Delta T f}\right) \tag{2.3}$$

式中，G_0、K_{g} 为参考因子；U^* 为聚合物的分子活化能；R_{g} 为气体常数；$T_\infty = T_{\mathrm{g}} - 30$，$T_{\mathrm{g}}$ 为玻璃化转变温度；$f = 2T/(T_{\mathrm{m}}^{0} + T)$。

在等温结晶过程中，结晶温度保持不变，故球晶生长速率在整个结晶过程中为常数。因此，不考虑球晶间的碰撞情况也可计算出 t 时刻的球晶半径，即

$$R = Gt \tag{2.4}$$

这里假设成核在 $t = 0$ 时完成。

2.1.1.3　球晶生长碰撞模型

在球晶的生长过程中，当相邻球晶的半径之和大于或等于两者圆心（晶核）间的距离时，两个球晶发生碰撞，其示意图如图 2.1 所示。在球晶间发生碰撞后，球晶在发生碰撞的半径所在的方向停止生长，而未发生碰撞的半径所在的方向仍按原有的生长速率向外生长。在二维情况下，由于球晶间发生碰撞，因此它们之间会出现非圆形的界面，即形成直线，最终形成不规则的多面体[134]。

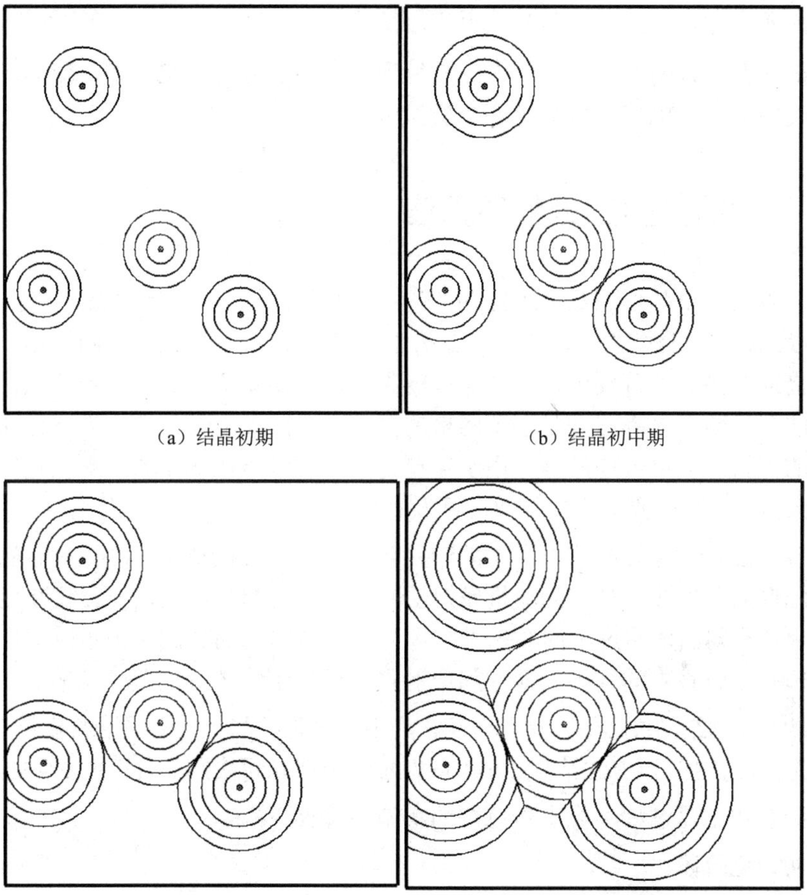

（a）结晶初期　（b）结晶初中期

（c）结晶中期　（d）结晶中后期

图 2.1　球晶发生碰撞示意图

模拟球晶发生碰撞的方法是将所求解的区域进行正方形划分，通常网格足够细，以保证预测结果的准确性，并通过相关规则确定球晶的外轮廓。具体实施参见 2.2 节。

2.1.1.4　相对结晶度的计算

相对结晶度是用来衡量结晶过程进行程度的量[134]。当相对结晶度达到 1 时，表示结晶已经完成，球晶停止生长。在结晶型聚合物中，晶区（结晶相）和非晶区（无定形相）通常是同时存在的，样品中结晶部分所占聚合物制品的体积分数或质量分数也被称为绝对结晶度（最大结晶度）。相对结晶度是结晶过程中的一个动态变量，表示绝对结晶度完成的程度，可表示为

$$\alpha = \frac{X(t)}{X_\infty} \tag{2.5}$$

式中，$X(t)$ 为 t 时刻的绝对结晶度；X_∞ 为最大绝对结晶度。假设结晶相和无定形相具有空间均匀性，则相对结晶度可转化为

$$\alpha = \frac{V(t)}{V} \tag{2.6}$$

式中，$V(t)$ 为 t 时刻球晶所占体积；V 为模拟区域体积。因此，在模拟中只要计算获得某时刻球晶所占体积，就能很容易获得相对结晶度。

这里需要特别说明的是，球晶内部既包含结晶相也包含无定形相，球晶所在尺度比两相的尺度要大，因此球晶可充满整个模拟区域。

2.1.2　等温结晶的二维数值算法

目前，聚合物结晶形态数值模拟存在的主要数值算法有界面追踪法[2, 46]、像素着色法[50, 51]和元胞自动机法[47, 48]。界面追踪法使用法向/径向生长模型来确定单个晶体的形态，无须借助网格，但若要模拟大量晶体的生长，则需要借助 δ 函数或背景网格[2, 46]。像素着色法和元胞自动机法均是基于网格的算法。它们采用晶体的边界单元向外扩展来实现晶体的生长。值得一提的是，由于需要记录单根纤维丝的生长，界面追踪法耦合 δ 函数或背景网格[2, 46]需要大量的计算时间及存储量。

像素着色法属于计算机图形学中的一种算法。由于在模拟中，晶核具有随机分布的特点，因此像素着色法也被称为随机模拟法。其基本思想是保证同一晶体在生长过程中有相同颜色；不同晶体通过不同颜色以示区分[50]。其建立的基础是最小时间原理[50]。最小时间原理是比较直观的道理，即空间中的点被最早到达该处的晶体覆盖。

在二维聚合物结晶过程中，球晶可简化为不断生长的圆。人们采用像素着色法来捕捉不同球晶的生长前沿。该算法结合最小时间原理[50]能成功解决结晶过程中发生的球晶碰撞。

二维聚合物结晶过程中像素着色法的实施步骤如下[51]。

（1）初始化阶段。

将模拟区域划分成 N_{tot} 个等大的网格单元，每个网格单元的面积为 v；对每个网格单元进行赋值（添加颜色），此时假设所有网格单元均在聚合物熔体中（未结晶）。

（2）成核阶段。

在 $t=0$ 时刻，所有网格单元中心点所组成的数组会随机产生 N 个球晶晶核坐标。假设这些随机生成的晶核大小刚好占据一个网格单元。对这些晶核进行赋值（添加颜色）。为了对球晶加以区分，这里要求每个晶核被赋予不同的值。将这 N 个晶核添加到边界点队列。

（3）生长与碰撞阶段。

用边界点向外扩展，判断其周围的网格单元是否被球晶覆盖或某网格单元同时被多个球晶覆盖时应归属于哪个球晶。

假设在模拟球晶生长的第 j 步后，边界点个数为 K_j，分别为 p_k（$k=1,2,\cdots,K_j$）。在下一个时间步 (t_j,t_{j+1}) 对边界点 p_k 做如下工作。

① 计算 p_k 处的生长速率 $G_k = G(p_k, t_j)$。

② 计算 p_k 处的生长半径 $\Delta r_k = G_k(t_{j+1} - t_j)$。

③ 对于包含在以 p_k 为圆心、Δr_k 为半径的球内的所有点 p，若 p 不在球晶中，则对 p 进行赋值（与 p_k 有相同值），标注 p 为下一层边界点，计算从 p_k 到达 p 所用的时间 $\tau_k = \|p - p_k\| / G_k$；若 p 在球晶中，计算从 p_k 到达 p 所用的时间 $\tau_k = \|p - p_k\| / G_k$，若 $\tau_k < \tau$（τ 为 p 处已有时间），则对 p 进行赋值（与 p_k 相同值），否则不变。

④ 释放 p_k，结束单次循环。

（4）若所有网格单元均被填满，则模拟结束，否则返回（3）。

相对结晶度是结晶过程中的重要指标，根据定义，它可由球晶所占面积 v_c 与模拟区域面积 v_{tot} 的比值来确定，经计算，有

$$\alpha = \frac{v_c}{v_{tot}} = \frac{N_c v}{N_{tot} v} = \frac{N_c}{N_{tot}} \tag{2.7}$$

式中，N_c 为球晶所占网格单元数。相对结晶度实际上是球晶所占网格单元数 N_c 与模拟区域网格单元数 N_{tot} 的比值。在本算法中，球晶所占网格单元数 N_c 可通过统计网格单元中心处颜色值（非聚合物熔体色）获得。

晶粒平均半径是一个表征结晶形态的重要参数。由于不同球晶的颜色不同，因此人们可根据球晶所占网格单元数来确定其体积（面积）。在二维聚合物结晶过程中，晶粒平均半径可表示为

$$\bar{R} = \sqrt{\frac{S}{\pi}} \tag{2.8}$$

式中，S 为单个球晶的面积，可根据该球晶所占网格单元数及网格单元尺寸获得。晶粒平均半径直接反映了球晶的相关信息。

2.1.3　二维等温结晶动力学的 Avrami 模型

在二维等温结晶中，最重要、最经典的结晶动力学模型当属 Avrami 模型[15-17]，其具体表达式为

$$\alpha = 1 - \exp(-kt^n) \tag{2.9}$$

式中，α 为相对结晶度；k 为结晶速率常数；n 为 Avrami 指数。对于不同的成核方式及结晶形态，参数 k 和 n 取值各异，在二维聚合物结晶过程中，预先成核的球晶满足 $k = \pi N G^2$，$n = 2$，其中 N 为成核数，G 为生长速率。本章将采用该模型来验证像素着色法的可行性与高效性。

2.1.4　结果与讨论

2.1.4.1　算法的可行性与高效性

为了验证像素着色法的可行性与高效性，本节给出其在等温结晶过程中与径向生长

遍历法的结果比较。

径向生长遍历法采用δ函数实现。以二维球晶为例，将球晶等分为n份，通过遍历得到n条半径是否发生碰撞，若发生碰撞则球晶停止生长，否则继续生长。

设有任意两个球晶，生长速率为$G(\cos\theta,\sin\theta)$，前沿坐标分别为(x_{i1},y_{i1})，(x_{j2},y_{j2})，$i=1,2,\cdots,n$；$j=1,2,\cdots,n$，则两个球晶之间的距离A满足

$$A^2=[(x_{i1}+G\cos\theta_i)^2-(x_{j2}+G\cos\theta_j)^2]+[(y_{i1}+G\sin\theta_i)^2-(y_{j2}+G\sin\theta_j)^2]$$

引入δ函数，有

$$\delta(A)=\begin{cases}1,\text{if} & A=0\\0,\text{if} & A\neq 0\end{cases}$$

n条半径生长判断条件为$\prod_{i\neq j}(1-\delta(A))$，其中$\prod$为连乘号。

本节将考察$1\text{mm}\times 1\text{mm}$聚合物的等温结晶过程，假设成核密度$N=10^3\,\text{mm}^{-2}$，生长速率$G=1\mu\text{m/s}$。在径向生长遍历法中，将圆等分为150份，$\delta$函数满足$\sqrt{A}\leqslant \text{eps}$，即有$\delta(A)=0$，并设$\text{eps}=10^{-3}$。在像素着色法中，模拟区域网格单元数为$500\times 500$。

图2.2给出了由径向生长遍历法获得的结晶形态演化图。由于像素着色法与径向生长遍历法所得结果类似，所以本节未给出由其获得的结晶形态演化图。

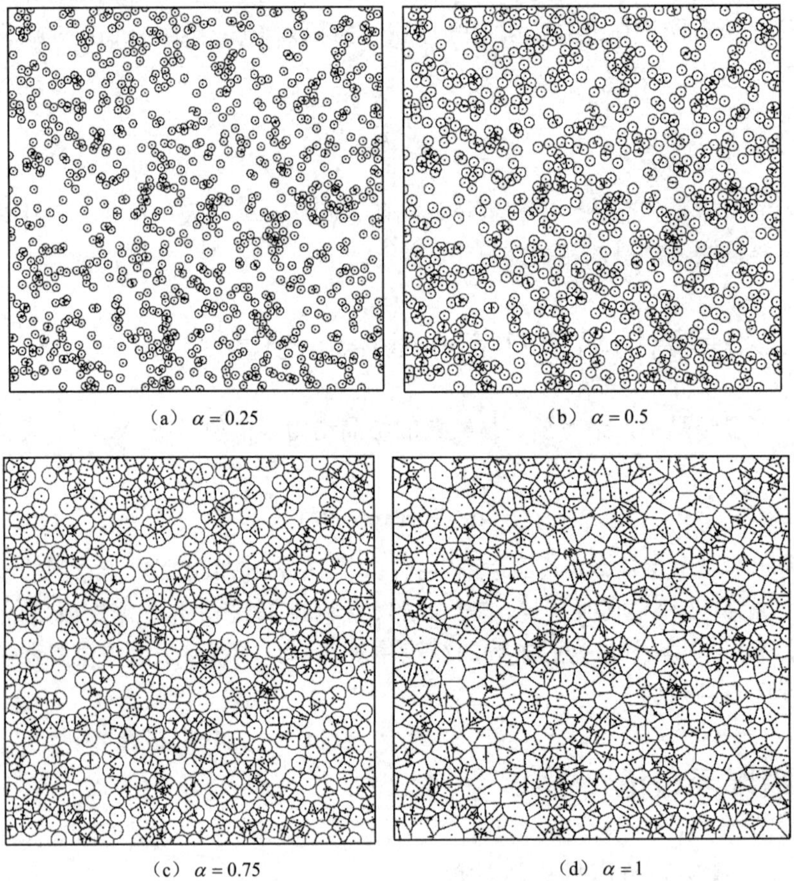

（a）$\alpha=0.25$　（b）$\alpha=0.5$　（c）$\alpha=0.75$　（d）$\alpha=1$

图2.2　由径向生长遍历法获得的结晶形态演化图

表 2.1 给出了径向生长遍历法与像素着色法的耗时和误差。以 Avrami 方程为解析解进行误差分析。Avrami 方程满足 $k = \pi N G^2$ ， $n = 2$ 。由表 2.1 不难得出像素着色法在效率及精度上都远比径向生长遍历法优越。

表 2.1　径向生长遍历法与像素着色法的耗时和误差

名　称	径向生长遍历法	像素着色法
用时/s	6127	153
误差	2.53%	0.61%

2.1.4.2　二维等温结晶的模拟结果

本节将对 $1\text{mm} \times 1\text{mm}$ 的聚合物结晶过程进行模拟，并根据模拟结果给出结晶速率预测。为了降低模拟中带来的随机误差，在统计晶粒平均半径分布及计算相对结晶度时，均采用多次实验取平均值的方法。这里，试验次数取十。

本次实验将采用像素着色法进行结晶形态捕捉，模拟区域网格单元数为 500×500 。若无特殊说明，模拟所用材料均为 iPP（Montell T30G），物料参数[5]： $N_0 = 17.4 \times 10^6 \text{m}^{-3}$ ， $\varphi = 0.155$ ， $G_0 = 2.1 \times 10^{10} \mu\text{m/s}$ ， $U^*/R_\text{g} = 755\text{K}$ ， $K_\text{g} = 534858\text{K}^2$ ， $T_\text{m}^0 = 467\text{K}$ ， $T_\text{g} = 266\text{K}$ 。

为了便于比较分析，图 2.3 给出了由式（2.1）、式（2.2）计算所得的成核密度及由式（2.3）计算所得的生长速率与温度的关系。由图 2.3 可知，成核密度与温度呈单调关系，温度越低，成核密度越大，而生长速率则随温度降低呈先增大后减小趋势，并在 350K 左右达到峰值。通常情况下，球晶在生长速率达到峰值之前会因碰撞而停止生长。

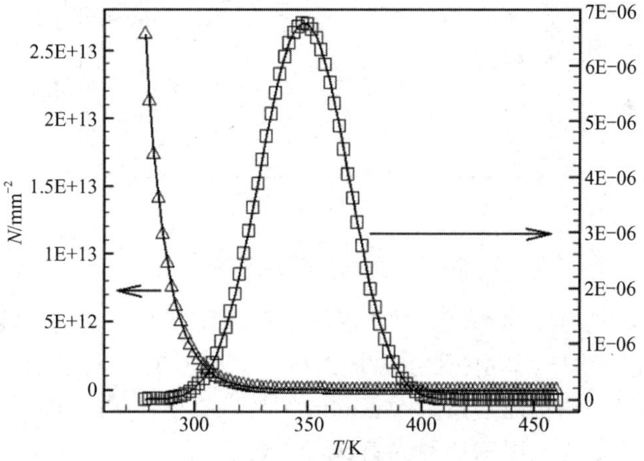

图 2.3　成核密度、生长速率与温度的关系

图 2.4 给出了不同结晶温度下对应的模拟结果与 Avrami 模型预测结果的比较。由图 2.4 可知，两者吻合很好，从而说明像素着色法是可行的。此外，在较低温度下，结晶进行较快，在极短时间内已完成全部结晶。图 2.5 给出了 Avrami 指数的确定。模拟结果与 Avrami 模型预测结果除在结晶后期出现较大偏差外，其余情况下吻合很好。这主要是因为在结晶后期球晶间发生碰撞的概率大大增加，而 Avrami 模型在建模过程中并没有考虑到这方面的因素[23]。这涉及结晶后期动力学的研究，这里不再对其进行展开讨论。

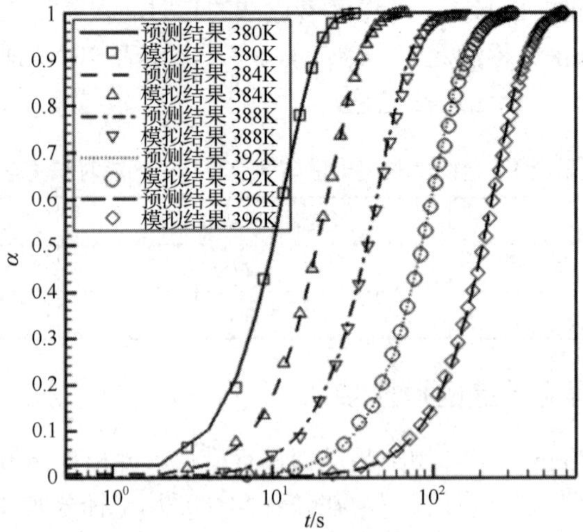

图 2.4　不同结晶温度下对应的模拟结果与 Avrami 模型预测结果的比较

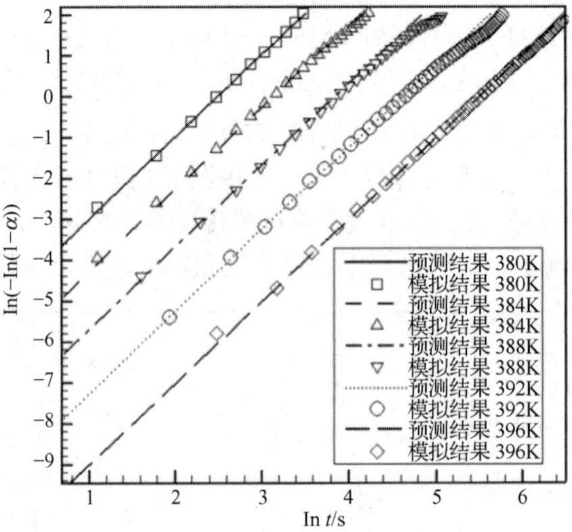

图 2.5　Avrami 指数的确定

图 2.6 给出了结晶温度为 388K 时结晶形态的演化。结晶初期，球晶间发生碰撞的概率很小，而到结晶后期，球晶间发生碰撞的概率明显增大，直到把整个模拟区域填满。等温结晶结束后的球晶的结晶形态为 Voronoi 图[98]。由于各球晶同时产生，并按相同的速率生长，因此最终形成的碰撞边界为直线。

图 2.7 给出了不同结晶温度下结晶形态的比较。由图 2.7 可知，在较低结晶温度下，晶粒平均半径明显小于较高结晶温度下的晶粒平均半径。在较低的结晶温度下，由于聚合物熔体内部产生的晶核数较高，因此在拥有相同生长空间条件下，晶粒平均半径将减小。

图 2.8 给出了不同结晶温度下每个有效晶粒平均半径及所有有效晶粒平均半径的统计分布。图 2.8（a）中横虚线为不同结晶温度下有效晶粒平均半径，由 $R=\sqrt{S'/(n_v\pi)}$ 计算获得，其中 S' 为模拟区域面积，n_v 为有效晶核数。由图 2.8（a）可知，在不同结晶温度下，晶粒平均半径总在对应的有效晶粒平均半径附近振荡；结晶温度越高，晶粒平均半径越大。图 2.8（b）给出了不同结晶温度下所有有效晶粒平均半径的统计分布。由

图 2.8 可知，晶粒平均半径分布大致呈正态分布趋势，即两头小中间大，且结晶温度越高，所对应的晶粒平均半径峰值越大。

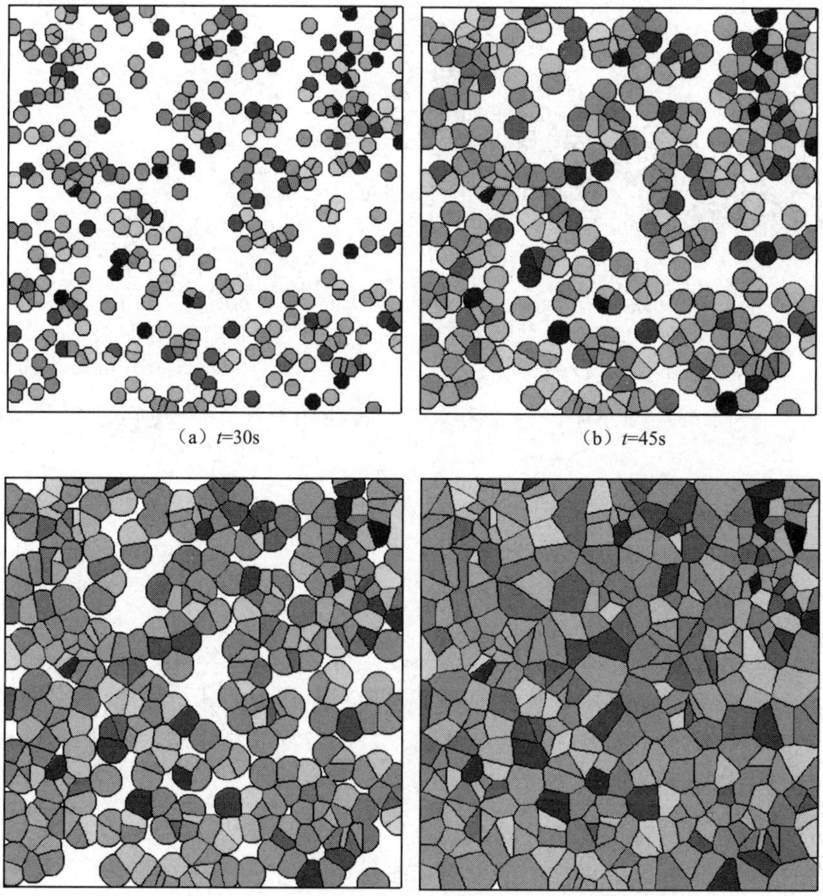

（a）t=30s　（b）t=45s

（c）t=60s　（d）t=135s

图 2.6　结晶温度为 388K 时结晶形态的演化

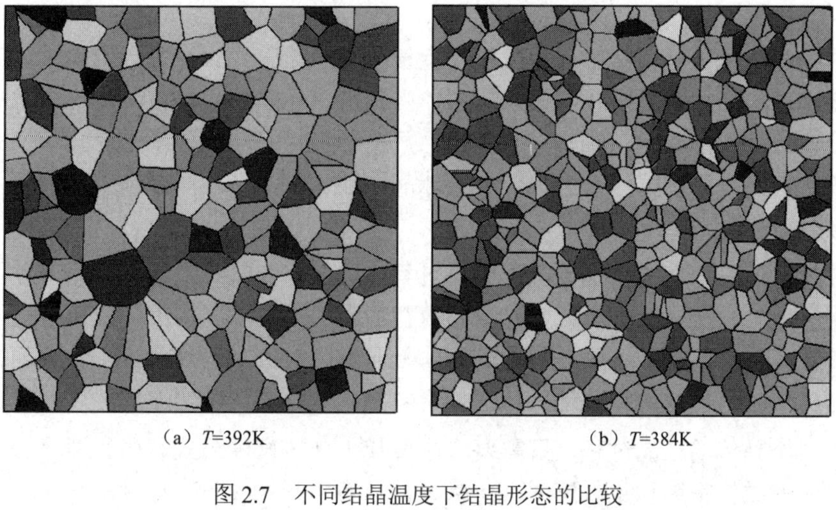

（a）T=392K　（b）T=384K

图 2.7　不同结晶温度下结晶形态的比较

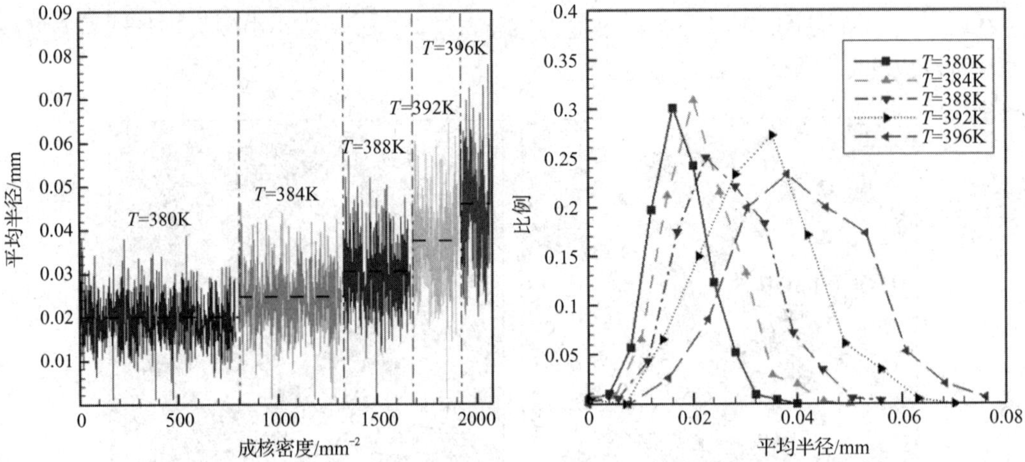

（a）每个有效晶粒平均半径　　（b）所有有效晶粒平均半径的统计分布

图 2.8　不同结晶温度下每个有效晶粒平均半径及所有有效晶粒平均半径的统计分布

2.2　三维等温结晶的建模与模拟

本节主要讨论静态条件下的三维等温结晶。不同于二维等温结晶时结晶形态为不断长大的圆，在三维等温结晶中，结晶形态可视为不断长大的球。该部分是二维等温结晶的拓宽。为了获得实验中无法获得的一些结论，本节将以参数描述模型为基础对三维等温结晶的建模与模拟展开讨论。

本节的主要内容是将像素着色法成功推广到三维等温结晶的模拟中，考察算法的可行性与有效性，并通过数值模拟的手段揭示实验中无法获得的一些结论。

2.2.1　等温结晶的参数描述模型

聚合物的结晶过程通常可分为成核、生长、碰撞阶段[50]。在等温结晶中，当聚合物熔体温度快速降到结晶温度时，聚合物熔体内部形成一些微小晶粒，在这些微小晶粒达到临界尺寸时，即为晶核；晶核在结晶温度下进一步生长，形成球晶，随着时间的推移，球晶不断长大，这个过程称为生长；随着球晶不断长大，球晶间会发生碰撞行为，形成不同的碰撞边界。

本节将采用三个变量来描述等温结晶过程，这三个变量分别是生长速率 G 、成核密度 N 和时间 t ，如表 2.2 所示。等温结晶中有恒定的结晶温度，因此成核密度、生长速率均为常数。这里假定聚合物熔体内部在 $t=0$ 时刻瞬时产生密度为 N 、位置随机分布的晶核。这样做的目的是更细致地探讨对聚合物结晶过程的影响因素。

对于一个具体的结晶过程，只需要将温度代入成核密度公式和生长速率公式即可计算出相对应的成核密度和生长速率。感兴趣的读者可详读 2.1 节的相关内容。

表 2.2　描述等温结晶的三个变量

变　量	含　义
G	生长速率
N	成核密度
t	时间

2.2.2　等温结晶的三维数值算法

正如 2.1.2 节所示，聚合物结晶形态模拟的主要数值算法有界面追踪法[2, 46]、像素着色法[50, 51]和元胞自动机法[47, 48]。界面追踪法非常复杂，目前人们尚未将该算法用于三维等温结晶的模拟。元胞自动机法已被用于三维等温结晶的模拟[47, 48]，但是该算法存在实施复杂的缺点。像素着色法实施较为方便，且易于推广至三维等温结晶的模拟中。

对于三维等温结晶的模拟，人们采用像素着色法的具体做法与二维等温结晶的模拟类似，可以以 2.1.2 节的算法做类推。需要指出的是，三维等温结晶的模拟需要将模拟区域划分成等大的网格单元（小正方体），以所有网格单元的中心参与运算。按照成核、生长、碰撞等步骤进行着色。这里不再赘述相应的算法，感兴趣的读者可参考文献[136]。

相对结晶度的计算与二维等温结晶的模拟一致，为了便于说明，这里用球晶所占体积 v_{c} 与模拟区域体积 v_{tot} 的比值来确定，即

$$\alpha = \frac{v_{\mathrm{c}}}{v_{\mathrm{tot}}} = \frac{N_{\mathrm{c}} v}{N_{\mathrm{tot}} v} = \frac{N_{\mathrm{c}}}{N_{\mathrm{tot}}} \tag{2.10}$$

式中，N_{c} 为球晶所占网格单元数。相对结晶度实际上是球晶所占网格单元数 N_{c} 与模拟区域网格单元数 N_{tot} 的比值。在该算法中，球晶所占网格单元数 N_{c} 可通过统计网格单元中心处颜色值（非聚合物熔体色）获得。

晶粒平均半径是一个表征结晶形态的重要参数。由于不同球晶的颜色不同，因此人们可根据球晶所占网格单元数来确定其体积。晶粒平均半径可表示为

$$\bar{R} = \sqrt[3]{\frac{3V}{4\pi}} \tag{2.11}$$

式中，V 为单个球晶所占单元体积，可通过球晶所占网格单元数及单元体积获得。晶粒平均半径直接反映了球晶的相关信息。

从建立的数学模型及算法来看，只要给定成核密度和生长速率，就可以采用像素着色法来模拟聚合物的等温结晶过程。

2.2.3　三维等温结晶动力学 Avrami 模型

在等温结晶动力学的描述上，Avrami 模型[15-17]仍然是最经典的理论模型，具体表达式为

$$\alpha = 1 - \exp(-kt^n) \tag{2.12}$$

式中，α 为相对结晶度；k 为结晶速率常数；n 为 Avrami 指数。在三维等温结晶中，预先成核的球晶有如下参数表达式：$k=4\pi NG^3/3$，$n=3$。其中，N 为成核数目，G 为球晶生长速率。

2.2.4 结果与讨论

本节将考虑一块 $1\text{mm}\times1\text{mm}\times1\text{mm}$（模拟区域）的聚合物的等温结晶过程。为了便于使用像素着色法来研究其结晶动力学及其形态演化，首先需要对该模拟区域进行网格划分。在本节的三维等温结晶模拟中，该模拟区域将被划分为 $N_{\text{tot}}=10^7$ 个网络单元。

2.2.4.1 算法有效性验证

为了验证像素着色法的有效性，图 2.9 给出了成核密度为 10^3mm^{-3}、生长速率为 $1\mu\text{m/s}$ 时像素着色法模拟结果与 Avrami 模型预测结果的比较。由图 2.9 可知，两者吻合很好，从而说明了像素着色法的有效性。

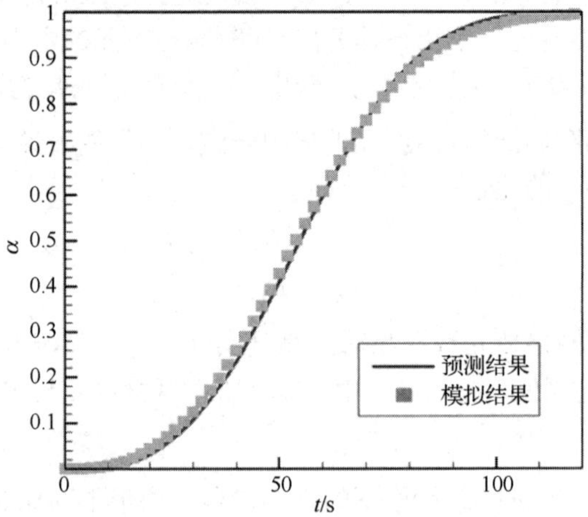

图 2.9 成核密度为 10^3mm^{-3}、生长速率为 $1\mu\text{m/s}$ 时像素着色法模拟结果与 Avrami 模型预测结果的比较

像素着色法可以显式地给出不同球晶的生长情况。下面将对结晶形态演化进行讨论。事实上，在三维等温结晶中，结晶形态的可视化是一个相对困难的工作。

结晶形态可视化的一种方法是用每个晶粒的表面来显示其生长前沿。图 2.10 采用这种方法给出了球晶的形态演化。在结晶初期，球晶间发生碰撞的概率很小，生长较为自由，而到结晶后期，球晶间发生碰撞的概率明显增大，直至把整个模拟区域填满。在等温结晶结束后，各球晶将整个模拟区域分解为若干个多面体，如图 2.10（d）所示。结晶形态可视化的另外一种方法是观察球晶在模拟区域的六个表面处的形态演化。图 2.11 给出了模拟区域表面上球晶的形态演化。图 2.11 中不同的球晶采用不同的颜色以示区分。随着时间的推移，球晶不断长大，直至将整个模拟区域填满，结晶结束。这些结果与 Raabe[47]、Raabe 等学者[48]采用元胞自动机法所得结果一致。因此，本节采用的像素着色法在结晶形态的预测上也是行之有效的。

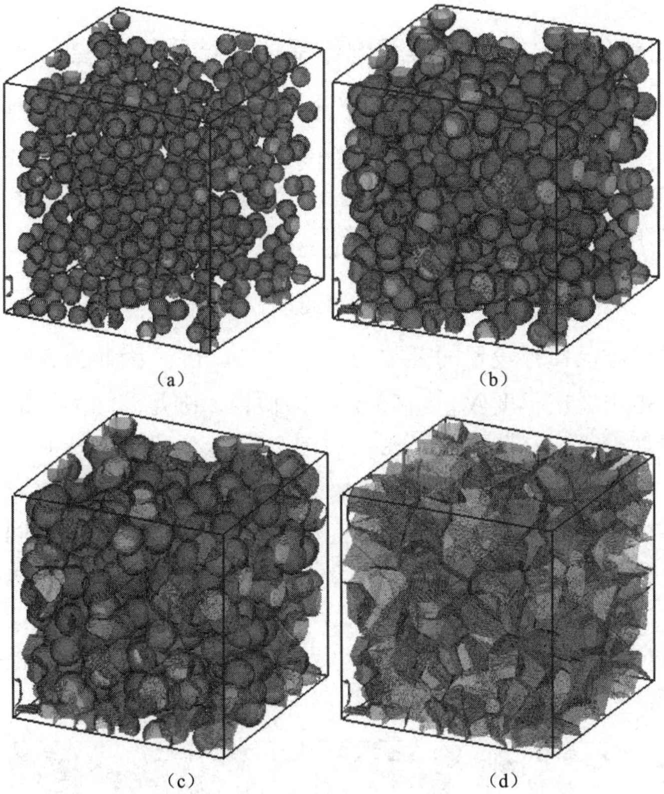

图 2.10　球晶的形态演化

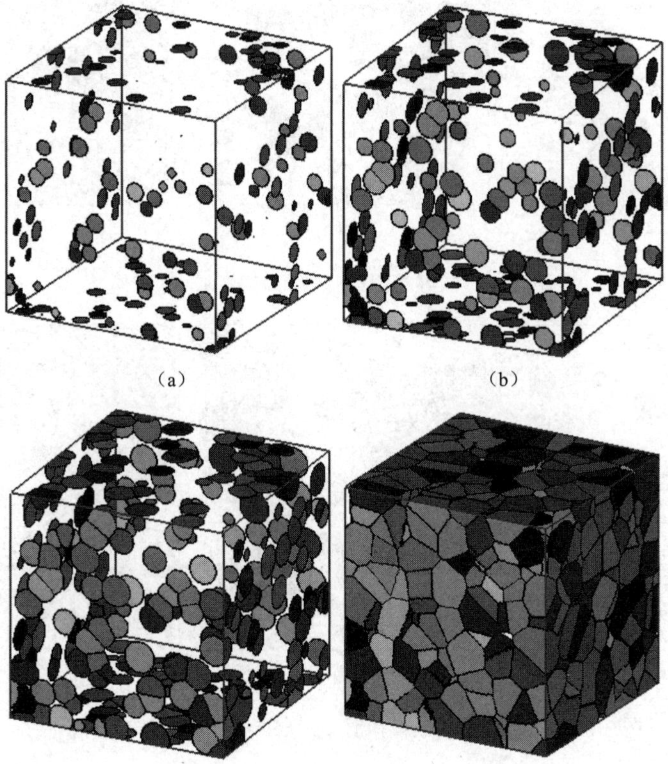

图 2.11　模拟区域表面上球晶的形态演化

2.2.4.2 二维等温结晶与三维等温结晶模拟结果的比较

为了突显三维等温结晶模拟的重要性，本节将对二维等温结晶模拟结果与三维等温结晶模拟结果进行比较。图 2.12 给出了二维等温结晶模拟时结晶形态演化。图 2.13 给出了三维等温结晶模拟时 $z=0.5\text{mm}$ 剖面处结晶形态演化。假设二维等温结晶模拟与三维等温结晶模拟在成核密度上满足如下的统计关系[46]。

$$N_{2D}=1.458N_{3D}^{\frac{2}{3}} \tag{2.13}$$

由于三维等温结晶模拟设置的参数为 $N_{3D}=10^3\text{mm}^{-3}$，因此当其转化为二维等温结晶模拟时，该模拟中成核密度 $N_{2D}\approx 146\text{mm}^{-2}$。假设二维等温结晶模拟与三维等温结晶模拟的生长速率是相同的，即 $G=1\mu\text{m/s}$。由图 2.12（c）和图 2.13（c）可知，这两种情况下结晶完成时所得的结晶形态分布大致是一样的。但从演化过程来看，三维等温结晶比二维等温结晶更为复杂。在二维等温结晶模拟中，各晶核在平面上同时产生，并按相同的速率生长，最终形成碰撞边界。而在三维等温结晶模拟中，由于随机产生的晶核并不在同一平面上，因此落在考察剖面以上及以下平面上的晶核完全可以通过生长穿过考察的剖面，从而产生更为复杂的碰撞边界，这也使得在三维等温结晶模拟中，球晶的半径相对宽泛一些。

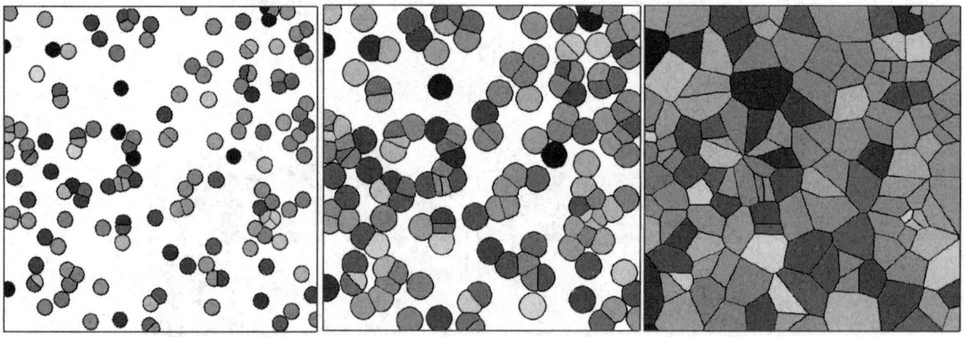

（a）　　　　（b）　　　　（c）

图 2.12　二维等温结晶模拟时结晶形态演化

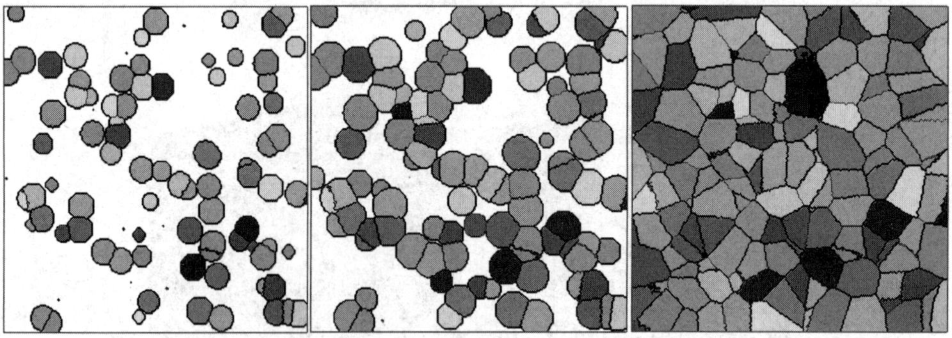

（a）　　　　（b）　　　　（c）

图 2.13　三维等温结晶模拟时 $z=0.5\text{mm}$ 剖面处结晶形态演化

2.2.4.3　成核密度的影响

为了分析成核密度对聚合物结晶过程的影响，本节将给出成核密度分别为$10^2\,mm^{-3}$、$10^3\,mm^{-3}$、$10^4\,mm^{-3}$时聚合物结晶的模拟结果。在本次聚合物结晶过程中，假设生长速率$G = 1\mu m/s$。

图 2.14 给出了不同成核密度下所得的结晶速率。由图 2.14 可知，增加成核密度可提高结晶速率。图 2.15 给出了$t = 51.2s$时不同成核密度对应的结晶形态演化。在图 2.15 中，当$t = 51.2s$，成核密度$N = 10^2\,mm^{-3}$时，只有少部分区域结晶；成核密度$N = 10^3\,mm^{-3}$时，大部分区域已经结晶；成核密度$N = 10^4\,mm^{-3}$时，结晶过程已经结束。这也充分证明，增加成核密度可提高结晶速率。

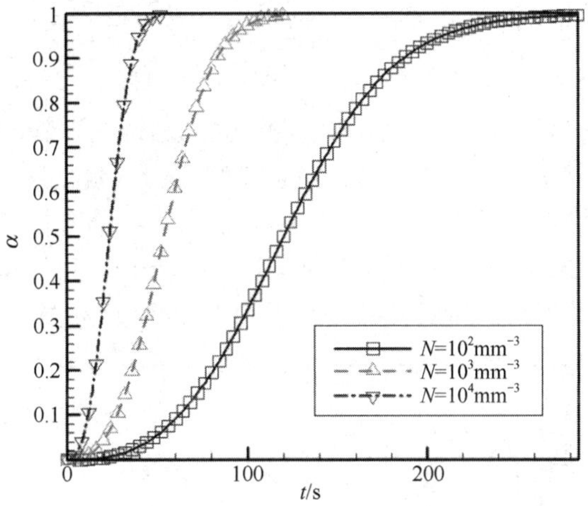

图 2.14　不同成核密度下所得的结晶速率

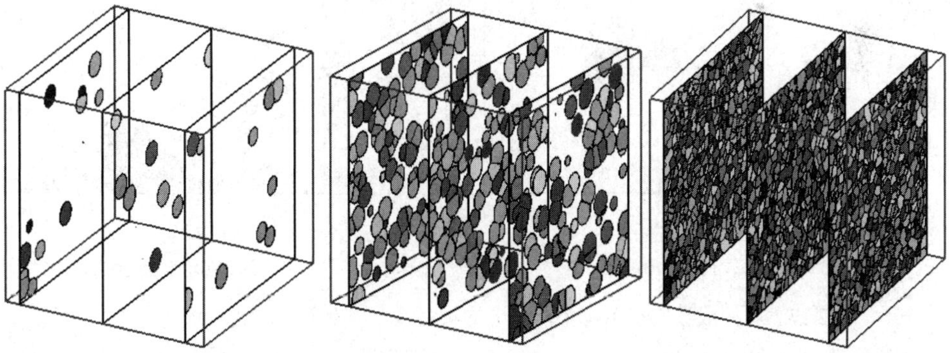

（a）$N = 10^2\,mm^{-3}$　　（b）$N = 10^3\,mm^{-3}$　　（c）$N = 10^4\,mm^{-3}$

图 2.15　$t = 51.2s$ 时不同成核密度对应的结晶形态演化

图 2.16 给出了不同成核密度下结晶结束时的形态分布。由图 2.16 可知，成核密度较大时的晶粒半径明显小于成核密度较小时的晶粒半径。由于在结晶过程中，模拟区域是一致的，成核密度较大时聚合物熔体内部产生的晶核数较高，因此在拥有相同生长空间的条件下，晶粒平均半径将减小。

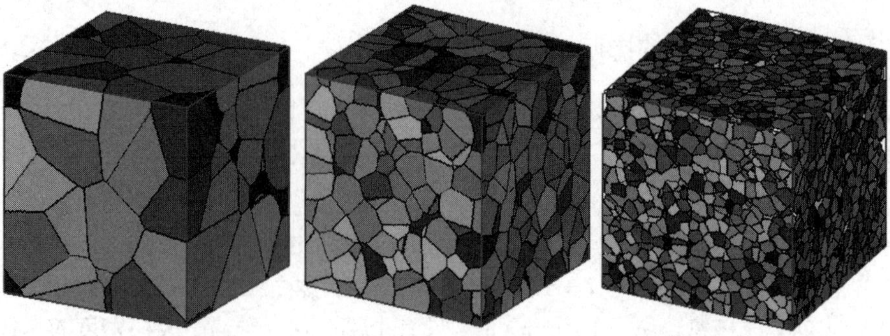

图 2.16　不同成核密度下结晶结束时的形态分布

图 2.17 给出了不同成核密度下每个晶粒平均半径及所有晶粒平均半径的统计分布。图 2.17（a）中横虚线为不同成核密度下的有效晶粒平均半径，由 $R = \sqrt[3]{3S/(4\pi N)}$ 计算获得，其中：$S = 1\text{mm}^3$，为模拟区域体积；N 为能成长的有效晶核数。由图 2.17（a）可知，在不同的成核密度下，晶粒平均半径总在对应的有效晶粒平均半径附近振荡；成核密度越小，晶粒平均半径越大。图 2.17（b）给出了不同成核密度下所有晶粒平均半径的统计分布。由图 2.17（b）可知，晶粒平均半径分布大致呈正态分布趋势，即两头小中间大，且成核密度越小，所对应的晶粒平均半径峰值越大。

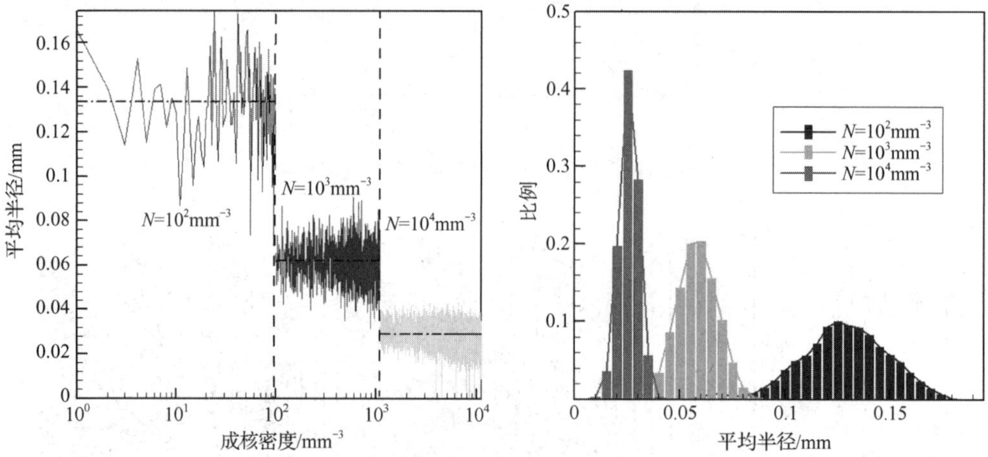

（a）有效晶粒平均半径　　（b）所有晶粒平均半径的统计分布

图 2.17　不同成核密度下每个晶粒平均半径及所有晶粒平均半径的统计分布

2.2.4.4　生长速率的影响

为了考察生长速率对聚合物结晶过程的影响，本节将给出 $G = 0.5\mu\text{m/s}$、$1.0\mu\text{m/s}$、$2.0\mu\text{m/s}$ 时聚合物结晶的模拟结果。在本次聚合物结晶过程中，假设成核密度 $N = 10^3 \text{mm}^{-3}$。

图 2.18 给出了不同生长速率下对应的结晶速率。由图 2.18 可知，增大生长速率可提高结晶速率。图 2.19 给出了 $t = 55.8\text{s}$ 时不同生长速率对应的结晶形态演化。在图 2.19 中，当 $t = 55.8\text{s}$，生长速率 $G = 0.5\mu\text{m/s}$ 时，只有少部分区域结晶；生长速率 $G = 1.0\mu\text{m/s}$ 时，大部分区域已经结晶；生长速率 $G = 2.0\mu\text{m/s}$ 时，结晶过程已经结束。这也充分证明，增大生长速率可提高结晶速率。

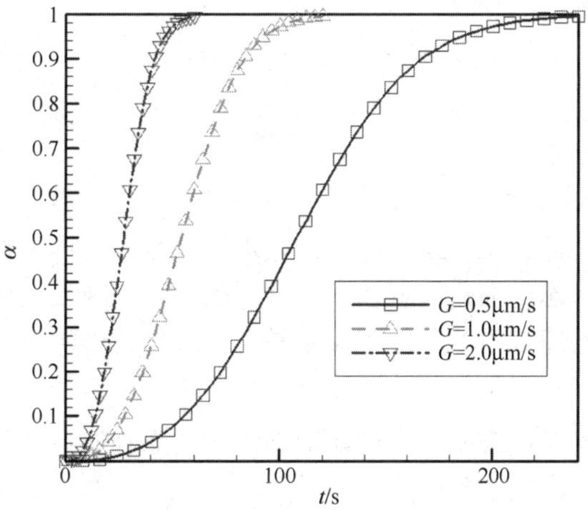

图 2.18　不同生长速率下对应的结晶速率

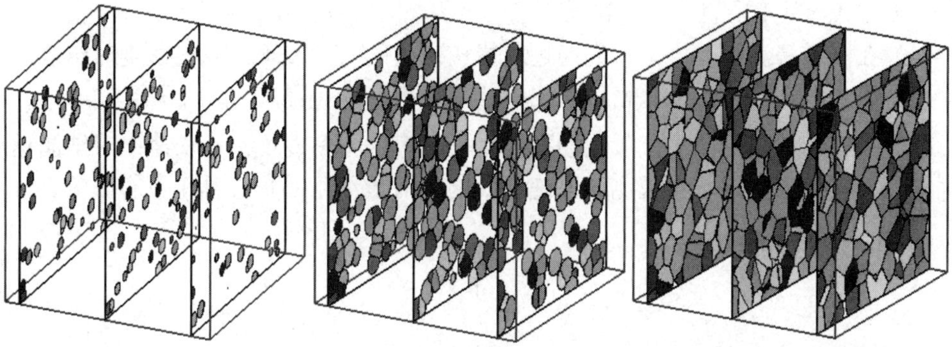

（a） $G = 0.5\mu m / s$　　（b） $G = 1.0\mu m/s$　　（c） $G = 2.0\mu m/s$

图 2.19　$t = 55.8s$ 时不同生长速率对应的结晶形态演化

图 2.20 给出了不同生长速率下结晶结束时的形态分布。由图 2.20 可知，虽然生长速率不同，但获得的最终结晶形态是一致的。等温结晶结束后的形态实则为 Voronoi[98]图。生长速率的不同只影响到结晶的快慢，对最终的结晶形态是没有影响的。这与 Ketdee 等学者[52]开展的二维聚合物结晶模拟工作得出的结论是一致的。由于生长速率对晶粒半径及其分布几乎没有影响，因此相关图形不再展示。

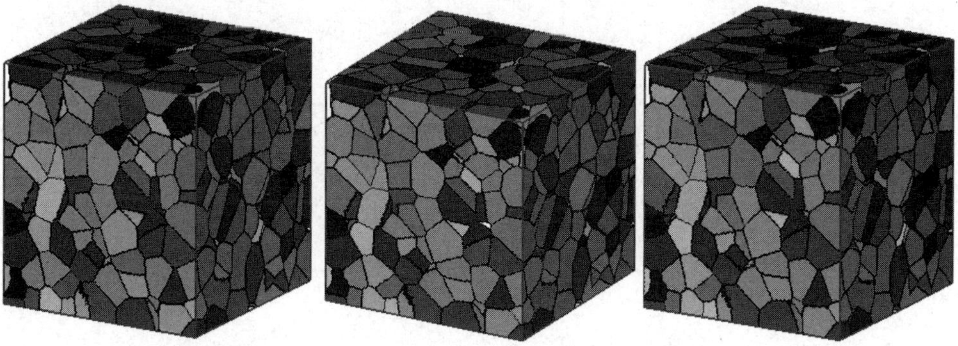

（a） $G = 0.5\mu m/s$　　（b） $G = 1.0\mu m/s$　　（c） $G = 2.0\mu m/s$

图 2.20　不同生长速率下结晶结束时的形态分布

2.3 本章小结

本章对静态条件下的二维、三维等温结晶进行了数学建模和数值模拟，给出了空间某一特定区域上结晶形态的演化过程，预测了结晶速率，分析了温度对球晶半径的影响，考察了成核密度、生长速率对结晶速率及结晶形态演化的影响等。由本章所得模拟结果可得到以下结论。

（1）像素着色法不仅能准确捕捉结晶形态演化，而且能精确预测结晶速率，是模拟聚合物结晶的一种行之有效的算法。

（2）在二维等温结晶中，人们通过对结晶温度的考察发现：结晶温度降低，晶核数增多，晶粒平均半径变小。

（3）在三维等温结晶中，人们通过对成核密度的考察发现：成核密度对结晶速率及结晶形态影响重大，增加成核密度可提高结晶速率、减小晶粒平均半径。

（4）在三维等温结晶中，人们通过对生长速率的考察发现：生长速率对结晶速率有较大影响，增大生长速率可提高结晶速率，但其对最终结晶形态几乎没有影响。

第3章

聚合物静态非等温结晶的建模与模拟

非等温结晶过程是指在变化的温度场下聚合物的结晶过程。根据温度场的变化规律，非等温结晶过程可分为等速升降温和变速升降温的非等温结晶过程。与等温结晶过程相比，非等温结晶过程更接近实际生产过程，在实验上也更容易实现。因此，本章将以等速降温的非等温结晶过程为研究对象，研究静态条件下聚合物的非等温结晶。

基于第 2 章的内容，本章将研究内容推广到二维、三维非等温结晶，研究聚合物非等温的结晶行为，探讨了不同热条件对结晶形态及结晶速率的影响，为后续复杂温度下结晶行为的模拟奠定基础。

3.1 二维非等温结晶的建模与模拟

本节将以等速降温的非等温结晶过程为研究对象，探索二维聚合物的结晶形态演化与结晶速率变化。在二维非等温结晶过程中，球晶可视为不断长大的圆；与在等温结晶过程下不同，非等温结晶过程中的球晶为非瞬时成核。因此，非等温结晶过程与等温结晶过程在模拟上也有区别。

3.1.1 非等温结晶的数学模型

聚合物的实际加工过程往往是变速非等温过程，该过程的描述往往需要建立在等速非等温过程的基础上。

非等温过程可看成若干个等温过程的叠加。在非等温过程中，假设连续的温度离散为T_1、T_2、…、T_n，各温度持续时间为Δt。

3.1.1.1 成核模型

在非等温结晶过程中，假设成核密度仍然满足式（2.1）。与等温结晶过程相比，非等温结晶过程中的成核密度在整个结晶过程中是变化的。以温度从T_j降到T_{j+1}为例，当温度为T_j时，成核密度为

$$N_j = N_0 \exp(\varphi(T_m^0 - T_j)) \tag{3.1}$$

当温度降到 T_{j+1} 时，成核密度为

$$N_{j+1} = N_0 \exp(\varphi(T_m^0 - T_{j+1})) \tag{3.2}$$

因此，在该 Δt 时刻内，成核密度增加了 $N_{j+1} - N_j$ 。

3.1.1.2　球晶生长模型

在非等温结晶过程中，温度变化将导致球晶的生长速率变化，但生长速率仍满足 Hoffman-Lauritzen 表达式[36]，记温度为 T_j 时球晶的生长速率为 G_j ，则有

$$G_j = G_0 \exp\left(-\frac{U^*}{R_g(T_j - T_\infty)}\right)\exp\left(-\frac{K_g}{T_j \Delta T_j f_j}\right) \tag{3.3}$$

各批次的球晶有不同的生长半径。在第一个等温阶段，根据成核定理，成核密度为 $N_1 = N_0 \exp(\varphi(T_m^0 - T_1))$ 。对于这些球晶，其生长半径可记为

$$R_1 = \sum_{j=1}^{n} G_j \Delta t \tag{3.4}$$

在第二个等温阶段，新增的成核密度为 $N_2 - N_1$ ，对于这些球晶，其生长半径可记为

$$R_2 = \sum_{j=2}^{n} G_j \Delta t \tag{3.5}$$

以此类推。

3.1.1.3　球晶生长碰撞模型

与等温结晶过程中的球晶间的碰撞类似，在非等温结晶过程中，随着球晶的生长，球晶间也会发生碰撞，其示意图如图 3.1 所示。当球晶生长并充满整个模拟区域时，球晶也会失去其圆形的外形；但与等温结晶过程中球晶碰撞边界不同，在非等温结晶过程中，其碰撞边界以曲线居多。

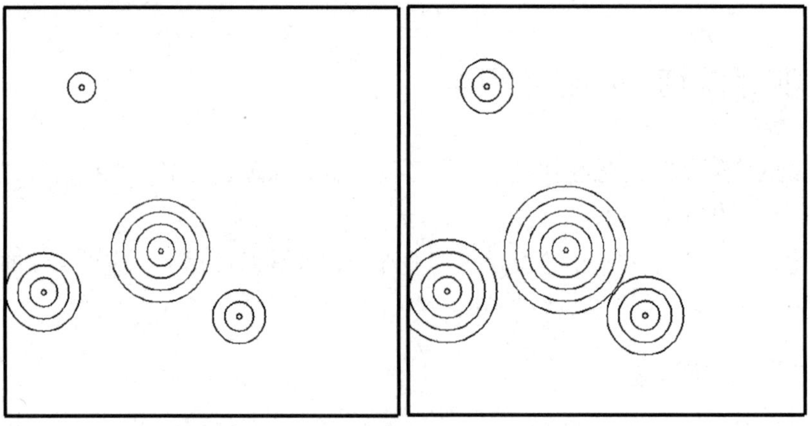

（a）结晶初期　　　　（b）结晶初中期

图 3.1　球晶间的碰撞示意图

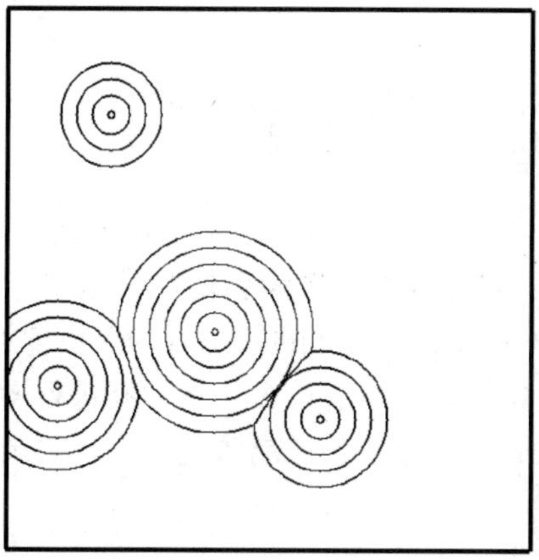

（c）结晶中期

（d）结晶中后期

图 3.1　球晶间的碰撞示意图（续）

3.1.1.4　相对结晶度的确定

在非等温结晶过程中，相对结晶度采用以下公式计算。

$$\alpha = \frac{V(t)}{V} \tag{3.6}$$

式中，$V(t)$ 为 t 时刻球晶所占体积；V 为模拟区域体积。只要获得某时刻球晶所占体积，就能轻松获得相对结晶度。当相对结晶度达到 1 时，球晶将停止生长，而且新晶核均出现在晶相内部，为虚幻晶核，不能生长。

3.1.2　非等温结晶的二维数值算法

目前，关于聚合物非等温结晶的研究已有许多成果，主要集中在各类聚合物的实验研究、结晶动力学的理论模型及数值模拟上。在结晶动力学的理论模型方面，Nakamura[34]模型和 Kolmogorov[35]模型是最经典的两个模型。它们均是在等温结晶动力学模型——Avrami 模型[15-17]的基础上构建的模型。这部分的阐述详见绪论部分。而在数值模拟方面，基于形态学模型展开结晶行为模拟工作的有 Charbon 等学者[46]、Huang 等学者[8]、Capasso[50]、Micheletti 等学者[51]、Ruan 等学者[55-57]、Shen 等学者[59]。他们展开的结晶行为模拟工作包含的数值算法有界面追踪法、相场法、像素着色法、Monte Carlo 法等。

正如第 2 章所述，像素着色法在结晶形态的捕捉和结晶动力学的预测上具有很强的优势，本节将给出改进的像素着色法的实施步骤。需要指出的是，Capasso 等学者[50]提出的判断规则只适用于等温结晶的模拟，本节对其进行了修正，以便使其用于非等温结晶的模拟。

在非等温结晶过程中，由于不断有新的晶核产生，而且球晶生长速率也是变化的，因此改进的像素着色法的思想比较复杂。

改进的像素着色法的实施步骤如下。

（1）初始化阶段。

将模拟区域划分成N_{tot}个等大的网格单元，每个网格单元的面积为v；对每个网格单元赋底色，此时假设所有网格单元均在聚合物熔体中。

（2）成核阶段。

计算成核数N，并在所有网格单元中心点数组中产生与新增晶核数值相等的随机数；判断新增晶核坐标是否落入已有球晶中（判断该坐标颜色是否为底色值），若晶核已被原来生成的球晶覆盖，则认为该晶核已被吞并，不能长大，不对其进行操作；否则对该晶核赋以不同于底色及其他球晶颜色的值，以保证各球晶颜色不同，记录下该球晶的形成时间t，并将其添加进边界点队列。

（3）生长与碰撞阶段。

以边界点为探测点，判断其周围的网格单元中心点是否落入某球晶半径范围内或某网格单元中心点落入不止一个球晶半径范围内。假设在模拟球晶生长的第j步后，边界点个数为K_j，分别为p_k（$k=1,2,\cdots,K_j$），并在下一时间步(t_j,t_{j+1})对边界点p_k做如下工作。

① 计算p_k处的生长速率$G_k=G(p_k,t_j)$。

② 计算p_k处的生长半径$\Delta r_k=G_k(t_{j+1}-t_j)$。

③ 对于包含在以p_k为圆心、Δr_k为半径的圆内的所有点p，若p不在球晶中，则对p进行赋值（与p_k有相同值），标注p为下一层边界点，计算由球晶中心到达p的时间$\tau_k=\|p-p_k\|/G_k+t_k$（t_k为到达p_k处的时间）；若p在球晶中，计算由球晶中心到达p的时间$\tau_k=\|p-p_k\|/G_k+t_k$，若$\tau_k<\tau$（τ为p处已有时间），则对p进行赋值（与p_k有相同值），否则不变。

④ 释放p_k，结束单次循环。

（4）计算相对结晶度，相应公式如下。

$$\alpha=\frac{v_{\text{c}}}{v_{\text{tot}}}=\frac{N_{\text{c}}v}{N_{\text{tot}}v}=\frac{N_{\text{c}}}{N_{\text{tot}}} \tag{3.7}$$

式中，N_{c}为球晶所占网格单元数。相对结晶度实际上是球晶所占网格单元数N_{c}与模拟区域网格单元数N_{tot}的比值。

（5）若$\alpha=1$或模拟达到终止时间，则模拟结束，否则返回（2）。

晶粒平均半径的计算与等温结晶过程相同，采用如下公式进行计算。

$$\bar{R}=\sqrt{\frac{S}{\pi}} \tag{3.8}$$

式中，S为单个球晶的面积，可根据该球晶所占网格单元数及网格单元尺寸获得。

3.1.3 二维非等温结晶动力学的 Kolmogorov 模型

在非等温结晶动力学模型中，Nakamura[34]模型和 Kolmogorov[35]模型是最重要的两个模型。Nakamura[34]模型是在等动力学的基础上发展起来的；而 Kolmogorov[35]模型则是在形态学的基础上发展起来的。Nakamura 模型在数字处理上简单，但得不到晶体的相关信息；虽然 Kolmogorov 模型在数学处理上复杂，但能够得到诸如成核数、生长速率、结晶度等信息。从这一点来说，Kolmogorov 模型比 Nakamura 模型更为精确。Kolmogorov 模型基于晶体成核与生长阶段，相关的数学模型为

$$\alpha = 1 - \exp(-\alpha_f) \tag{3.9}$$

$$\alpha_f = C_n \int_0^t \frac{\mathrm{d}N(s)}{\mathrm{d}s} \left(\int_0^t G(u)\mathrm{d}u \right)^n \mathrm{d}s \tag{3.10}$$

式中，α_f 为虚幻体积；C_n、n 为形状参数，当晶体为二维球晶时，$C_n = \pi$，$n = 2$。

3.1.4　结果与讨论

聚合物的实际加工过程往往是变速非等温过程，该过程的描述往往需要建立在等速非等温过程的基础之上。等速非等温结晶是指聚合物熔体在熔点以上的某个温度通过一定的冷却速率进行冷却，研究该过程中晶体形态演化、晶粒半径及结晶度的变化等[134]。

假设温度是等速降温的，$T = T_0 - ct$，T_0 为初始温度，c 为冷却速率。等速降温过程可看成若干个等温过程的叠加，式（3.10）可化简为

$$\alpha_f = C_n N(t) G(t)^n \tag{3.11}$$

本节将采用像素着色法对聚合物非等温结晶过程进行模拟。模拟所用物料参数与等温结晶过程相同，并设初始温度 $T_0 = 467\text{K}$。

3.1.4.1　算法有效性验证

图 3.2 给出了不同冷却速率下模拟结果与 Kolmogorov 模型预测结果的比较。由图 3.2 可知，在非等温结晶过程中，像素着色法仍然有效。此外，在较大的冷却速率下，结晶过程所经历的温度跨度较大，但所需时间相对较少。

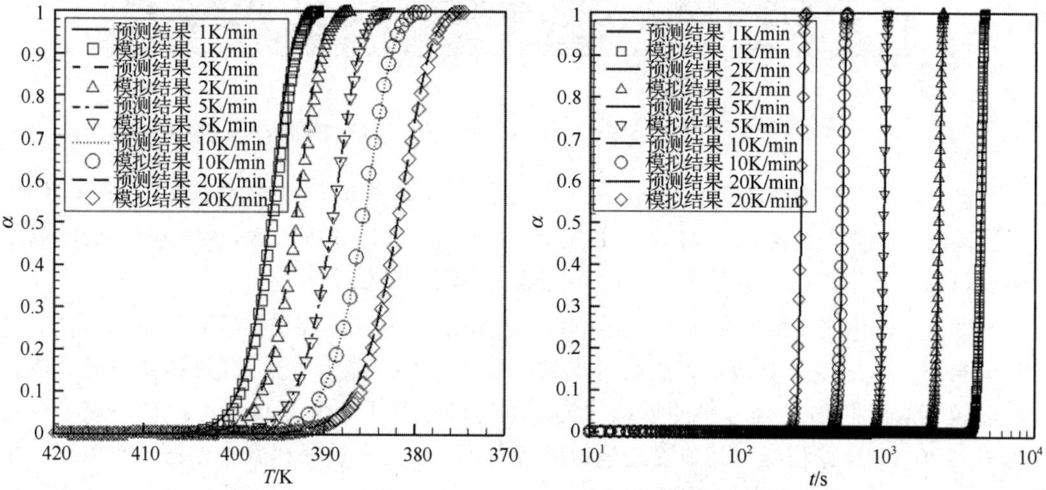

（a）相对结晶度与温度　　（b）相对结晶度与时间

图 3.2　不同冷却速率下模拟结果与 Kolmogorov 模型预测结果的比较

3.1.4.2 冷却速率的影响

图 3.3 给出了冷却速率为10K/min时结晶形态的演化过程。在非等温结晶过程中，成核数随时间推移逐步增加，从而导致各批次球晶半径有所不同。值得一提的是，在非等温结晶过程中，最终形成的碰撞边界既有直线又有曲线。当相邻球晶同批次产生时，其碰撞边界为直线，否则，为曲线[98]。这与等温结晶存在差别。

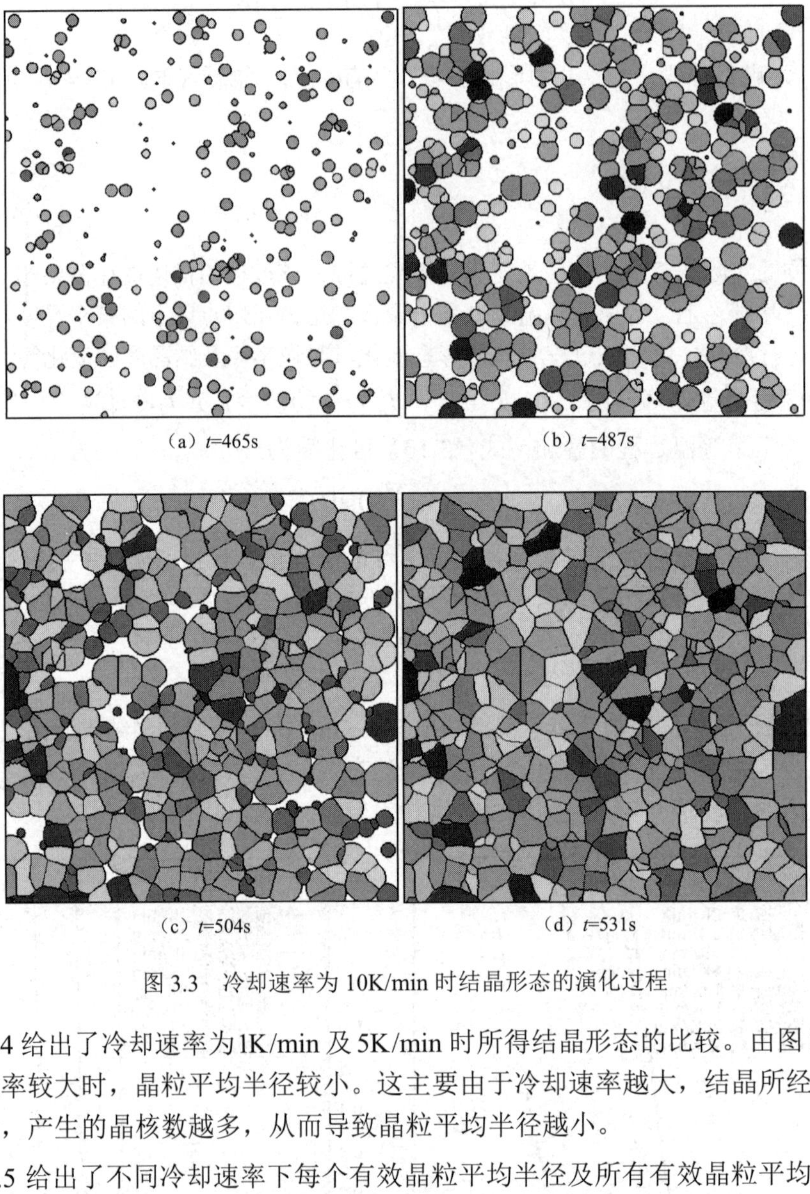

图 3.3　冷却速率为 10K/min 时结晶形态的演化过程

图 3.4 给出了冷却速率为1K/min 及 5K/min 时所得结晶形态的比较。由图 3.4 可知，当冷却速率较大时，晶粒平均半径较小。这主要由于冷却速率越大，结晶所经历的温度跨度越大，产生的晶核数越多，从而导致晶粒平均半径越小。

图 3.5 给出了不同冷却速率下每个有效晶粒平均半径及所有有效晶粒平均半径的统计分布。这里所说的有效是指成长的晶粒（平均半径不能为零），有效晶粒与无效或虚幻晶粒相对。图 3.5（a）中的横虚线为不同冷却速率下有效晶粒平均半径，该半径由 $R=\sqrt{S'/(n_v\pi)}$ 计算获得，其中 S'为模拟区域面积，n_v为有效晶核数。由图 3.5 可知，先生成晶核的晶粒能生长得较大，晶粒对应的半径基本在有效晶粒平均半径之上，而后生成晶核的晶粒半径却基本都在有效晶粒平均半径之下。此外，成核随时间增长，在非等

温结晶过程中还生成了不少无效晶核，这些晶核通常包含在已结晶的区域，因此被吞并不能成为新生核。这些无效晶核在图 3.5（a）中为横虚线后端无晶粒平均半径对应的区域。在较大的冷却速率下，无效晶核的密度也大大增加。图 3.5（b）给出了不同冷却速率下所有有效晶粒平均半径的统计分布。由图 3.5 可知，晶粒平均半径分布大致与等温结晶类似，且冷却速率越小，所对应的晶粒平均半径峰值越大。

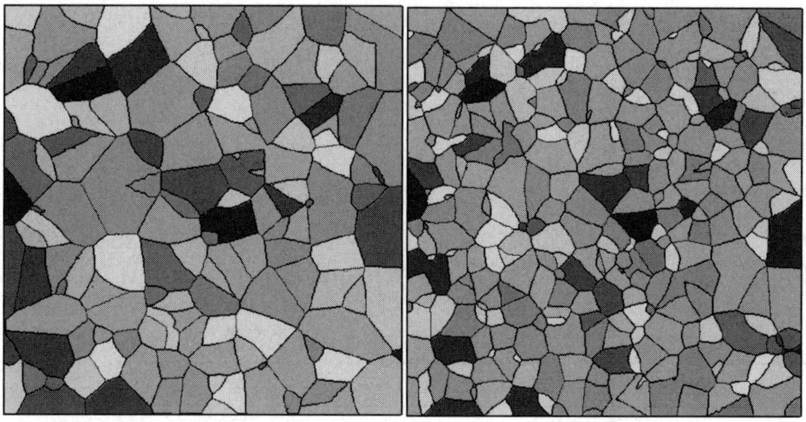

（a）c=1K/min　　（b）c=5K/min

图 3.4　冷却速率为 1K/min 及 5K/min 时所得结晶形态的比较

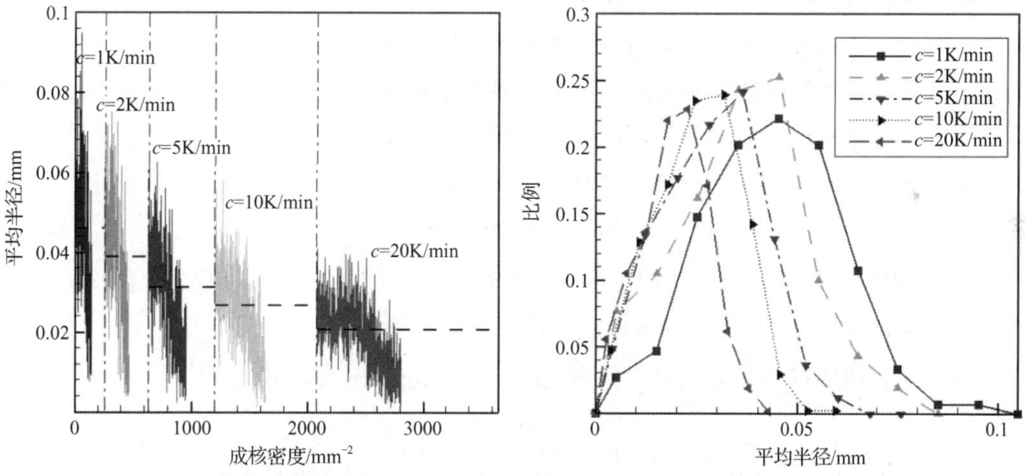

（a）有效晶粒平均半径　　（b）所有有效晶粒平均半径的统计分布

图 3.5　不同冷却速率下每个有效晶粒平均半径及所有有效晶粒平均半径的统计分布

3.2　三维非等温结晶的建模与模拟

本节将以等速降温的非等温结晶过程为研究对象，将研究工作推广到三维非等温结晶，构建相对应的数学模型和数值算法，为后续复杂成型温度下的结晶行为模拟奠定基础。

3.2.1 非等温结晶的参数描述模型

本节将模拟等速降温的非等温结晶过程，并将温度条件设为$T = T_0 - ct$，其中T_0为初始温度，c为冷却速率，t为时间。

3.1 节阐述了非等温结晶过程的成核-生长-碰撞模型，由于温度条件设置一样，因此本节的结晶过程情况与二维非等温结晶是一致的。与三维等温结晶的数学模型类似，本节采用参数描述模型来刻画非等温结晶过程。

本节将采用表 3.1 所示的三个变量来描述非等温结晶过程，这三个变量分别是与温度相关的球晶的生长速率G、与温度相关的成核密度N、从初始温度开始计时的时间t。三维非等温结晶与等温结晶的差别是球晶的生长速率、成核速率不再是常数，而是与温度（或时间）相关的函数，这里的时间t是从初始温度开始降低时计算的时间。

表 3.1 描述非等温结晶的三个变量

变　量	含　义
G	生长速率
N	成核密度
t	时间

在对三维非等温结晶进行模拟时，需要明确给出成核密度与生长速率的公式，为了简便，本节将采用简单的经验公式。但是，需要注意的是，本章所提算法不仅限于对此类公式的计算，对任意给定的公式，该算法也是可以对其进行计算的。

本节采用 Pantani 等学者提出的成核密度公式[5]，即

$$N(T) = N_0 \exp(\varphi \Delta T) \tag{3.12}$$

式中，N为过冷度ΔT的函数，过冷度ΔT定义为$\Delta T = T_{\mathrm{m}}^0 - T$，$T_{\mathrm{m}}^0$为平衡熔点；$N_0$和$\varphi$为经验参数。式（3.12）仅是众多成核密度公式的一种。

假定生长速率仅与温度相关，采用 Hoffman-Lauritzen 表达式表示[36]，即

$$G(T) = G_0 \exp\left(-\frac{U^*}{R_{\mathrm{g}}(T - T_\infty)}\right)\exp\left(-\frac{K_{\mathrm{g}}}{T\Delta T f}\right) \tag{3.13}$$

式中，G_0、K_{g}为参考因子；U^*为聚合物的分子活化能；R_{g}为气体常数；$T_\infty = T_{\mathrm{g}} - 30$，$T_{\mathrm{g}}$为玻璃化转变温度；$f = 2T/(T_{\mathrm{m}}^0 + T)$。

3.2.2 非等温结晶的三维数值算法

目前，关于聚合物非等温结晶的研究已有许多成果，基于形态学模型而展开的结晶行为模拟的相关工作只是在二维空间下展开，有些文献并没有给出晶体碰撞等相关细节。

在非等温结晶中，晶核是散现成核，随时间（或温度）的增加而逐渐增加，球晶的生长速率也是变化的。因此，非等温结晶比等温结晶更为复杂。

3.1.2 节已经详细阐述了采用像素着色法模拟二维非等温结晶的过程，对于三维非等温结晶过程，只需将二维非等温结晶的过程的算法平行推广即可。需要指出的是，在三维非等温结晶过程中需要将模拟区域划分成等大的网格单元（小正方体），以所有网格单元的中心参与运算。相应的算法将不再赘述，感兴趣的读者可参考文献[137]。

相对结晶度及晶粒平均半径的计算与等温结晶相同，分别用如下公式进行计算。

$$\alpha = \frac{v_{\mathrm{c}}}{v_{\mathrm{tot}}} = \frac{N_{\mathrm{c}} v}{N_{\mathrm{tot}} v} = \frac{N_{\mathrm{c}}}{N_{\mathrm{tot}}} \tag{3.14}$$

$$\bar{R} = \sqrt[3]{\frac{3V}{4\pi}} \tag{3.15}$$

其中，相对结晶度采用球晶所占网格单元数 N_{c} 与模拟区域网格单元数 N_{tot} 的比值进行计算；而在晶粒平均半径的计算公式中，V 为单个球晶所占单元体积，可通过球晶所占网格单元数及网格单元体积获得。

3.2.3　三维非等温结晶动力学的 Kolmogorov 模型

Kolmogorov 模型基于晶体成核与生长阶段，具备更多的晶体信息，相关的数学模型为[35]

$$\alpha = 1 - \exp(-\alpha_f) \tag{3.16}$$

$$\alpha_f = C_n \int_0^t \frac{\mathrm{d}N(s)}{\mathrm{d}s} \left(\int_0^t G(u)\mathrm{d}u \right)^n \mathrm{d}s \tag{3.17}$$

式中，α_f 为虚幻体积；C_n、n 为形状参数，当晶体为三维球晶时，$C_n = 4\pi/3$，$n = 3$。

3.2.4　结果与讨论

考察空间中一块 $1\mathrm{mm} \times 1\mathrm{mm} \times 1\mathrm{mm}$ 的聚合物，研究其非等温结晶过程。在模拟中，该模拟区域被划分为 $N_{\mathrm{tot}} = 10^7$ 个网格单元。模拟中采用的参数[5]：$N_0 = 17.4 \times 10^6 \mathrm{m}^{-3}$，$\varphi = 0.155$，$G_0 = 2.1 \times 10^{10} \mathrm{\mu m/s}$，$U^*/R_{\mathrm{g}} = 755\mathrm{K}$，$K_{\mathrm{g}} = 534858\mathrm{K}^2$，$T_{\mathrm{m}}^0 = 467\mathrm{K}$，$T_{\mathrm{g}} = 266\mathrm{K}$。

3.2.4.1　有效性验证

为了验证像素着色法在三维非等温结晶模拟中的有效性，图 3.6 给出了初始温度和冷却速率分别为 467K、2K/min 时由像素着色法所得模拟结果与 Kolmogorov 模型预测结果的比较。由图 3.6 可知，两者所得结果吻合很好，从而说明了像素着色法的有效性。

图 3.7 给出了每个球晶的形态演化。在结晶初期，球晶间发生碰撞的概率很小，生长较为自由，而在结晶后期，球晶间发生碰撞的概率增大，直到把整个模拟区域填满。在非等温结晶过程中，成核数随时间推移逐步增加，从而导致各批次球晶半径有所不同。这比等温结晶过程要复杂得多。

图 3.8 给出了模拟区域表面上球晶的形态演化。图 3.8 中不同的球晶采用不同的颜

色以示区分。随着时间的推移，球晶不断长大，直到将整个模拟区域填满，结晶结束。这些结果与 Shen 等学者[59]的实验结果是一致的。因此，本节采用的像素着色法在非等温结晶形态的预测上是行之有效的。

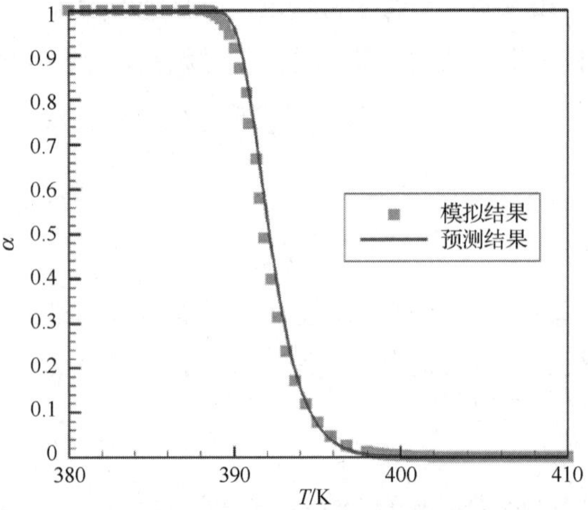

图 3.6　模拟结果与 Kolmogorov 模型预测结果的比较

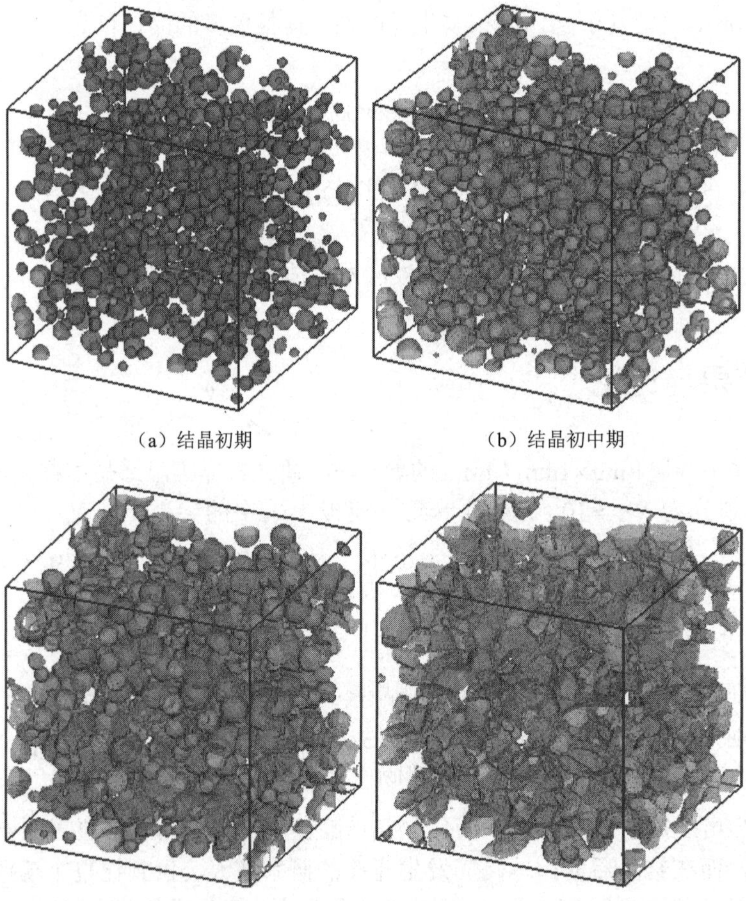

（a）结晶初期　（b）结晶初中期

（c）结晶中期　（d）结晶后期

图 3.7　每个球晶的形态演化

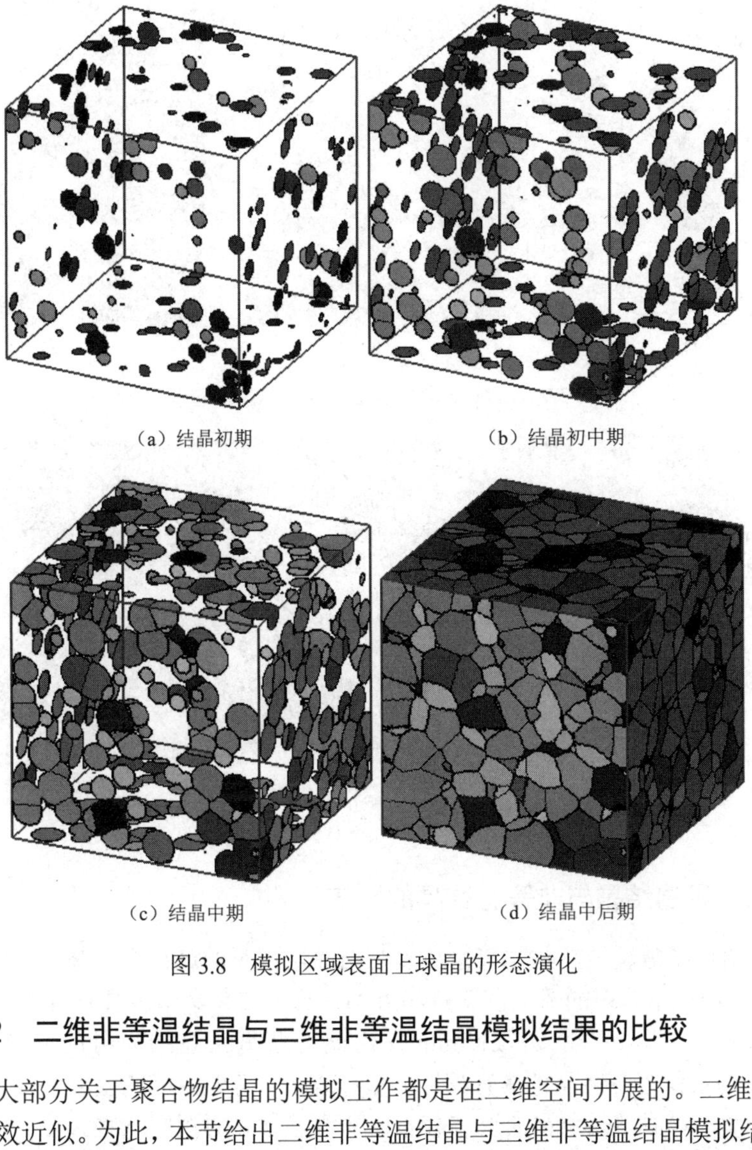

（a）结晶初期　（b）结晶初中期

（c）结晶中期　（d）结晶中后期

图 3.8　模拟区域表面上球晶的形态演化

3.2.4.2　二维非等温结晶与三维非等温结晶模拟结果的比较

目前，大部分关于聚合物结晶的模拟工作都是在二维空间开展的。二维模拟仅是三维模拟的有效近似。为此，本节给出二维非等温结晶与三维非等温结晶模拟结果的比较。图 3.9 给出了二维非等温结晶模拟的结晶形态演化。图 3.10 给出了三维非等温结晶模拟中 $z = 0.5\text{mm}$ 剖面处的结晶形态演化。这里假设二维非等温结晶模拟与三维非等温结晶模拟在成核密度上满足如下统计关系[46]。

$$N_{2D} = 1.458 \times N_{3D}^{\frac{2}{3}} \tag{3.18}$$

模拟中采用的参数为 $T_0 = 467\text{K}$，$c = 2\text{K/min}$。由图 3.9（c）和图 3.10（c）可知，在二维非等温结晶模拟和三维非等温结晶模拟中，结晶完成时所得的结晶形态分布大致是一致的。而从两者的剖面来看，三维非等温结晶比二维非等温结晶更为复杂。在二维非等温结晶模拟中，各球晶半径的不一致是由成核时间的不一致引起的；而在三维非等温结晶模拟中，这种不一致一方面由成核时间引起，另一方面由球晶的生长穿越该剖面（晶核不在该剖面上）引起。因此，二维模拟仅是三维模拟的有效近似。

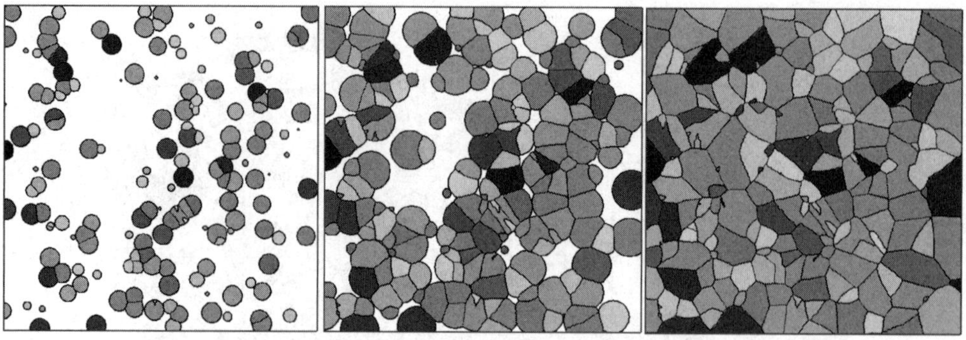

（a）　（b）　（c）

图 3.9　二维非等温结晶模拟的结晶形态演化

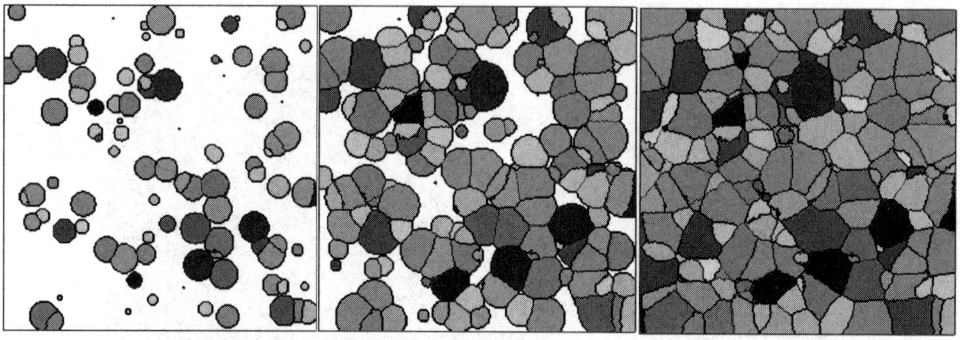

（a）　（b）　（c）

图 3.10　三维非等温结晶模拟中 $z = 0.5\text{mm}$ 剖面处的结晶形态演化

3.2.4.3　等温结晶与非等温结晶的比较

图 3.11 给出了等温结晶与非等温结晶在结晶结束时的最终形态分布比较。由图 3.11 可知，这两种情况下获得的成核密度是相近的，这也使考察结果具有可比性。非等温结晶采用的参数为 $T_0 = 467\text{K}$，$c = 2\text{K/min}$，由此可获得结晶结束时的成核密度大约为 3204mm^{-3}。为了使等温结晶也具有相近的成核密度，等温结晶的温度可设置为 388.8K。由图 3.11 可知，等温结晶所得的形态分布比非等温结晶更规则一些。

（a）等温结晶　（b）非等温结晶

图 3.11　等温结晶与非等温结晶在结晶结束时的最终形态分布比较

图 3.12 给出了相同成核密度下等温结晶及非等温结晶的晶粒平均半径及其统计分布。在非等温结晶中，球晶成核数是随时间的推移逐渐增加的，并且一部分落入其余球晶内部的晶核无法生长。这部分晶核称为无效晶核。在图 3.12（a）中，等温和不显示无效晶核区域的横虚线为有效晶粒平均半径，由 $R=\sqrt[3]{3S/(4\pi N)}$ 计算获得，其中 $S=1\text{mm}^3$，为模拟区域体积，N 为有效成核数；显示无效晶核区域的横虚线为晶粒平均半径，由 $R=\sqrt[3]{3S/(4\pi N)}$ 计算获得，其中 N 为成核数（含无效成核）。由图 3.12（a）可知，等温结晶对应的各晶粒半径在有效晶粒平均半径附近振荡；而在非等温结晶中，随着时间的推移，晶粒半径大致呈“衰减”趋势，即先生成的晶核生长得较大，而后生成的晶核生长得较小，尤其到了结晶后期，很多晶核都被其余球晶吞并，无法生长。图 3.12（b）给出了晶粒平均半径的统计分布，由该图可知，等温结晶的晶粒平均半径分布较为集中，而非等温结晶的晶粒平均半径分布得更广，尤其是在考虑无效晶核的情况下，无效晶核所占比重很大。因此，在非等温结晶中，结晶后期提供的晶核多数为无效晶核，不能生长。

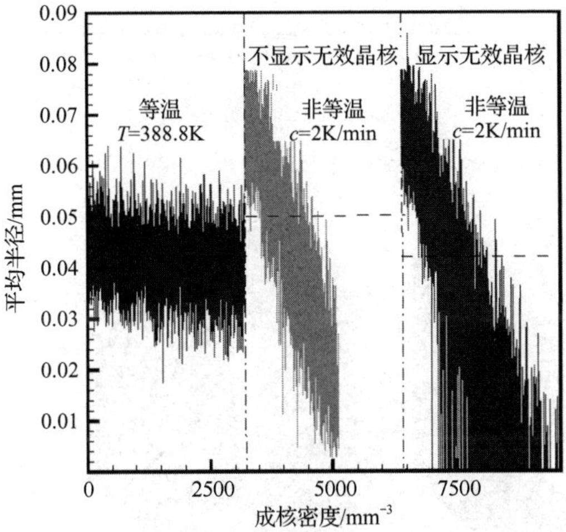

（a）晶粒平均半径

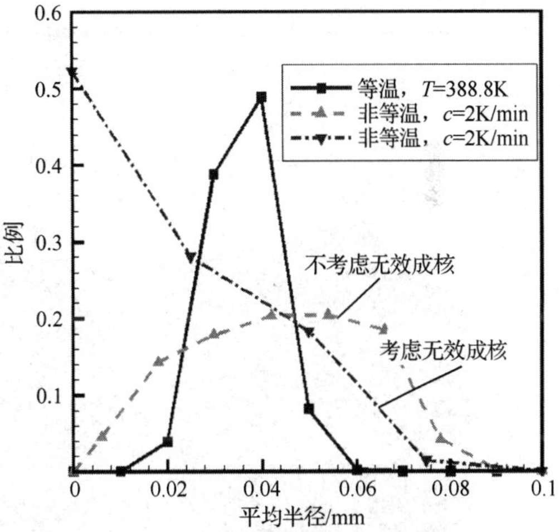

（b）晶粒平均半径的统计分布

图 3.12　相同成核密度下等温结晶及非等温结晶的晶粒平均半径及其统计分布

3.2.4.4　冷却速率的影响

为了分析冷却速率对非等温结晶过程的影响，本节将给出 $c=1\text{K/min}$，$c=5\text{K/min}$，$c=25\text{K/min}$ 时聚合物结晶的模拟结果。假设初始温度为固定值，即 $T_0=467\text{K}$。

图 3.13 给出了不同冷却速率下相对结晶度的演化。由图 3.13 可知，增大冷却速率可提高结晶速率，同时也加大了结晶温度的分布范围。

图 3.14 给出了不同冷却速率下结晶结束时的形态分布。由图 3.14 可知，晶粒半径随着冷却速率的增大有所减小。这是由于在冷却速率较大的情况下，结晶经历的温度跨度较大，产生的晶核数较多，因此在拥有相同生长空间的条件下，晶粒平均半径将变小。这与 Shen 等学者[59]的实验结果是一致的。

图 3.15 给出了不同冷却速率下晶粒平均半径及其统计分布。由图 3.15 可知，先生成晶核的晶粒半径较大，基本位于有效晶粒平均半径以上；而后生成晶核的晶粒半径较小，基本位于有效晶粒平均半径以下。在非等温结晶中，尤其到了结晶后期，会产生许多无效晶核，图 3.15（a）中的横虚线后端没有晶粒平均半径对应的区域。随着冷却速率的

增大，无效晶核的密度也大幅度增加。图 3.15（b）给出了不同冷却速率下晶粒平均半径的统计分布，由该图可知，晶粒平均半径分布大致呈高斯分布，即两头小中间大；随着冷却速率的减小，对应的晶粒平均半径峰值变大。

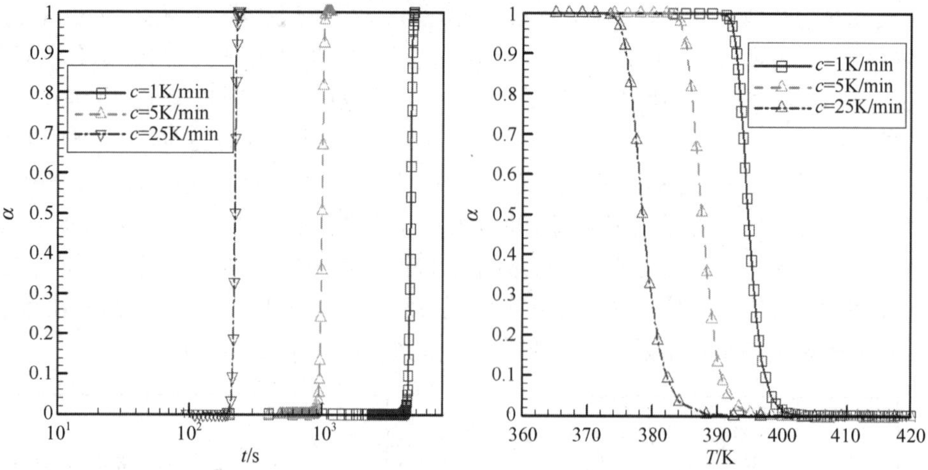

（a）相对结晶度与时间　　　（b）相对结晶度与温度

图 3.13　不同冷却速率下相对结晶度的演化

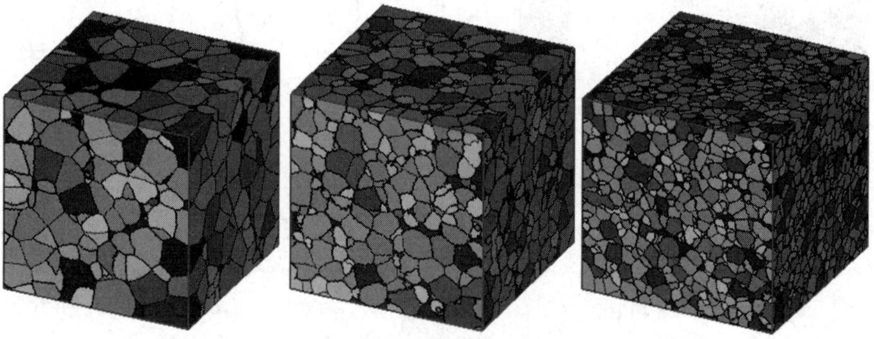

（a） $c = 1K/min$　　（b） $c = 5K/min$　　（c） $c = 25K/min$

图 3.14　不同冷却速率下结晶结束时的形态分布

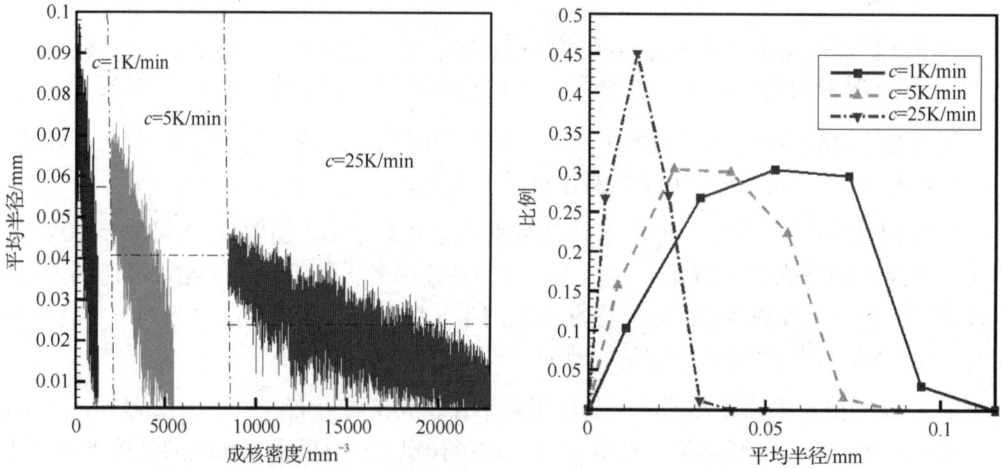

（a）晶粒平均半径　　　（b）晶粒平均半径的统计分布

图 3.15　不同冷却速率下晶粒平均半径及其统计分布

3.2.4.5　初始温度的影响

为了进一步分析热历史对非等温结晶过程的影响，本节将考察不同初始温度对相对结晶度演化及晶粒半径的影响。本节将给出初始温度分别为 470K、480K、490K 时聚合物结晶的模拟结果。在本次的聚合物结晶过程中，假设冷却速率 $c = 2\text{K/min}$ 。

图 3.16 给出了不同初始温度下相对结晶度的演化。由图 3.16 可知，降低初始温度将提高结晶速率，但结晶过程中的温度范围并未发生较大改变。

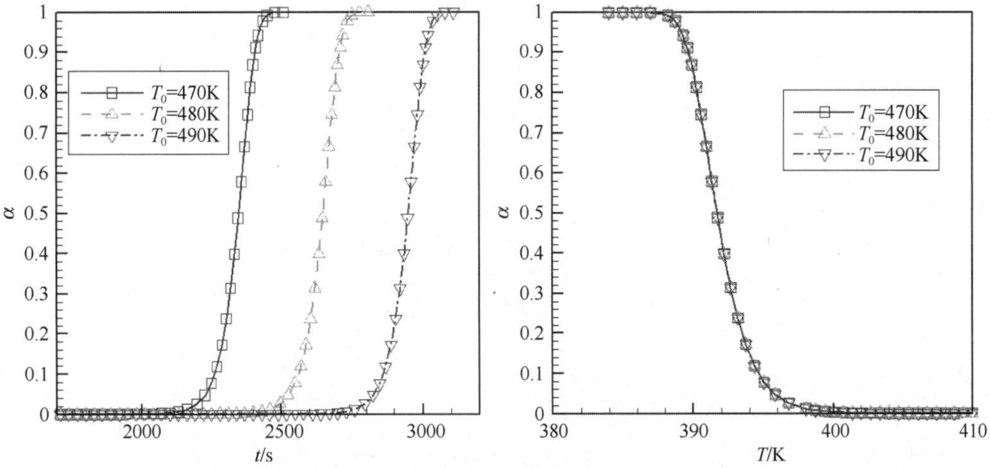

（a）相对结晶度与时间　　（b）相对结晶度与温度

图 3.16　不同初始温度下相对结晶度的演化

图 3.17 给出了不同初始温度下结晶结束时的形态分布。由图 3.17 可知，初始温度对最终结晶形态分布几乎没有影响。由于初始温度的改变并没有引起结晶温度范围的改变，因此该结论也是合理的。由于初始温度对晶粒平均半径及其分布几乎没有影响，因此这里将不再给出相应图示。

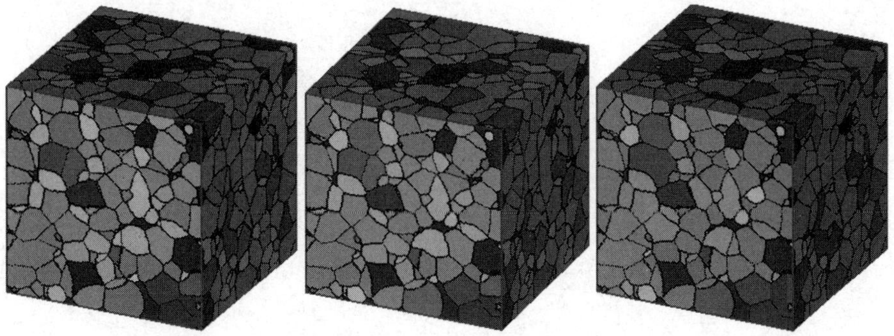

（a）$T_0 = 470\text{K}$　　（b）$T_0 = 480\text{K}$　　（c）$T_0 = 490\text{K}$

图 3.17　不同初始温度下结晶结束时的形态分布

3.3　本章小结

基于第 2 章的工作，本章将聚合物结晶过程的模拟工作推广到二维、三维静态非等温结晶，研究了二维、三维聚合物非等温的结晶行为，探讨了不同冷却速率对结晶形态分布及结晶速率的影响。由本章所得模拟结果可得到以下结论。

（1）冷却速率对结晶速率及结晶形态分布影响重大，增大冷却速率能提高结晶速率、减小晶粒平均半径。

（2）初始温度对结晶速率有较大影响，提高初始温度会降低结晶速率，但对最终结晶形态分布几乎没有影响。

（3）相比于等温结晶，非等温结晶所得的晶粒平均半径分布更广。

第4章

冷却阶段聚合物静态结晶的多尺度建模与模拟

聚合物结晶主要发生在成型过程的冷却阶段。冷却阶段作为聚合物成型过程的一个重要阶段，持续时间往往很长，占成型过程的80%以上。因此，冷却阶段直接控制着聚合物制品的生产效率及质量。不仅如此，聚合物在冷却阶段经历的温度场还会影响其结晶过程，从而影响最终聚合物制品的物理机械性能[30]。若聚合物制品表芯层冷却速率不一，则会导致聚合物制品表芯层的结晶速率及结晶度不同，从而使聚合物制品密度不均。聚合物在结晶过程中经历的热历史还控制着球晶的尺寸，从而影响聚合物制品的力学性能。与此同时，结晶过程为放热过程，当聚合物从液相向固相转变时，固液相界面将释放出潜热，从而进一步影响温度场的变化。

在过去的几十年中，已有大量的学者对聚合物的结晶行为及相关问题展开研究，主要体现在各类聚合物结晶过程的实验研究[1, 134]、结晶动力学的理论模型[15-17]研究及数值模拟[47, 48, 50, 138]研究等方面。从数值模拟的角度来看，聚合物从最初的单分子链折叠到聚集态结构再到聚集体或晶体，本身就决定了结晶行为的多尺度特性。然而，聚合物结晶的各尺度间差别较大，实现从单分子链到聚合物制品生产的全尺度模拟相当困难。目前，冷却阶段聚合物结晶的多尺度模拟已有一些成果。Swaminarayan 等学者[2]、Charbon 等学者[46]从金属结晶中受到启示，分别在介观上构建了晶体生长简化模型并采用径向生长遍历法实现结晶形态捕捉，在宏观上构建了温度场模型并采用有限差分法进行计算，实现了聚合物结晶的介观-宏观模拟。Huang 等学者[8]构建了介观晶体生长的非重叠向量模型与宏观温度场模型，实现了简单温度变化下的聚合物结晶模拟。Prabhu 等学者[139]提出了单胞法与有限元法耦合的多尺度算法实现了结晶过程的介观-宏观模拟。然而，Charbon 等学者[46]、Swaminarayan 等学者[2]及 Huang 等学者[8]的研究工作仅是在固定的温度场下展开的，这与实际问题复杂的成型条件不相符。此外，由单胞法构建的晶体生长径向遍历模型过于烦琐，计算量偏大，实用性很差。

本章以结晶形态演化模型为基础，构建了宏观尺度聚合物制品冷却阶段传热现象和介观尺度晶体生长演化的多尺度模型，并根据该模型提出了有限体积法与像素着色法耦合的多尺度算法。本章将基于多尺度模型和多尺度算法，就二维、三维聚合物制品边界等速降温的冷却问题进行研究，考察温度、相对结晶度的演化及结晶形态的演化，同时分析冷却速率、初始温度等成型条件对结晶速率及结晶形态的影响。

4.1 冷却阶段结晶过程的二维多尺度建模与模拟

本节将对二维聚合物制品冷却阶段的结晶行为进行模拟。二维模拟是三维模拟的简化与近似，然而其结果也能反映出温度、相对结晶度及结晶形态演化等定性的趋势。

4.1.1 多尺度模型

在聚合物熔体的冷却过程中，宏观温度场的变化会引起晶体成核数、生长速率的改变，从而引起结晶形态的改变；而随着结晶过程的进行，结晶释放的潜热也将改变宏观温度场。为了刻画这种宏观温度场变化与结晶过程的相互耦合特征，构建耦合宏观温度场与介观结晶形态的多尺度模型相当有必要。

4.1.1.1 宏观温度场的描述

在聚合物熔体的冷却过程中，温度的影响举足轻重，其满足的能量方程为[71]

$$\rho c_p\left[\frac{\partial T}{\partial t}+(\boldsymbol{u}\cdot\nabla)T\right]=\nabla\cdot(\kappa\nabla T)+\boldsymbol{\tau}:\nabla\boldsymbol{u}+\rho\Delta H\frac{D\alpha}{Dt} \tag{4.1}$$

式中，ρ 为密度；c_p 为定压比热容；$\boldsymbol{u}$ 表示速度；κ 为热传导率；$\boldsymbol{\tau}$ 为总黏弹偏应力张量；ΔH 为结晶热焓；α 为相对结晶度。

聚合物参数往往是相对结晶度 α 与温度 T 的函数，通常有[71]

$$\rho=\alpha\rho_{\mathrm{sc}}(T)+(1-\alpha)\rho_{\mathrm{a}}(T) \tag{4.2}$$

$$c_p=\alpha c_{p\mathrm{sc}}(T)+(1-\alpha)c_{p\mathrm{a}}(T) \tag{4.3}$$

$$\kappa=\alpha\kappa_{\mathrm{sc}}(T)+(1-\alpha)\kappa_{\mathrm{a}}(T) \tag{4.4}$$

式中，sc 为半结晶相的英文缩写；a 为无定形相的英文缩写。$\rho_{\mathrm{sc}}(T)$、$\rho_{\mathrm{a}}(T)$、$c_{p\mathrm{sc}}(T)$、$c_{p\mathrm{a}}(T)$、$\kappa_{\mathrm{sc}}(T)$、$\kappa_{\mathrm{a}}(T)$ 与温度的关系往往通过实验获得。

在静态条件下，不考虑聚合物熔体的可流动性，式（4.1）可简化为

$$\rho c_p\frac{\partial T}{\partial t}=\nabla\cdot(\kappa\nabla T)+\rho\Delta H\frac{\partial\alpha}{\partial t} \tag{4.5}$$

式中，最后一项为结晶释放的潜热项。

为了便于计算，需要做适当的假设。本节假设半结晶相与无定形相中聚合物参数一致，并且忽略由温度带来的聚合物参数变化。

4.1.1.2 介观结晶形态的描述

通常情况下，聚合物的结晶过程分为成核与生长阶段。当晶体生长到一定程度时，相邻的晶体会发生碰撞，形成碰撞边界。这里，成核阶段的成核密度仍然沿用经验公式[5]，即

$$N(T) = N_0 \exp(\varphi \Delta T) \tag{4.6}$$

$$N_{2D} = 1.458 N_{3D}^{\frac{2}{3}} \tag{4.7}$$

生长阶段的生长速率仍然采用 Hoffman-Lauritzen 表达式[36]，即

$$G(T) = G_0 \exp\left(-\frac{U^*}{R_g(T - T_\infty)}\right) \exp\left(-\frac{K_g}{T \Delta T f}\right) \tag{4.8}$$

结晶形态的捕捉仍然采用像素着色法，并通过最小时间原理判断碰撞边界条件。在确定结晶形态后，由

$$\alpha = \frac{\text{晶体所占网格单元数}}{\text{模拟区域网格单元数}} \tag{4.9}$$

计算出相对结晶度，以达到宏观与介观尺度耦合的目的。

4.1.2　二维多尺度算法

由于温度场与结晶形态的空间尺度相差若干个数量级[46]，因此构建耦合温度场与结晶形态的多尺度算法很必要。本章构建了有限体积法[140]与像素着色法耦合的多尺度算法，即在粗网格上用有限体积法求解温度场，在细网格上用像素着色法[50]对结晶形态进行捕捉，并统计获得相对结晶度，进而实现结晶形态与宏观温度场的耦合。图 4.1 给出了多尺度算法的示意图。

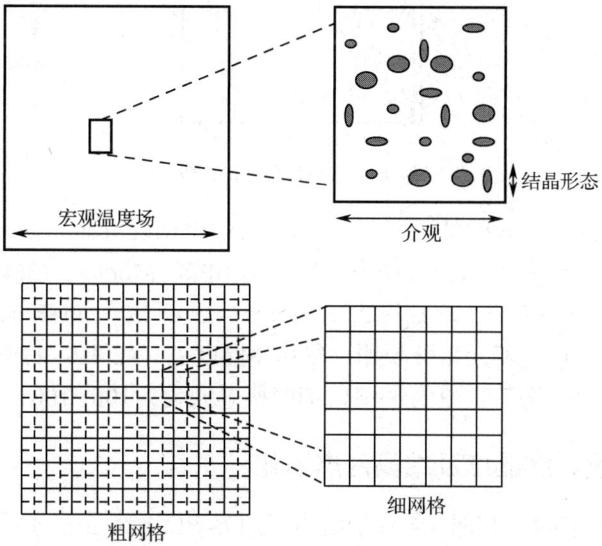

图 4.1　多尺度算法的示意图

当使用多尺度算法时，首先需要对模拟区域进行粗网格划分。本节采用有限体积外节点法的布置[140]：认为边界点（除角点外）有半个控制体积（简称控制体），角点处有 1/4 个控制体，而内点则有一个控制体。粗网格上存储温度和相对结晶度两个变量。相对结晶度通过控制体上像素着色法捕捉到的结晶形态进行更新。为了实现对结晶形态的捕捉，每个粗网格又被划分为若干个细网格。显然，细网格数越多，模拟结果越精确。

本节假设温度在粗网格控制体中是一致的，即不考虑温度的空间不一致性[141]，那么晶体生长为球晶，而非椭球晶。在细网格上采用像素着色法对结晶形态进行模拟。

下面给出多尺度算法的流程。

（1）用式（4.5）计算温度。

（2）用式（4.6）、式（4.7）计算成核密度，用式（4.8）计算生长速率。

（3）用像素着色法捕捉结晶形态，用式（4.9）计算相对结晶度。

（4）若未达到算法终止条件，则返回（1）。

4.1.3 问题描述与数值模拟

4.1.3.1 问题描述

模拟区域示意图如图 4.2 所示。对 1cm×1cm 聚合物熔体的四条边界同时进行等速降温操作，考察其结晶过程。由于聚合物熔体具有几何对称性，因此本节只对区域 *ABCD* 进行求解。边界条件：在边界 *AB*、*AD* 上，$T=T_0-ct$，其中 T_0 为初始温度，c 为冷却速率；在边界 *BC* 上，$\partial T/\partial y=0$；在边界 *CD* 上，$\partial T/\partial x=0$。

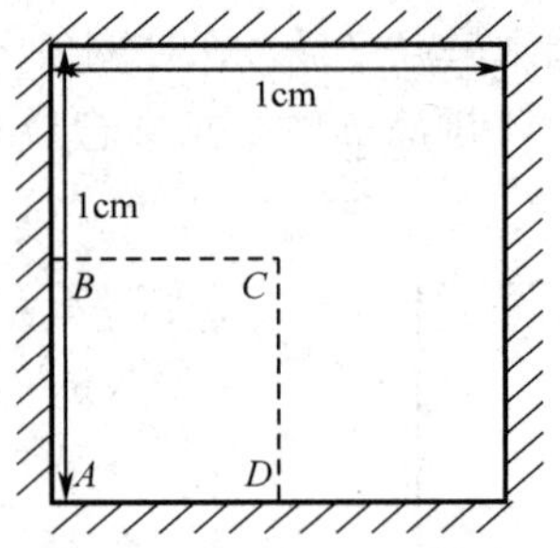

图 4.2　模拟区域示意图

模拟中的参数：$\rho=900\text{kg/m}^3$，$c_p=2.14\times10^3\text{J/(kg}\cdot\text{K)}$，$\kappa=0.193\text{W/(m}\cdot\text{K)}$，$\Delta H=107\times10^3\text{J/kg}$。结晶形态模拟中所用物料为 iPP（Montell T30G），其物料参数：$N_0=17.4\times10^6\text{m}^{-3}$，$\varphi=0.155$，$G_0=2.1\times10^{10}\mu\text{m/s}$，$U^*/R_\text{g}=755\text{K}$，$K_\text{g}=534858\text{K}^2$，$T_\text{m}^0=467\text{K}$，$T_\text{g}=266\text{K}$。若无特殊说明，取初始温度 $T_0=420\text{K}$，冷却速率 $c=2\text{K/min}$。在多尺度算法中，粗网格节点数为 6×6，细网格单元数为 100×100。

4.1.3.2 温度、结晶度及结晶形态演化

为了便于分析，图 4.3 和图 4.4 分别给出了边界 *BC* 上距 *B* 点不同位置上温度、相对结晶度随时间的演化。因为边界条件为 $\partial T/\partial y=0$，芯层 *C* 点处（与 *B* 点的距离为 5mm）的温度及相对结晶度与相邻内点处（与 *B* 点的距离为 4mm）的结果一致，所以未将其画出。

由图 4.3 可知，芯层温度在 700～1100s 时存在一个温度平台[143]，对照图 4.4 可知，相对结晶度也在该时间段由 0 变为 1。不难得出，该温度平台是由结晶释放的潜热引起的。此外，芯层的温度平台比表层的更宽、更明显，结晶持续时间也比表层长约 300s。该现象主要由聚合物熔体较低的热传导率所致，这使得芯层结晶释放的潜热不易向表层传递，从而导致其温度变化较慢。

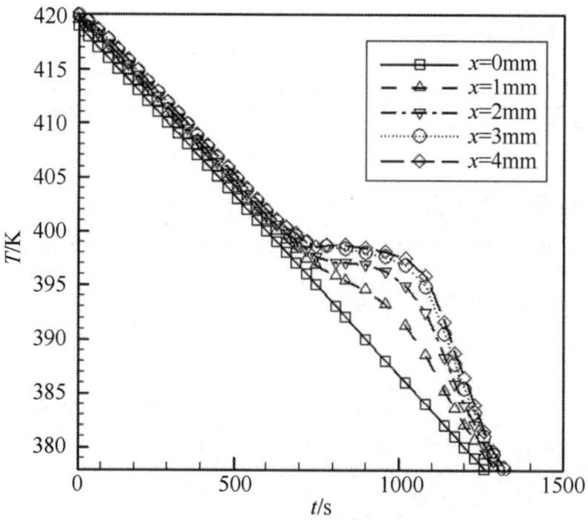

图 4.3　边界 *BC* 上距 *B* 点不同位置上温度随时间的演化

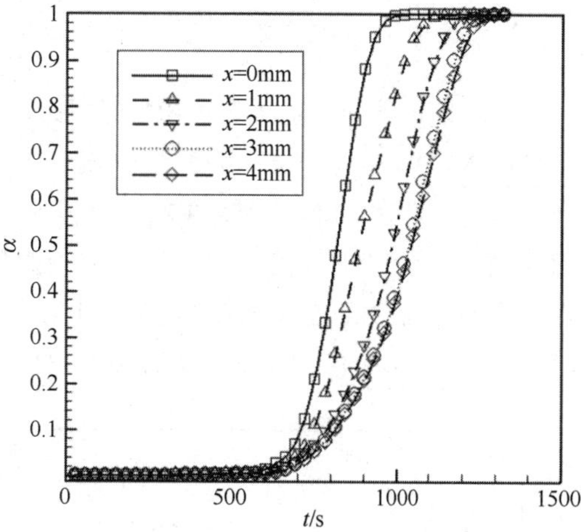

图 4.4　边界 *BC* 上距 *B* 点不同位置上相对结晶度随时间的演化

图 4.5 给出了整个模拟区域上结晶形态的演化。白色部分为聚合物熔体，其余部分为晶体。由图 4.5 可知，晶体首先出现在表层附近，随着时间的推移，逐渐向芯层推进。由图 2.3 可知，当温度在 380～400K 时，生长速率随温度降低而增大。表层由于温度较低，因此生长速率较大；而芯层温度较高，虽然已经有不少晶核，但生长速率小，不适于晶体生长。随着时间的推移，芯层温度有所降低，从而导致生长速率增大，晶体进一步加速生长。

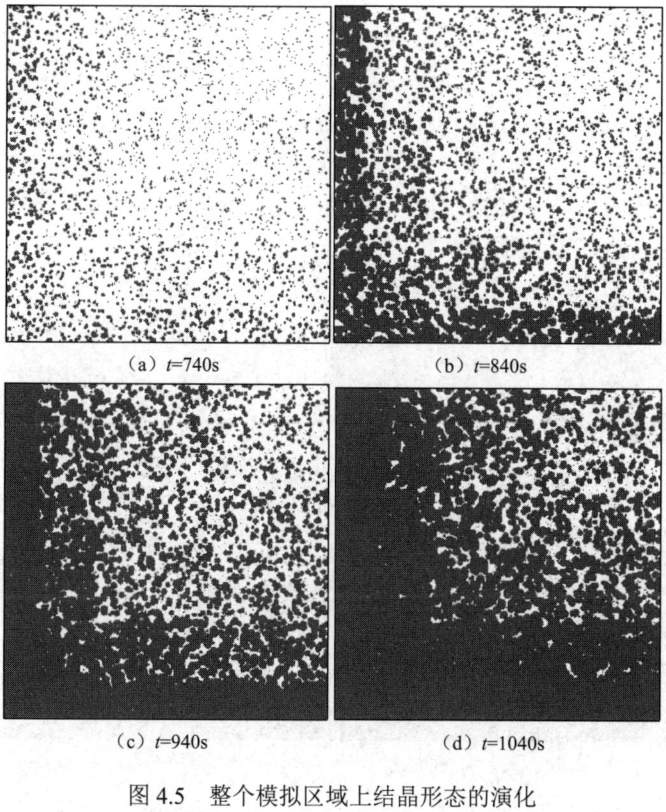

（a）t=740s　（b）t=840s
（c）t=940s　（d）t=1040s

图 4.5　整个模拟区域上结晶形态的演化

4.1.3.3 冷却速率的影响

为了分析冷却速率对聚合物结晶过程的影响，本节将给出$c = 1\text{K/min}$，$c = 2\text{K/min}$，$c = 5\text{K/min}$时聚合物结晶的模拟结果。

图 4.6 给出了不同冷却速率下芯层 *C* 点处温度随时间的演化。由图 4.6 可知，冷却速率越大，温度平台出现得越早，持续时间越短。图 4.7 给出了不同冷却速率下芯层 *C* 点处相对结晶度随温度的演化。由图 4.7 可知，不同冷却速率下结晶出现的温度几乎一致，较大冷却速率下结晶持续的温度范围更大。

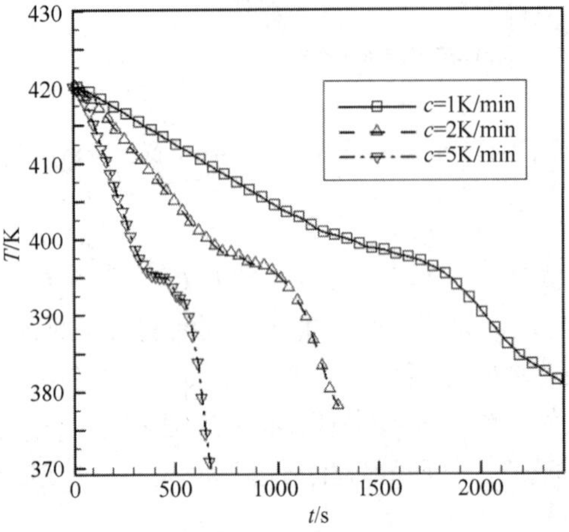

图 4.6　不同冷却速率下芯层 *C* 点处温度随时间的演化

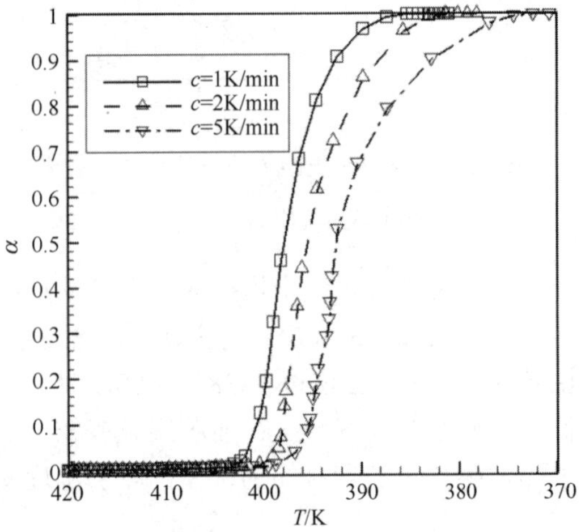

图 4.7　不同冷却速率下芯层 *C* 点处相对结晶度随温度的演化

图 4.8 给出了不同冷却速率下表芯层控制体上的结晶形态比较。将图 4.8（a）、图 4.8（b）与图 4.8（c）、图 4.8（d）分别进行对比可知，表层晶粒平均半径比芯层小；较大冷却速率对应的晶粒平均半径比较小冷却速率小。在相同边界条件下，由于表层冷却速率比芯层更大一些，温度跨度较大，能产生较多的晶核，从而使得晶粒平均半径较小。同样，增大冷却速率，产生的晶核数越多，进一步使晶粒平均半径减小。

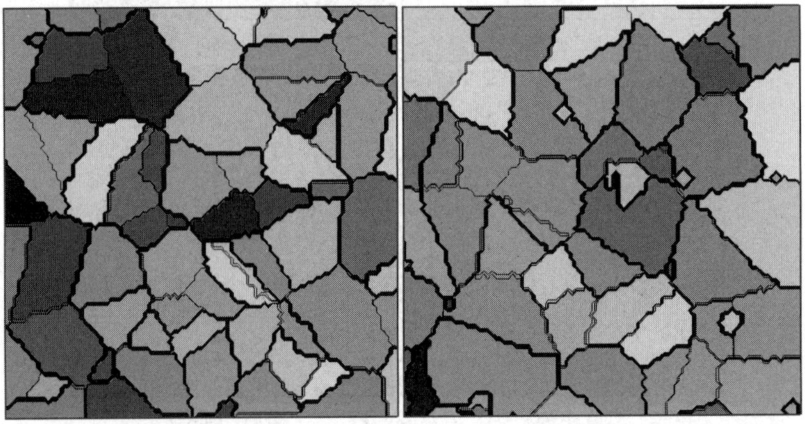

（a）表层 *B* 点，$c = 1\text{K/min}$　　（b）芯层 *C* 点，$c = 1\text{K/min}$

图 4.8　不同冷却速率下表芯层控制体上的结晶形态比较

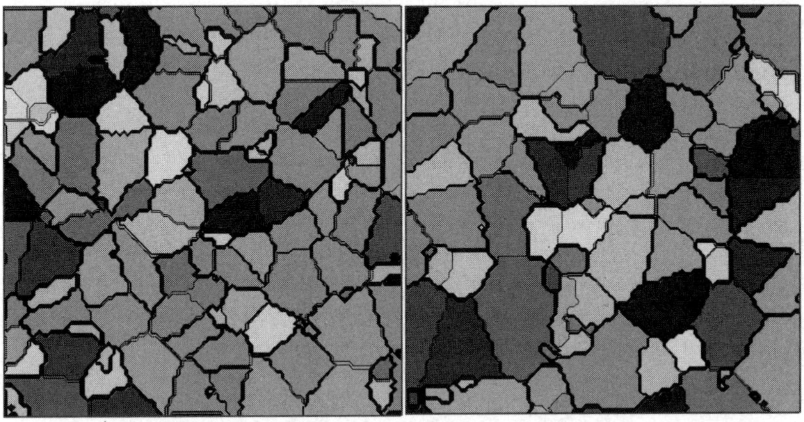

（c）表层 B 点，$c = 5\mathrm{K/min}$　　　　（d）芯层 C 点，$c = 5\mathrm{K/min}$

图 4.8　不同冷却速率下表芯层控制体上的结晶形态比较（续）

4.1.3.4　初始温度的影响

为了进一步分析热历史对聚合物冷却过程的影响，本节将给出 T_0=410K，T_0=420K，T_0=430K 时聚合物结晶的模拟结果。

图 4.9 给出了不同初始温度下芯层 C 点处温度随时间的演化。由图 4.9 可知，初始温度越高，温度平台出现得越晚，但温度平台出现时的温度及持续时间几乎不变。图 4.10 给出了不同初始温度下芯层 C 点处相对结晶度随温度的演化。由图 4.10 可知，相对结晶度随温度的演化与初始温度几乎无关。

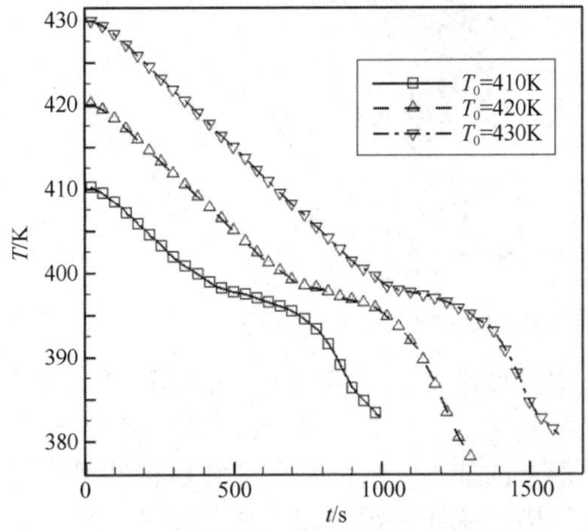

图 4.9　不同初始温度下芯层 C 点处温度随时间的演化

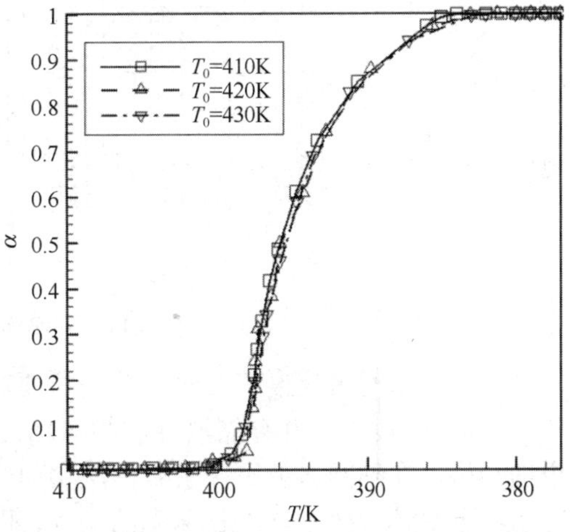

图 4.10　不同初始温度下芯层 C 点处相对结晶度随温度的演化

4.2　冷却阶段结晶过程的三维多尺度建模与模拟

在聚合物结晶的多尺度模拟方面，已有一些学者做出了先驱性的工作，如 Charbon 等学者[46]、Prabhu 等学者[139]的介观-宏观模拟。然而，以上工作均是在二维空间开展的。

本节将在 4.1 节的基础上，将多尺度模型与多尺度算法推广到三维空间，研究实际聚合物成型中等速降温的冷却问题，考察温度、相对结晶度的演化，同时分析冷却速率、初始温度等成型条件对结晶速率及结晶形态的影响。

4.2.1 多尺度模型与多尺度算法

在聚合物成型过程中的冷却阶段，聚合物可视为静止，温度场的变化直接控制着聚合物的结晶过程。宏观温度场的改变，会引起晶体成核数及生长速率的改变，进一步影响结晶形态；而随着介观结晶形态的演化，结晶释放的潜热也将影响宏观温度。因此，宏观温度场与介观结晶形态是相互耦合、相互影响的。

三维空间多尺度模型同二维空间，分别用式(4.5)描述宏观温度场的变化；用式(4.6)描述介观晶体成核；用式（4.8）描述晶体生长；用式（4.9）计算相对结晶度。

下面仅就多尺度算法进行详细阐述。

由于温度场是一个宏观量，而结晶形态是一个介观量，两者相差若干个数量级。为了实现不同尺度的关联，本节的思路是：构建不同尺度上的不同算法，进而将其耦合，形成多尺度算法。这里的多尺度算法实现思路同二维空间，即采用粗网格和细网格两种网格；在粗网格中用有限体积法[140]求解宏观温度场，在细网格中用像素着色法[143]捕捉介观结晶形态演化，并统计获得相对结晶度，从而实现宏观温度场与介观结晶形态的耦合。图 4.11 给出了三维多尺度算法的示意图。

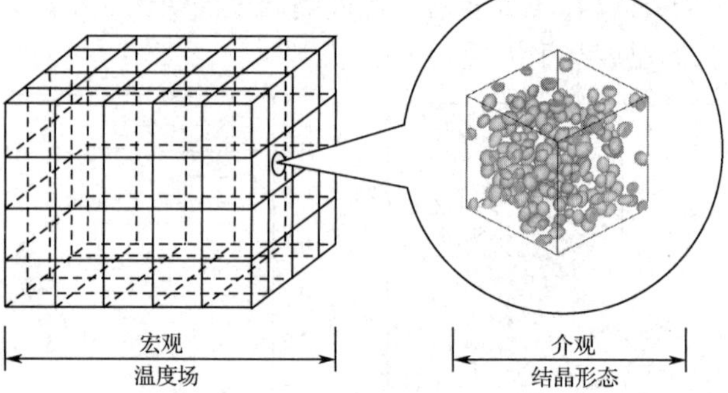

图 4.11　三维多尺度算法的示意图

当使用上述多尺度算法时，首先需要对模拟区域进行粗网格划分，采用有限体积外节点法的布置[140]，并存储温度和相对结晶度两个变量；其次将每个粗网格划分为若干个细网格，在细网格上用像素着色法实现结晶形态的捕捉。粗网格上计算获得的温度是细网格上晶体成核数与生长速率的输入，而细网格上统计获得的相对结晶度是粗网格上计算潜热的输入，以此实现两个尺度上信息的传递。

在粗网格上，本节将采用有限体积法对能量方程进行计算。图 4.12 所示为控制体示意图。在图 4.12（a）中，P 是计算点，E、W、N、S、T、B 是其相邻节点，e、w、n、s、t、b 是其内部节点，图 4.12（b）给出了二维剖面处的网格情况。本节将采用时间一阶向前、空间二阶中心来离散式（4.5），有[140]

$$\rho c_p \frac{T_P^{n+1} - T_P^n}{\Delta t} = \kappa\left(\frac{T_E^n - 2T_P^n + T_W^n}{\Delta x^2} + \frac{T_N^n - 2T_P^n + T_S^n}{\Delta y^2} + \frac{T_T^n - 2T_P^n + T_B^n}{\Delta z^2}\right) + \rho\Delta H \frac{\alpha_P^n - \alpha_P^{n-1}}{\Delta t} \tag{4.10}$$

在三维多尺度算法中，先计算温度，然后计算相对结晶度，因此相对结晶度比温度要延迟更新，式（4.10）中的最后一项为 $\rho\Delta H(\alpha_P^n - \alpha_P^{n-1})/\Delta t$ 而不是 $\rho\Delta H(\alpha_P^{n+1} - \alpha_P^n)/\Delta t$ 。

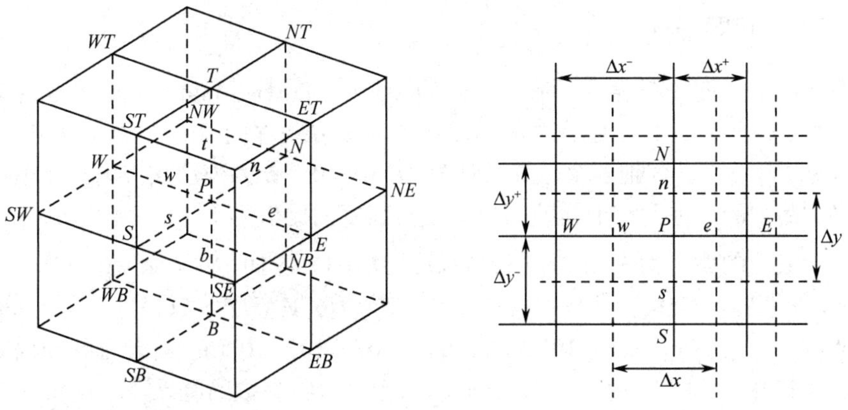

（a）三维　　　　（b）二维

图 4.12　控制体示意图

在细网格上，本节将采用像素着色法对结晶形态进行捕捉。这里不再详细阐述像素着色法的基本步骤，感兴趣的读者可参考文献[137, 143]。细网格上结晶形态的统计量为相对结晶度，它是粗网格上潜热计算的输入。相对结晶度及单个晶粒平均半径计算公式分别为式（4.9）和式（3.15）。

图 4.13 给出了三维多尺度算法的流程图。

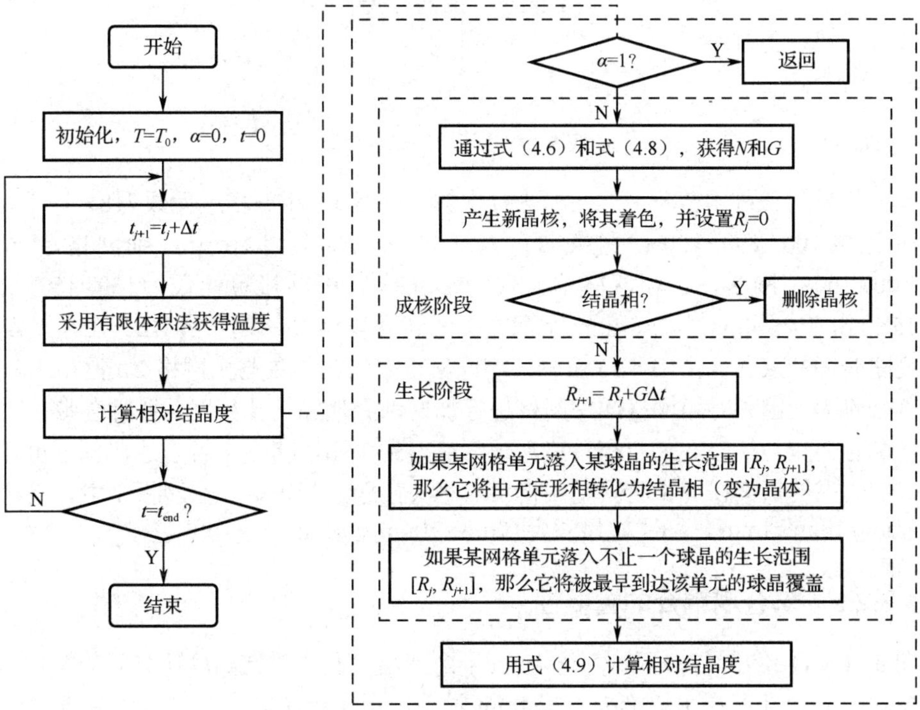

图 4.13　三维多尺度算法的流程图

4.2.2 结果与讨论

4.2.2.1 问题描述

模拟区域示意图如图 4.14 所示。本节将对一个 $8\text{mm}\times4\text{mm}\times4\text{mm}$ 型腔内聚合物的 $y=0\text{mm}$ 和 $z=0\text{mm}$ 平面施加等速降温操作，即边界条件为 $T=T_0-ct$，其中 T_0 为初始温度，c 为冷却速率。其他四个边界条件为 $\partial T/\partial \boldsymbol{n}=0$，$\boldsymbol{n}$ 为外法线方向。必须指出，该型腔是厚制品型腔，因为它的横截面处宽度与高度的比值小于 10。

模拟中采用的聚合物为 iPP，相关参数：$N_0=17.4\times10^6\text{m}^{-3}$，$\varphi=0.155$，$G_0=2.1\times10^{10}\mu\text{m/s}$，$U^*/R_\text{g}=755\text{K}$，$K_\text{g}=534858\text{K}^2$，$T_\text{m}^0=467\text{K}$，$T_\text{g}=266\text{K}$，$\rho=900\text{kg/m}^3$，$c_p=2.14\times10^3\text{J/(kg}\cdot\text{K)}$，$\kappa=0.193\text{W/(m}\cdot\text{K)}$，$\Delta H=107\times10^3\text{J/kg}$。若无特殊说明，取初始温度 $T_0=470\text{K}$，冷却速率 $c=2\text{K}/\text{min}$。由于聚合物参数的匮乏，这里将忽略聚合物参数在固相及液相中的差别。

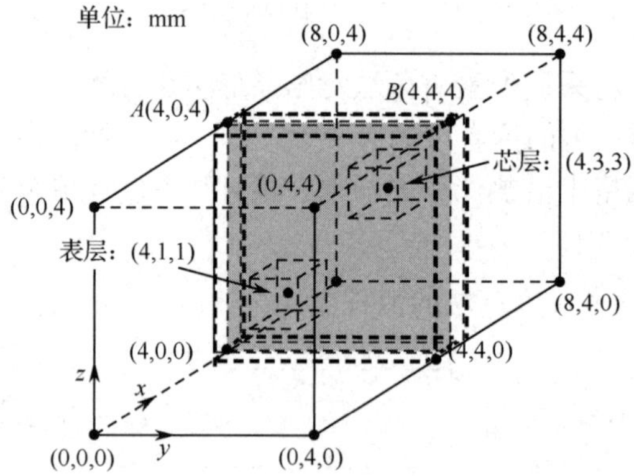

图 4.14 模拟区域示意图

本节将采用三种网格对上述问题进行求解，网格 1：粗网格单元数为 $8\times4\times4$，细网格单元数为 $100\times100\times100$；网格 2：粗网格单元数为 $12\times6\times6$，细网格单元数为 $100\times100\times100$；网格 3：粗网格单元数为 $8\times4\times4$，细网格单元数为 $150\times150\times150$。图 4.15 给出了 $x=4\text{mm}$ 与 $z=4\text{mm}$ 平面交叉线（图 4.14 所示的边界 AB）上温度及相对结晶度随时间的演化。由图 4.15 可知，由网格 1 获得的结果与由网格 2、网格 3 获得的结果差别不大。因为对粗网格或细网格进行加密都会增加计算精度，并且会带来更大的计算量和存储量，所以我们权衡精度和效率后发现采用网格 1 求解上述问题是可行的。因此，在本书的后续研究中将采用网格 1 对相关问题进行求解。在网格 1 中，粗网格尺寸为 $1\text{mm}\times1\text{mm}\times1\text{mm}$，细网格尺寸为 $10\mu\text{m}\times10\mu\text{m}\times10\mu\text{m}$。

4.2.2.2 宏介观耦合的重要性

图 4.16（a）给出了冷却阶段 $x=4\text{mm}$ 平面处温度及相对结晶度随时间的演化。由温度的变化可知，在芯层 $y=4\text{mm}$，$z=4\text{mm}$ 附近出现了一个温度平台。该温度平台是由结晶释放的潜热引起的。由相对结晶度随时间的演化可知，表层的结晶要比芯层更快且出现得更早。这是因为表层的过冷度比芯层更高。

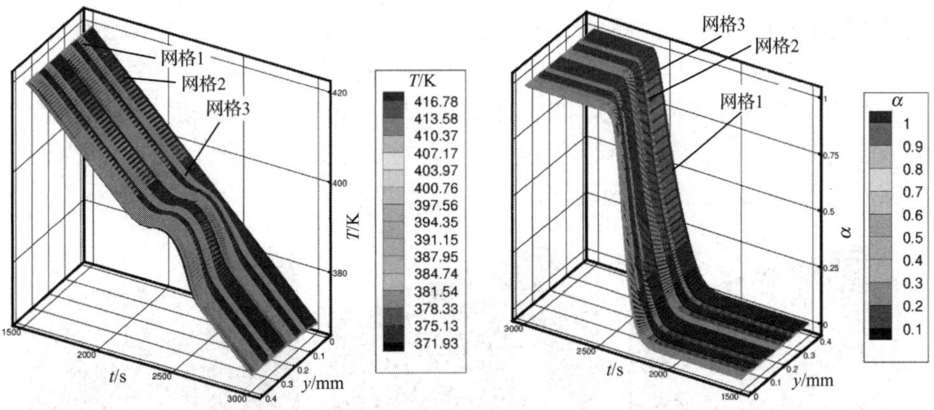

图 4.15　$x = 4\text{mm}$ 与 $z = 4\text{mm}$ 平面交叉线上温度及相对结晶度随时间的演化

介观对宏观的影响主要体现在结晶释放的潜热上。为了表明潜热的重要性，图 4.16 给出了考虑潜热与不考虑潜热的温度及相对结晶度随时间的演化的比较。图 4.16（b）给出了不考虑潜热的温度及相对结晶度随时间的演化。与图 4.16（a）给出的考虑潜热的温度及相对结晶度随时间的演化比较，无论是温度还是相对结晶度，差别是相当明显的。这种差别在靠近芯层处表现得尤为明显，因为在不考虑潜热的温度及相对结晶度随时间的演化中，并没有出现温度平台，这与实验结果不吻合。而这种差别正是由于没有考虑结晶释放的潜热引起的。在结晶行为的研究中，由于温度是晶体成核与生长的决定性条件，因此为了更准确地预测结晶形态，必须考虑结晶释放的潜热。

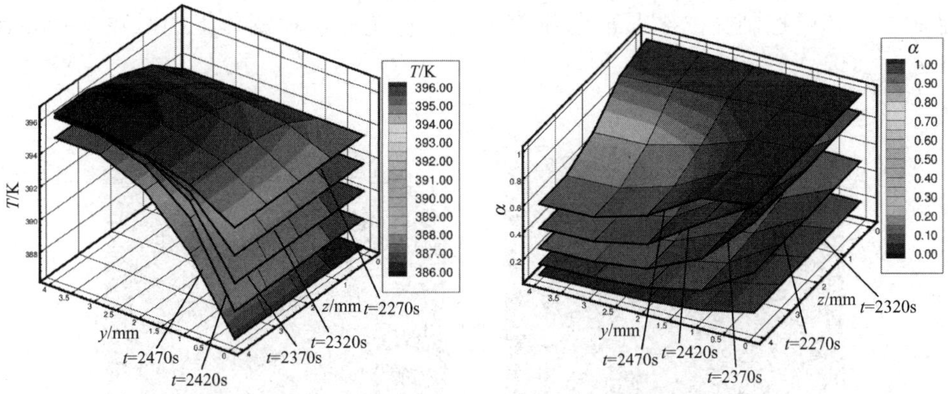

（a）考虑潜热

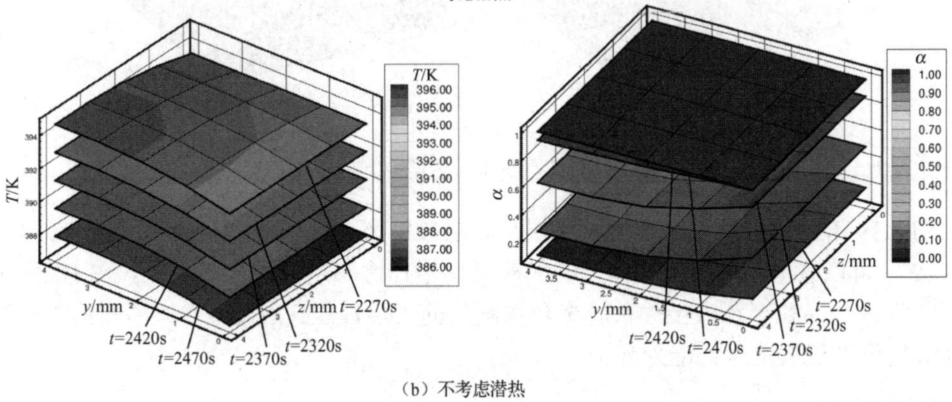

（b）不考虑潜热

图 4.16　冷却阶段 x=4mm 平面处温度及相对结晶度随时间的演化

图 4.17 给出了 $x=4$mm 平面控制体上结晶形态的演化。在图 4.17 中，白色部分为聚合物熔体，其余部分为晶体，不同的晶体通过不同的颜色以示区分。由图 4.17 可清楚地看到，晶体首先出现在表层附近，随着时间的推移，逐渐向芯层推进，直到把整个模拟区域填满。这与图 4.16（a）中显示的相对结晶度的演化趋势是一致的。因为相对结晶度是介观结晶形态演化的宏观表现。

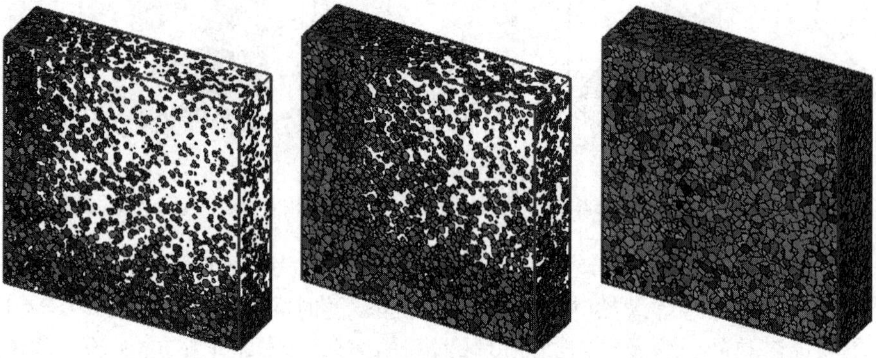

（a） $t=2360$s　（b） $t=2400$s　（c） $t=2600$s

图 4.17　$x=4$mm 平面控制体上结晶形态的演化

图 4.18 给出了结晶完成后表层控制体与芯层控制体的结晶形态的比较。其中，表层控制体是指表层中坐标为(4mm,1mm,1mm)的点所在的控制体，芯层控制体是指芯层中坐标为(4mm,3mm,3mm)的点所在的控制体（见图 4.14）。由图 4.18 可知，表层控制体与芯层控制体的结晶形态相差不大，但是芯层控制体上的晶粒半径要比表层略大。

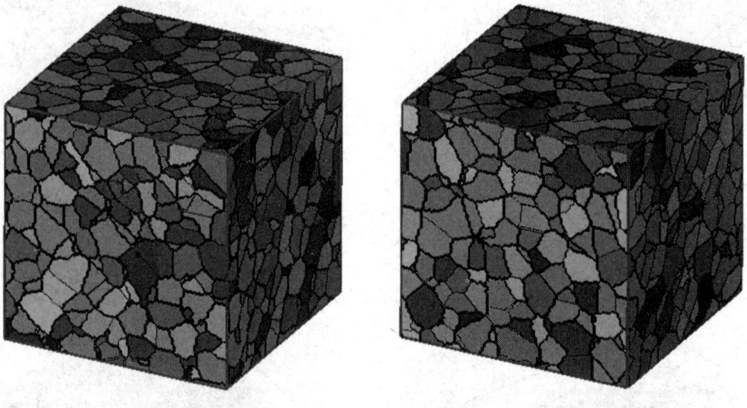

（a）表层　（b）芯层

图 4.18　结晶完成后表层控制体与芯层控制体的结晶形态的比较

图 4.19 给出了二维模拟中型腔表层与芯层控制体上晶粒平均半径及其统计分布。从图 4.19 中可以看出，表层控制体上的晶粒平均半径比芯层要小。事实上，由 Hall-Petch 公式[50]可知，晶粒半径直接关系着聚合物制品的力学性能。因此，生产所得的聚合物制品从表层到芯层的力学性能差异很大。

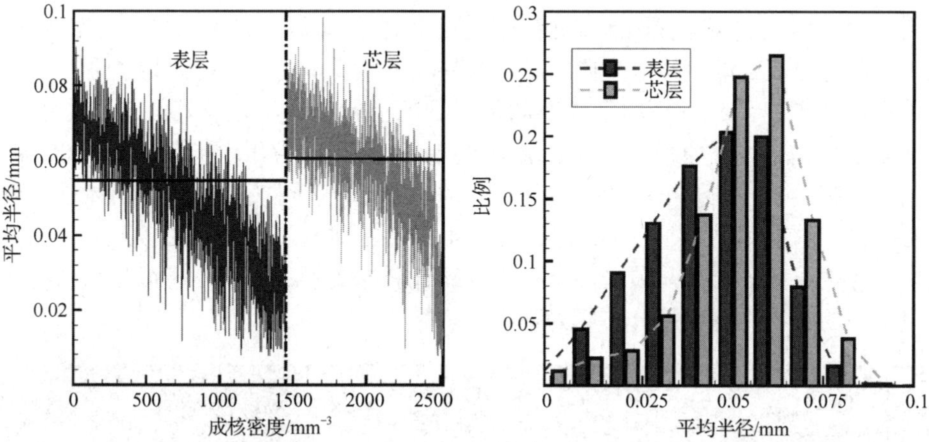

（a）晶粒平均半径　　（b）晶粒平均半径的统计分布

图 4.19　二维模拟中型腔表层与芯层控制体上晶粒平均半径及其统计分布

4.2.2.3　三维模拟的重要性

为了突显三维模拟的重要性，本节将给出二维模拟与三维模拟结果的比较。由于 4.2.2.1 节描述的问题是个准三维问题，因此可将其降为二维问题。原问题对应的二维问题为 $x=4$mm 平面上（见图 4.14）的结晶问题，即对该平面的 $y=0$mm 和 $z=0$mm 边界进行等速降温的操作（$T=T_0-ct$），而认为 $y=4$mm 和 $z=4$mm 边界是绝热的（$\partial T/\partial \boldsymbol{n}=0$）。三维问题与二维问题的区别在于三维问题考虑了 x 方向的传热，而二维问题没有考虑 x 方向的传热。在我们的研究中，二维与三维在成核密度上满足公式：$N_{2D}=1.458N_{3D}^{\frac{2}{3}}$，而生长速率是相同的。

图 4.20 给出了二维模拟中温度与相对结晶度的演化。通过与图 4.16（a）中三维模拟结果的比较可以得出，在远离冷却边界处二维模拟所得的温度要比三维模拟高，最大差异为 1K 左右；此外，型腔内部在二维模拟中所得的相对结晶度也比在三维模拟大很多，最大差异为 0.15 左右。

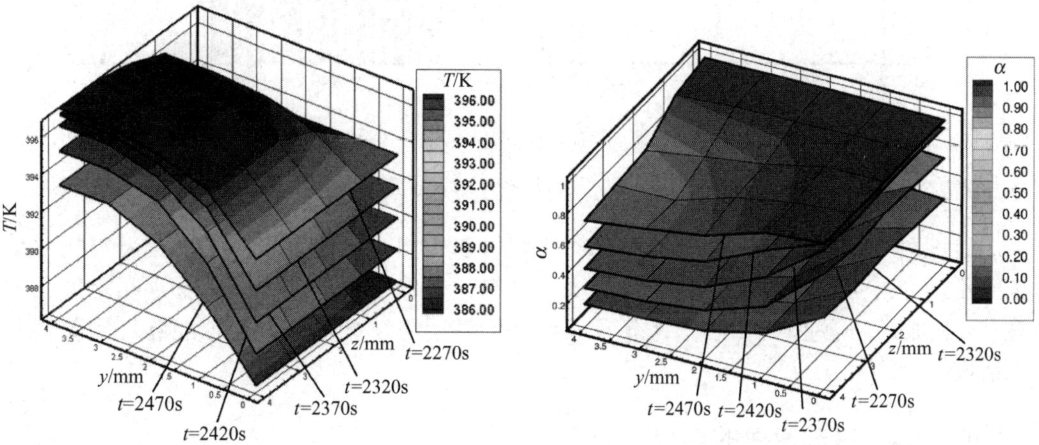

（a）温度　　（b）相对结晶度

图 4.20　二维模拟中温度与相对结晶度的演化

图 4.21 给出了二维模拟中模拟区域上结晶形态的演化。与图 4.17 中三维模拟结果的比较可以得出，二维模拟中晶体的演化趋势与三维模拟是相同的。为了进一步考察两者的差别，本节将两种模拟中型腔不同位置处的晶粒平均半径及其统计分布进行了比较。图 4.22 给出了二维模拟中型腔表层与芯层控制体上晶粒平均半径及其统计分布。这里的表层、芯层与三维模拟中的选取是一样的，只不过三维模拟中的控制体是立方体，而二维模拟中的控制体是正方形。通过与图 4.19 中三维模拟结果的比较可以得出，二维模拟中型腔表层与芯层的晶粒平均半径及其统计分布的趋势与三维模拟是相同的，但是二维模拟中的晶粒平均半径分布更为集中一些。

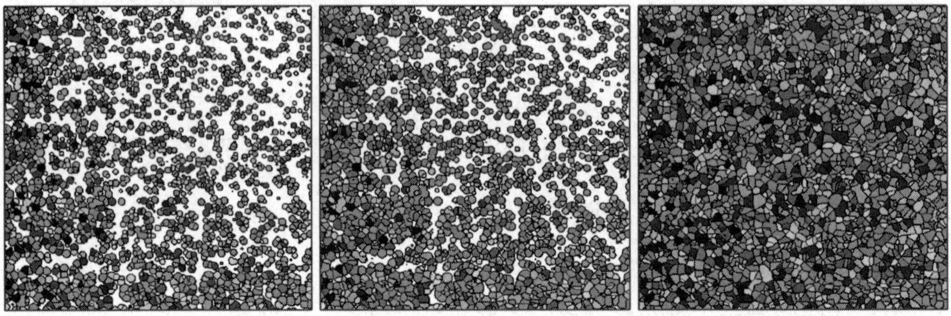

（a）t=2360s （b）t=2400s （c）t=2600s

图 4.21 二维模拟中模拟区域上结晶形态的演化

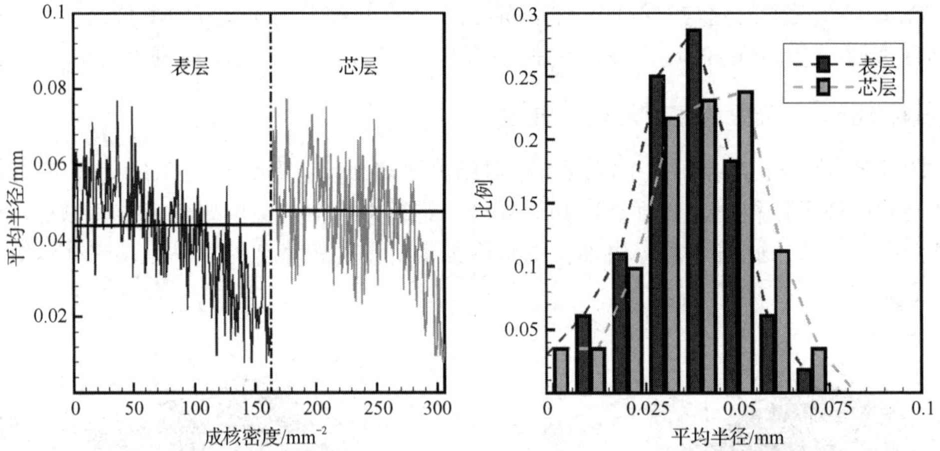

（a）晶粒平均半径 （b）晶粒平均半径的统计分布

图 4.22 二维模拟中型腔表层与芯层控制体上晶粒平均半径及其统计分布

通过对二维模拟与三维模拟结果的比较可以得出，无论是宏观上的温度与相对结晶度还是介观上的晶粒平均半径及其统计分布，二维模拟与三维模拟都存在定量上的差异。因此，在模型、算法、计算条件允许的情况下，采用三维模拟能够得到更精确的结果。

4.2.2.4 冷却速率的影响

本节将讨论冷却速率对聚合物结晶过程的影响。为此，本节将给出冷却速率分别为 1K/min 、2K/min 、5K/min 时聚合物结晶的模拟结果，并展示了芯层控制体上的结果。

图 4.23 给出了不同冷却速率下芯层处相对结晶度及晶粒平均半径统计分布的比较。由图 4.23 可知，冷却速率越大，结晶速率越快，而晶粒平均半径越小。需要指出的是，这一结论与 Zheng 等学者[144]的实验结果趋势是一致的。

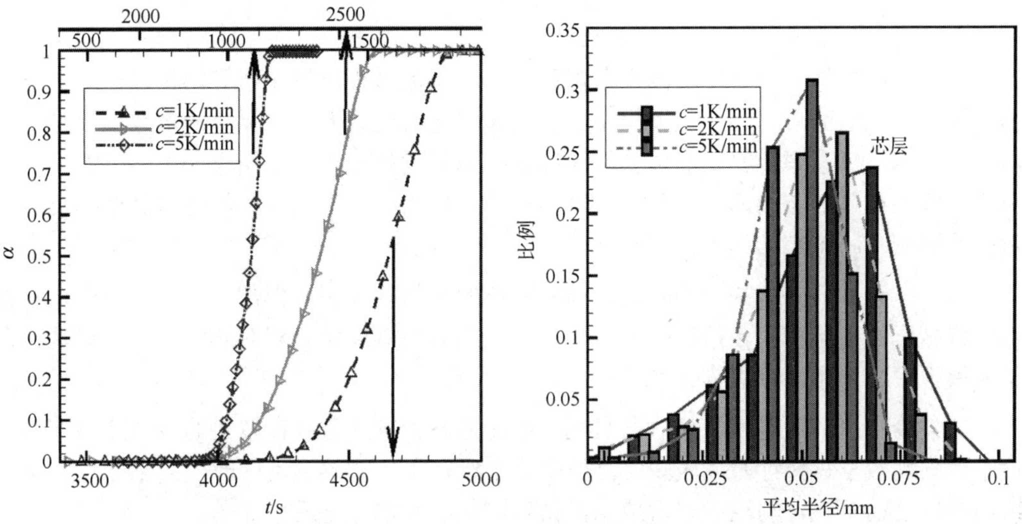

图 4.23　不同冷却速率下芯层处相对结晶度及晶粒平均半径统计分布的比较

因此，若设计者想要获得平均半径更小的晶粒，则其可对边界条件施以更大的冷却速率。

4.2.2.5　初始温度的影响

本节将讨论初始温度对聚合物结晶过程的影响。为此，本节将给出初始温度分别为 470K、480K、490K 时聚合物结晶的模拟结果，并展示芯层控制体上的结果。

图 4.24 给出了不同初始温度下芯层处相对结晶度及晶粒平均半径统计分布的比较。由图 4.24 可知，初始温度越高，结晶速率越慢，但对晶粒平均半径几乎没有影响。

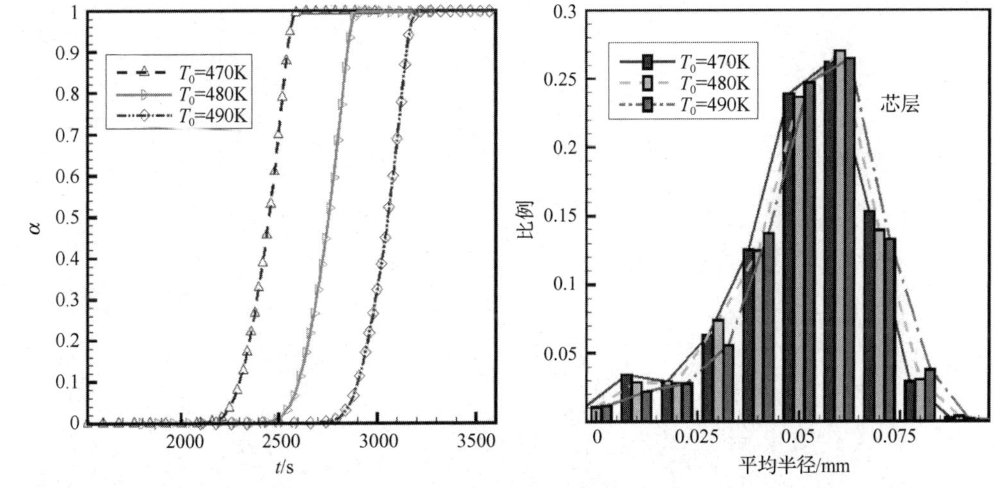

图 4.24　不同初始温度下芯层处相对结晶度及晶粒平均半径统计分布的比较

由此可知，若设计者需要提高生产效率，则其可适当降低聚合物熔体的初始温度。

4.3 本章小结

本章对成型加工中冷却阶段复杂温度场下的结晶过程进行了研究，构建了耦合宏观温度场与介观结晶形态的多尺度模型、有限体积法与像素着色法耦合的多尺度算法，给出了对二维、三维聚合物制品边界等速降温冷却问题的分析讨论结果，考察了温度、相对结晶度及结晶形态的演化，分析了冷却速率、初始温度等成型条件对结晶速率及结晶形态的影响。所得结论如下。

（1）在聚合物制品的冷却阶段，结晶释放的潜热导致制品内部出现温度平台，且随着位置越靠近芯层该平台持续时间越长；结晶释放的潜热是介观对宏观影响的体现，在结晶模拟中必须予以考虑。

（2）冷却速率对温度、相对结晶度、结晶形态影响显著：在较大的冷却速率下，温度平台出现较早、持续时间较短，晶粒平均半径较小；初始温度的改变只影响温度平台或结晶出现的早晚，与温度平台或结晶持续时间、结晶形态几乎无关。

（3）二维模拟结果与三维模拟结果相比，宏观温度、相对结晶度的演化趋势及冷却速率、初始温度的影响趋势在定性上是一致的，但在定量上有较大的差异。三维模拟更为准确。因此，如果计算条件允许，在解决冷却阶段复杂温度场下的结晶问题时应考虑三维模拟。

第5章

短纤维增强聚合物静态结晶的建模与模拟

短纤维复合材料由于提高了材料的力学性能、热力学性能而在生产生活中广泛应用。结晶型材料最终的结晶形态及相对结晶度会直接影响材料的力学性能。本章将着重对短纤维增强聚合物冷却过程中的结晶行为进行系统研究，旨在考察纤维对结晶行为的影响，并为实际生产提供有益参考。

在短纤维增强体系下，即使是最为简单的等温结晶，传统的 Avrami 等[15-17]方程已不再适用。这主要有两方面原因：一方面，纤维的存在阻碍了晶体的生长，使晶体的生长不再不受限制；另一方面，对于具有成核能力的纤维而言，其表面会生成异相晶核，使得晶核不再具有随机分布的特点。

目前，已有不少实验证实了添加纤维可提高结晶速率，人们把这归结为纤维表面提供的附生核[44, 97]。此外，有学者运用“限制体积”[97]“概率模型”[44]等思想给出了最为简单的长纤维增强体系下等温结晶的结晶动力学解析模型。也有学者将计算机模拟引入一致取向的长纤维增强体系的等温结晶[44, 97-100]中，并分析了纤维参数的影响，得出了一些有益结论。

由于采用传统的注塑成型、挤出成型、压制成型等方式，短纤维在流场中很难一致取向，这使在冷却模型中，针对长纤维的“限制体积”“概率模型”等思想不再适用。此外，已有的计算机模拟仅限于一致取向的长纤维增强体系的等温结晶。对于不同取向、不同长径比的短纤维增强体系，其等温、非等温及复杂温度场下的结晶行为，目前尚无相关研究报道。本章将给出短纤维增强聚合物的结晶过程模拟分析，首先就简单温度场下短纤维增强聚合物的结晶过程进行研究；其次在冷却阶段考虑复杂温度场变化的结晶过程，构建相应的多尺度模型及相关的多尺度算法，并给出较为详细的分析讨论结果。

5.1 简单温度场下的短纤维增强聚合物结晶

本章首先对简单温度场下短纤维增强聚合物的结晶过程进行研究，旨在探索纤维各参数对结晶速率及结晶形态的影响，并得出一些规律性的结论，为实际生产提供有益参考。本节分为两部分，第一部分探索短纤维增强体系下的等温结晶；第二部分探索该体系下的非等温结晶。

5.1.1 等温结晶

与聚合物结晶类似，短纤维增强体系下的等温结晶是指在结晶温度保持不变的情况下聚合物发生的结晶过程。

5.1.1.1 参数描述模型

为了便于分析纤维各参数对结晶速率及结晶形态的影响，本节将聚合物基质与增强纤维分开定义，即引入三个变量描述聚合物基质[99, 100]：球晶生长速率G、聚合物基质成核密度N_b及时间t；引入五个变量描述增强纤维：纤维表面成核密度N_f、纤维的直径d、纤维的长度l、单位面积内的纤维根数n_f及取向角θ。需要指出的是，纤维体积（面积）分数可由$A_f = ldn_f$计算获得；单位面积内的纤维表面积可由$s_f = 2ln_f$计算获得。

假设在等温结晶中，所有晶核在$t = 0$时刻就已经生成，并按生长速率G以球晶的生长方式进行生长。当晶体径向碰到其他晶体或纤维时，该径向的晶体停止生长。如此反复，直到所有能结晶的区域都被晶体覆盖为止。

若无特殊说明，本节所采用的参数为$G = 1\mu m/s$，$d = 8\mu m$，$l = 200\mu m$，$n_f = 37.5mm^{-2}$，考察的短纤维增强聚合物尺寸为1mm×1mm。

5.1.1.2 结晶过程中短纤维的生成

在短纤维增强体系下，结晶过程中关于短纤维的生成是至关重要的。一方面，纤维存在的区域不可能结晶；另一方面，纤维表面可提供晶核，并按横晶机制生长。因此，如何生成短纤维并确定其表面的点相当关键。本节将重点给出如何生成单根纤维；如何确定纤维表面的点及如何在统计窗口中生成多根不同取向的纤维。

1. 单根纤维的生成

假设纤维的长度为l、直径为d、取向角为θ。下面给出生成单根纤维的技术。需要特别说明的是，这里提到的背景网格由模拟区域划分的网格单元（正方形）中心点组成，与模拟区域划分的初始网格单元（正方形）存在些许差别。

（1）随机生成纤维质心及取向角θ。

假设纤维的质心为(x_0, y_0)，并引入斜率$k = \tan\theta$。单根纤维示意图如图5.1所示。

（2）确定纤维各边的方程并计算各边交点的x_{min}、x_{max}、y_{min}、y_{max}。

易得纤维的上下边方程为$y - y_0 = k(x - x_0) \pm d\sqrt{1+k^2}/2$；左右边方程为$y - y_0 = -(x - x_0)/k \pm l\sqrt{1+k^{-2}}/2$，根据方程信息求出纤维各边交点坐标。

（3）确定纤维内部的点。

在以$(x_{min} - dx, y_{min} - dy)$、$(x_{max} + dx, y_{min} - dy)$、$(x_{max} + dx, y_{max} + dy)$、$(x_{min} - dx, y_{max} + dy)$（在计算中取$dx = 3\Delta x$，$dy = 3\Delta y$，$\Delta x$、$\Delta y$为背景网格尺寸）确定的区域内进行如下操作：判断背景网格上的点是否落入纤维上、下、左、右边确定的区域内，若在此区域内，则表明该点为纤维内部的点，否则为纤维外部的点；对纤维内部

的点进行赋值，以确定纤维所在区域。

（4）确定纤维表面的点。

这里只确定纤维长度所在方向上的表面的点，因为即使是短纤维，其长度也远比直径大。纤维表面的点的确定如图 5.2 所示。当且仅当背景网格上的点到纤维长度所在线段的距离小于或等于背景网格尺寸的一半时才认为该点在纤维表面。也就是假设有点 $P(x',y')$，当其到直线 $y-y_0=k(x-x_0)\pm d\sqrt{1+k^2}/2$ 的距离 $d=\left|Ax'+By'+C\right|/\sqrt{A^2+B^2}$ 小于或等于 $0.5\Delta x$ 时，才认为该点在纤维表面。这里 $A=k$，$B=-1$，$C=-kx_0\pm d\sqrt{1+k^2}/2+y_0$。

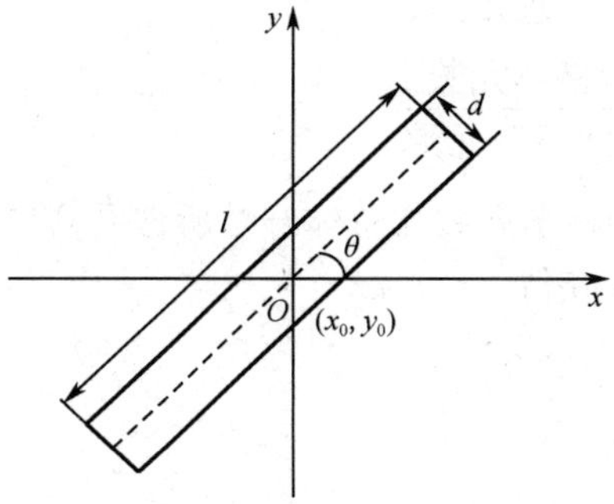

图 5.1　单根纤维示意图

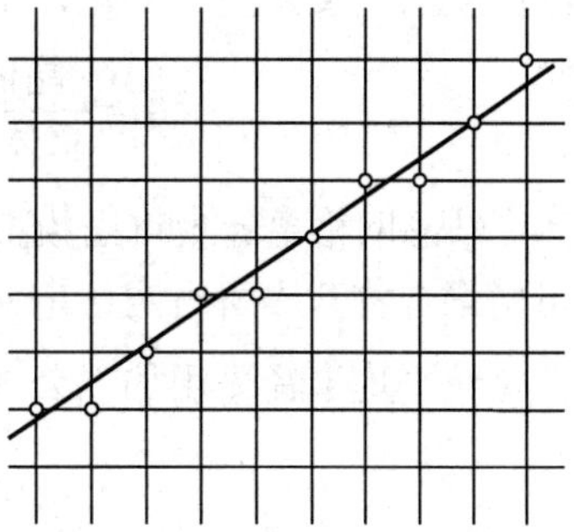

图 5.2　纤维表面的点的确定

（5）记录纤维表面的点的数目及相应参数。

在后续的研究中，假设纤维表面成核密度为 N_{f}，纤维表面的异相晶核需要从这些表面的点中随机生成，进而参与晶体的生长及碰撞。

2. 统计窗口中多根纤维的生成

在统计窗口中，有 n_{f} 根长度为 l、直径为 d、取向角为 θ、质心坐标为 (x_0,y_0) 的随机分布的纤维。如何生成这样一组互不相交的纤维是一个难点。由于各纤维由矩形表示，因此判断纤维间是否重叠可替换为判断矩形是否两两相交。若相交，则重新生成纤维质心坐标及相应的取向角，前者需满足均匀随机分布的特点。

5.1.1.3　短纤维增强体系结晶模拟中改进的像素着色法

在短纤维增强体系下，像素着色法的优势是显而易见的，实施步骤与在聚合物结晶中相差不大。下面仅就使用像素着色法需要注意的事项进行阐述。

（1）初始化阶段。

在该阶段，除对底色赋值外，还应生成相应参数的纤维，具体实施技巧在 5.1.1.2 节中已有详细说明。需要注意的是，纤维占据的网格单元颜色应与底色不同，以便区分。

（2）成核阶段。

在该阶段，由于纤维的存在，使得原有体系发生两方面的变化：一方面，聚合物基质中产生的晶核除可能被已有晶体覆盖外，还可能被纤维所在区域覆盖，因此落入纤维占据空间的晶核将不可能生长；另一方面，纤维表面可提供晶核，对于等温结晶，假设纤维表面成核密度为 N_{f}，则纤维表面的异相晶核需要从纤维表面的点中一次性随机生成，并将生成的点作为纤维表面的晶核，参与晶体的生长及碰撞；而对于非等温结晶，假设纤维表面成核速率为 $\dot{N}_{\mathrm{f}}$，根据时间间隔 Δt，确定该时间间隔内纤维表面应生成的晶核数 $\dot{N}_{\mathrm{f}}\Delta t$，晶核从纤维表面的点中随机生成，并参与晶体的生长及碰撞。关于纤维表面的点的确定在 5.1.1.2 节中有详细阐述，此处不再赘述。

（3）生长与碰撞阶段。

在该阶段，只要保证纤维所在区域不被结晶即可。在判断点是否能由聚合物熔体转为晶体时，保证其不在已有晶体及纤维所在区域中即可。

（4）相对结晶度的计算。

相对结晶度的定义发生了变化，采用如下公式计算。

$$\alpha = \frac{\text{晶体所占网格单元数}}{\text{总体可结晶网格单元数}} \tag{5.1}$$

式中，总体可结晶网格单元数可由模拟区域网格单元数与总体纤维所占网格单元数之差获得，也可由聚合物基质所占网格单元数直接获得。

此外，晶粒平均半径采用如下公式计算。

$$\overline{R} = \sqrt{\frac{S}{\pi}} \tag{5.2}$$

式中，S 为单个晶体的面积，可根据该晶体所占网格单元数及网格单元尺寸获得。

5.1.1.4　纤维的作用

为了说明纤维的作用，图 5.3 给出了短纤维增强体系下的结晶形态演化，相关参数为 $N_{\mathrm{b}} = 10^3\,\mathrm{mm}^{-2}$，$N_{\mathrm{f}} = 0\mathrm{mm}^{-1}$。纤维取向状态设为随机。由图 5.3 可得，纤维的存在阻碍了晶体的生长。这与纯聚合物结晶及长纤维增强体系结晶存在差别。在纯聚合物结晶中，晶体在接触其他晶体时才停止生长，与增强体系下无纤维存在处的生长形式类似。在长纤维增强体系结晶中，晶体被限制在两根长纤维之间生长，不能逾越。而在短纤维增强体系结晶中，晶体生长相对较为自由，若晶体在纤维首尾两端处与纤维发生碰撞，晶体最终仍可能跨越该纤维。

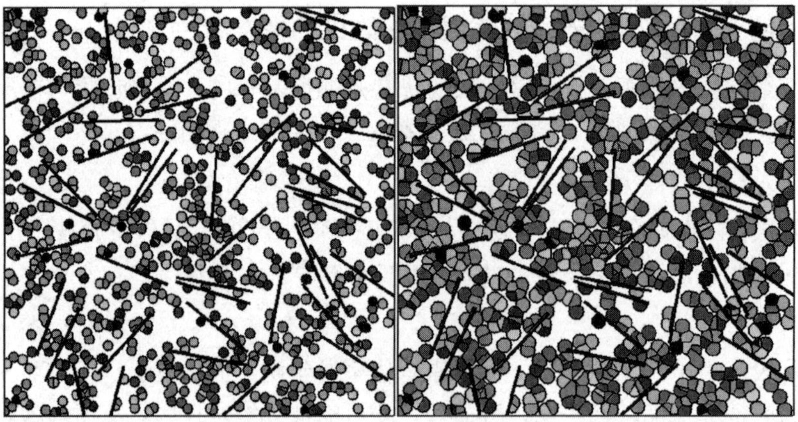

（a）t=12s　　　　（b）t=18s

图 5.3　短纤维增强体系下的结晶形态演化

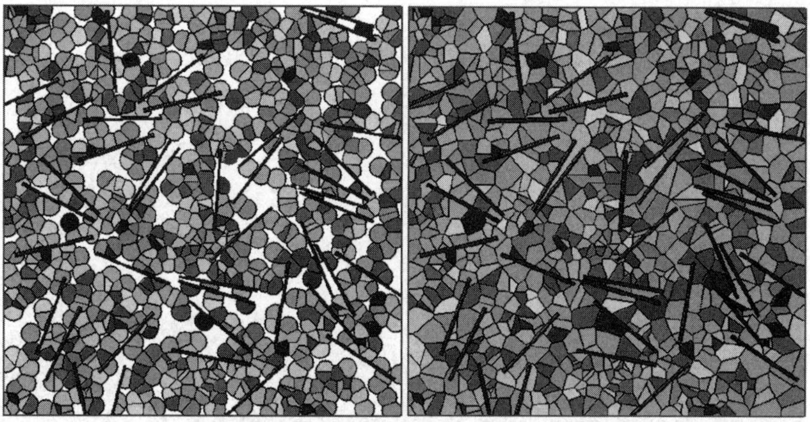

（c）t=24s　　（d）t=50s

图 5.3　短纤维增强体系下的结晶形态演化（续）

图 5.4 给出了 $N_{\mathrm{f}} = 50\mathrm{mm}^{-1}$ 时短纤维增强体系下的结晶形态演化。由于纤维表面提供了一定的成核密度，因此在结晶结束时，纤维表面形成了一定厚度的结晶层，这就是所谓的横晶[10]。这在纯聚合物结晶中是不可能形成的。

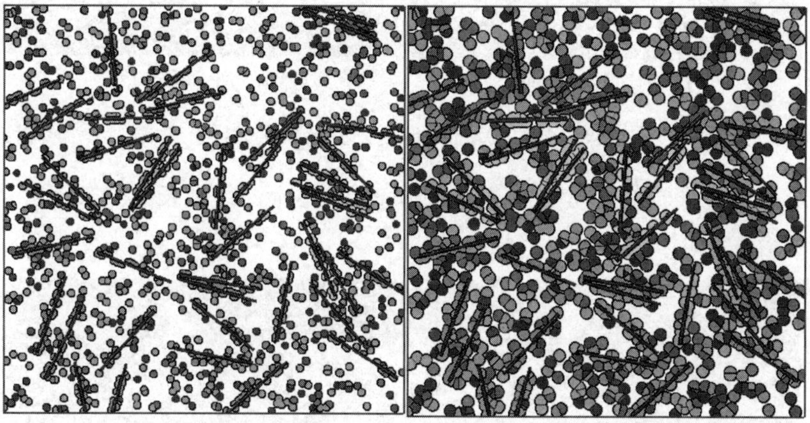

（a）t=9s　　（b）t=15s

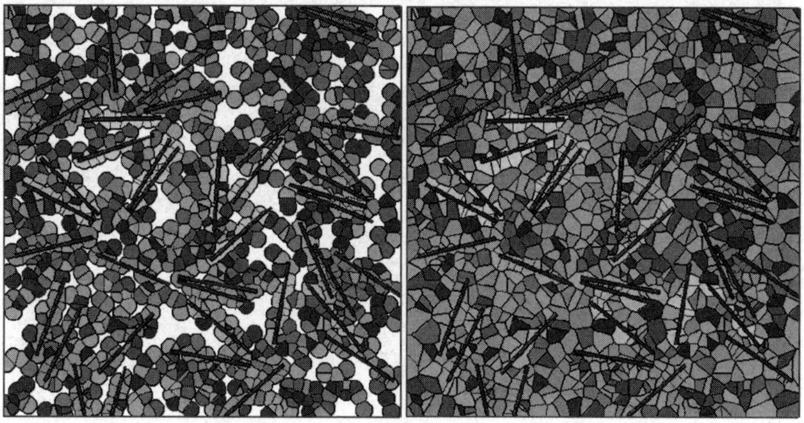

（c）t=18s　　（d）t=45s

图 5.4　$N_{\mathrm{f}} = 50\mathrm{mm}^{-1}$ 时短纤维增强体系下的结晶形态演化

5.1.1.5 聚合物基质成核密度与纤维表面成核密度的影响

图 5.5 给出了聚合物基质成核密度为$10^3\,\text{mm}^{-2}$时不同纤维表面成核密度下的结晶形态比较。由图 5.5 可得，随着纤维表面成核密度的增加，横晶区域变得更加明显。由于在本节的模拟中，纤维表面是由离散的点来代替的，且这些点在严格意义下并不能形成直线，因此由该模拟产生的横晶并不垂直于纤维表面。然而，这种效应可通过细化网格得以减轻。

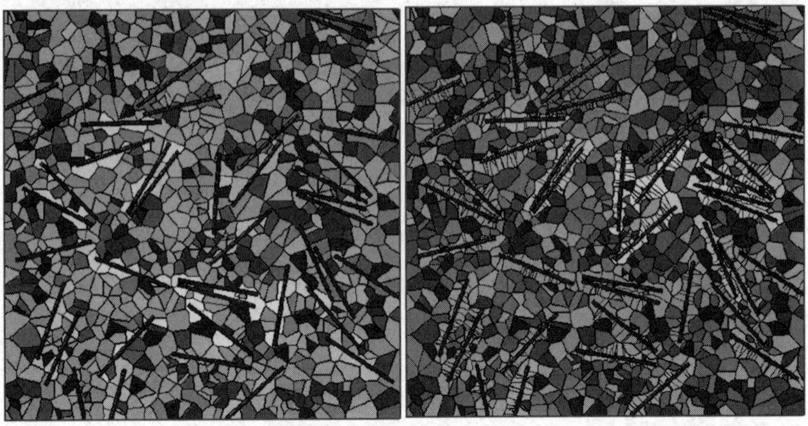

（a）$N_f = 20\text{mm}^{-1}$　　（b）$N_f = 200\text{mm}^{-1}$

图 5.5　聚合物基质成核密度为$10^3\,\text{mm}^{-2}$时不同纤维表面成核密度下的结晶形态比较

图 5.6 给出了聚合物基质成核密度为$10^2\,\text{mm}^{-2}$时不同纤维表面成核密度下的结晶形态比较。与图 5.5 相比，此时的横晶区域变得更大、更明显。

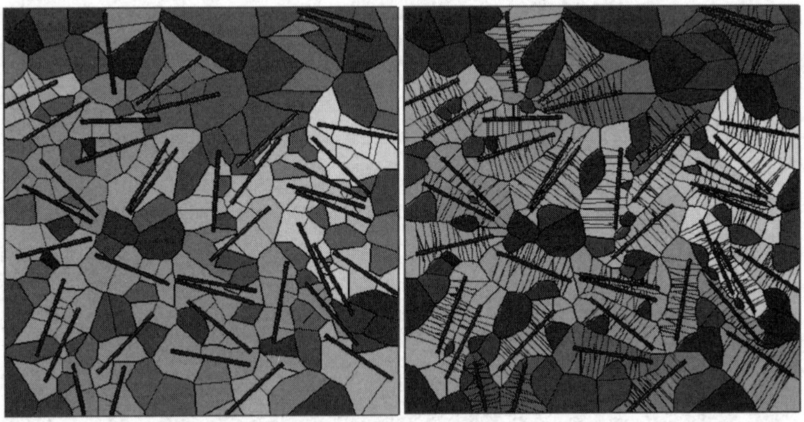

（a）$N_f = 20\text{mm}^{-1}$　　（b）$N_f = 200\text{mm}^{-1}$

图 5.6　聚合物基质成核密度为$10^2\,\text{mm}^{-2}$时不同纤维表面成核密度下的结晶形态比较

图 5.7 给出了纤维表面成核密度对晶粒平均半径的影响。在短纤维增强体系下，若纤维表面不提供晶核，则存在纤维的区域不能结晶，其对应的晶粒平均半径比纯聚合物体系下的小。而随着纤维表面成核密度的增加，横晶区域相应变大，聚合物基质中的晶粒平均半径大幅度减小。在较大聚合物基质成核密度下，这种影响变得不是很明显。

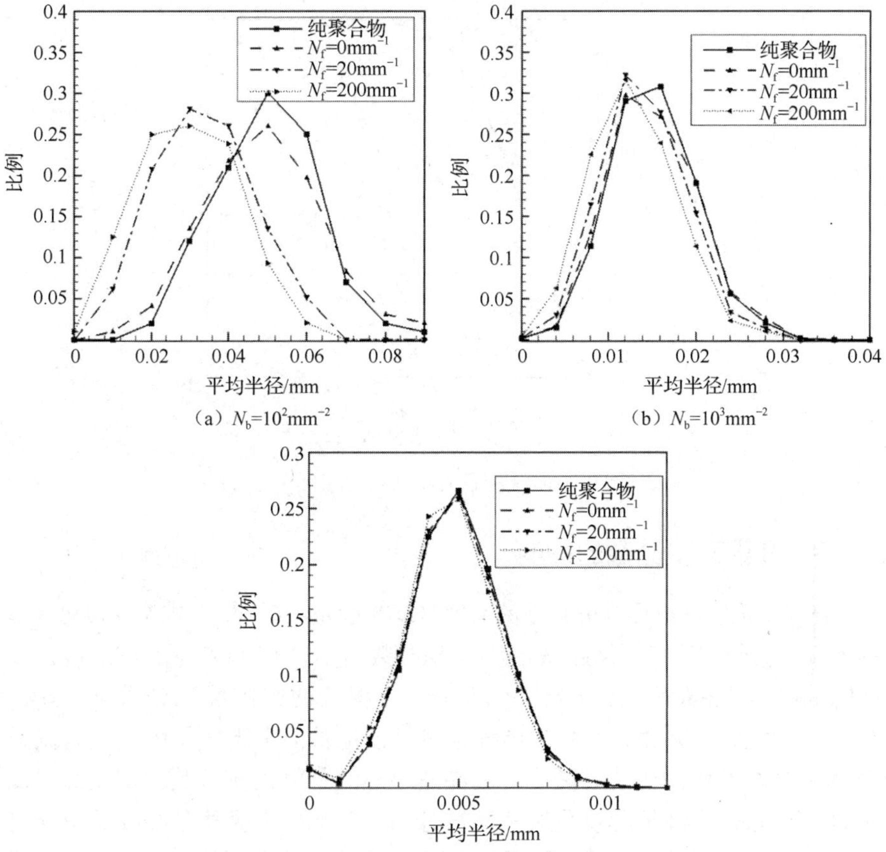

（a）$N_b=10^2\text{mm}^{-2}$　（b）$N_b=10^3\text{mm}^{-2}$　（c）$N_b=10^4\text{mm}^{-2}$

图 5.7　纤维表面成核密度对晶粒平均半径的影响

图 5.8 给出了纤维表面成核密度对结晶速率的影响。在短纤维增强体系下，当纤维表面不提供晶核时，纤维的存在阻碍了晶体生长，从而降低了结晶速率。而当纤维表面提供足够多晶核时，其对晶体生长的增强作用将压制其阻碍作用，进一步提高结晶速率。这种影响在聚合物基质成核密度较大时变得不是很明显。

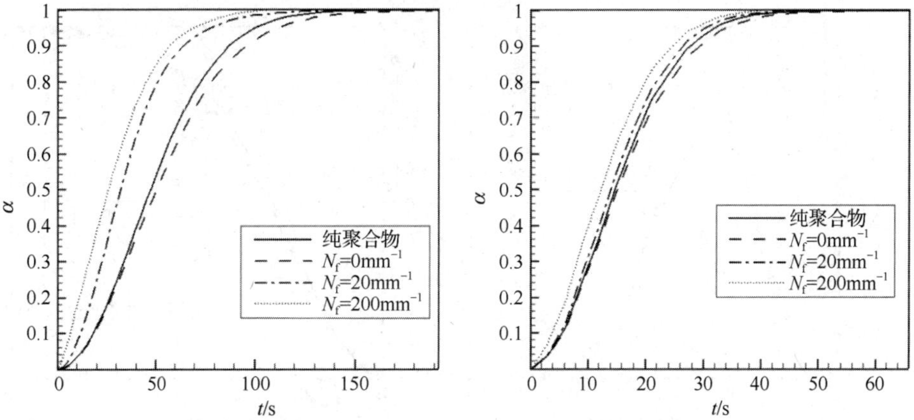

（a）$N_b=10^2\text{mm}^{-2}$　（b）$N_b=10^3\text{mm}^{-2}$

图 5.8　纤维表面成核密度对结晶速率的影响

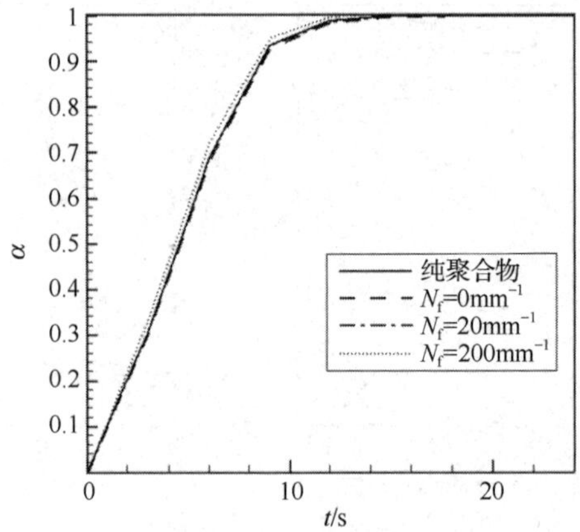

（c）$N_b=10^4$mm^{-2}

图 5.8 纤维表面成核密度对结晶速率的影响（续）

5.1.1.6 纤维面积分数的影响

图 5.9 给出了不同纤维面积分数下的晶粒平均半径及结晶速率。本次模拟可通过改变单位面积内的纤维根数来改变纤维面积分数。模拟参数：$N_b = 10^3\,\text{mm}^{-2}$，$d = 8\mu\text{m}$，$l = 200\mu\text{m}$。取 $n_f = 37.5\text{mm}^2$、47.5mm^2、55.6mm^2、63.8mm^2，相应的纤维面积分数 $A_f = 6\%$、7.6%、8.9%、10.2%。由图 5.9（a）可知，当纤维对晶体生长只有阻碍作用时，晶粒平均半径随着纤维面积分数的增加而略有减小；结晶速率随着纤维面积分数的增加而单调降低。由图 5.9（b）可知，当纤维提供足够多晶核时，晶粒平均半径随着纤维面积分数的增加而显著减小；结晶速率随着纤维面积分数的增加而单调升高。其主要原因可归结为，随着纤维面积分数的增加，单位面积内的纤维表面积增加，因此纤维可提供更多晶核并生成更大的横晶区域。

5.1.1.7 纤维尺寸的影响

本节将通过改变纤维长度及纤维直径两种途径来实现对纤维尺寸的考察。在本次模拟中，假设纤维面积分数不变，且聚合物基质成核密度 $N_b = 10^3\,\text{mm}^{-2}$。

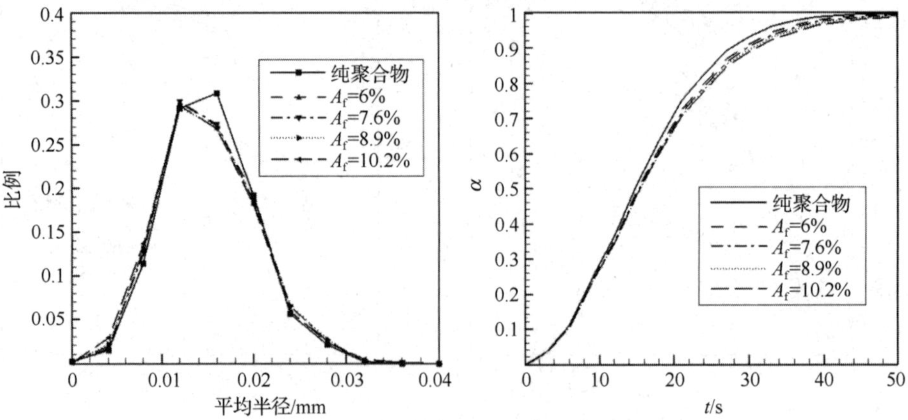

（a）N_f=0mm^{-1}

图 5.9 不同纤维面积分数下的晶粒平均半径及结晶速率

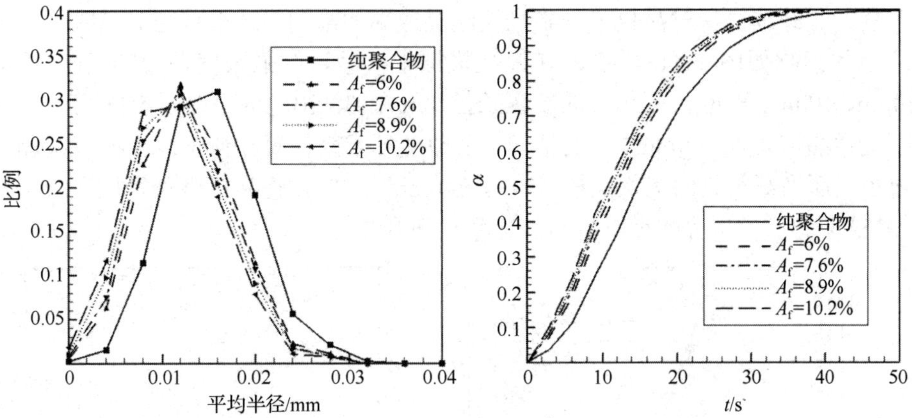

（b）N_f=200mm^{-1}

图 5.9　不同纤维面积分数下的晶粒平均半径及结晶速率（续）

考察改变纤维长度对晶粒平均半径及结晶速率的影响。假设纤维直径 $d=8\mu m$，纤维长度 $l=80\mu m$、$160\mu m$、$200\mu m$。由纤维长径比 $re=l/d$ 可得，$re=10$、20、25。图 5.10 给出了纤维长度对晶粒平均半径及结晶速率的影响。由图 5.10 可知，在不考虑纤维表面成核密度（$N_f=0mm^{-1}$）及考虑纤维表面成核密度（$N_f=200mm^{-1}$）的情况下，纤维长度对晶粒平均半径及结晶速率的影响相对较弱。

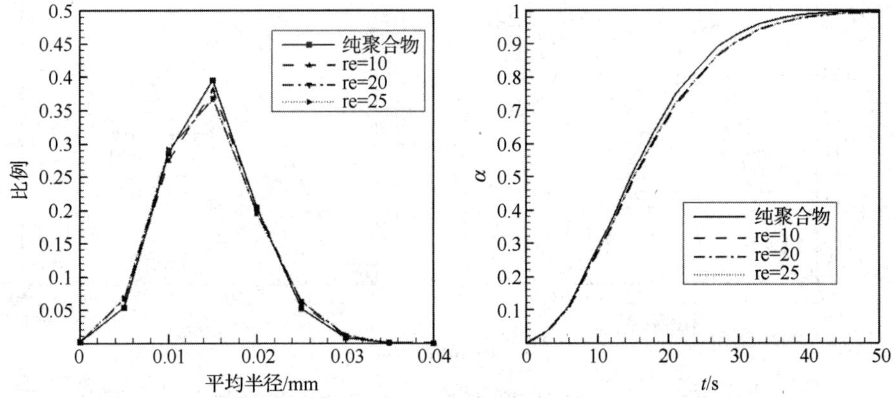

（a）N_f=0mm^{-1}

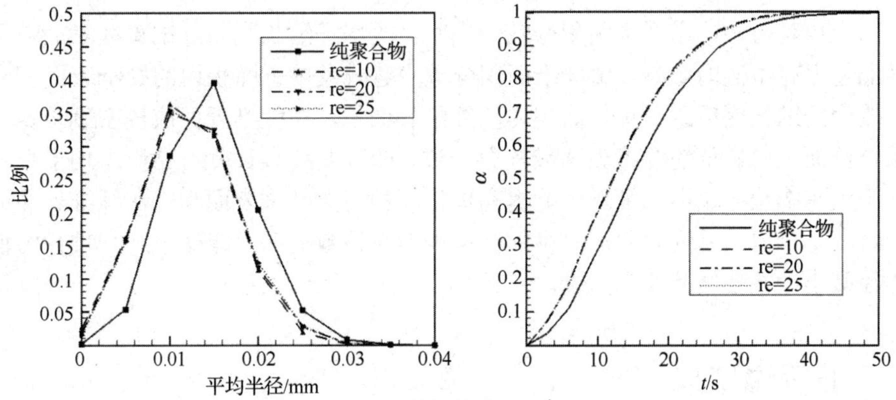

（b）N_f=200mm^{-1}

图 5.10　纤维长度对晶粒平均半径及结晶速率的影响

考察改变纤维直径对晶粒平均半径及结晶速率的影响。纤维直径对晶粒平均半径及结晶速率的影响如图 5.11 所示。在此次模拟中，假设纤维长度 $l = 200\mu\text{m}$，纤维直径 $d = 20\mu\text{m}$、$10\mu\text{m}$、$8\mu\text{m}$，则相应的纤维长径比 $\text{re} = 10$、20、25。由图 5.11 可知，在纤维表面不提供晶核（$N_{\text{f}} = 0\text{mm}^{-1}$）的情况下，改变纤维直径对晶粒平均半径及结晶速率的影响很小。而当纤维表面提供晶核（$N_{\text{f}} = 200\text{mm}^{-1}$）时，提高纤维长径比（减小纤维直径），晶粒平均半径显著减小，且结晶速率显著升高。

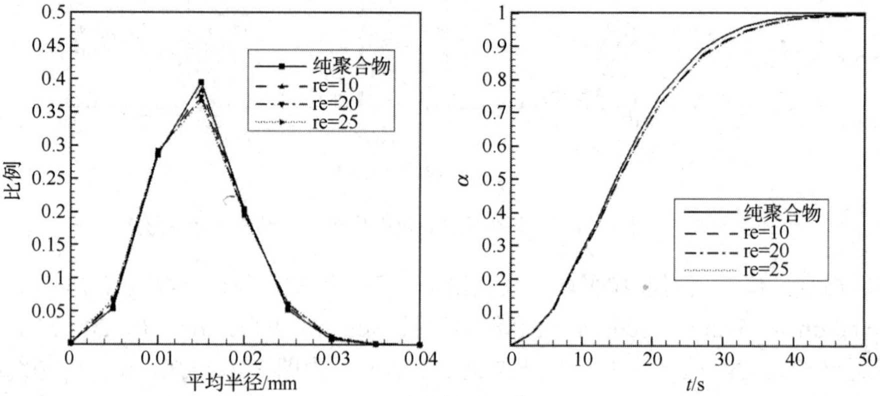

（a）N_{f}=0mm^{-1}

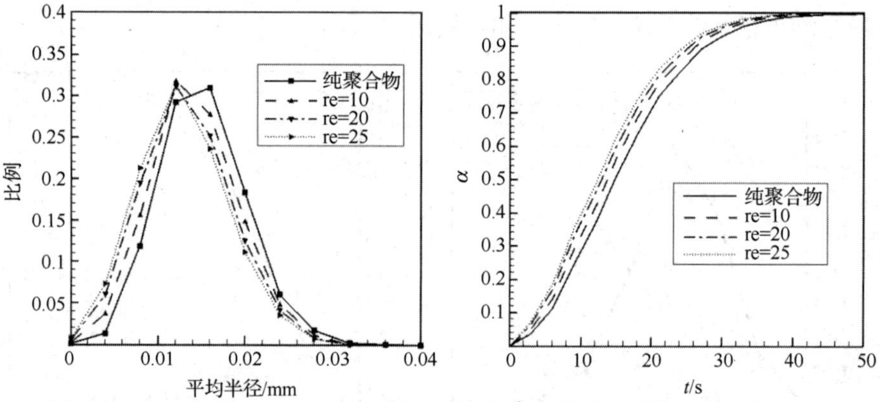

（b）N_{f}=200mm^{-1}

图 5.11　纤维直径对晶粒平均半径及结晶速率的影响

由以上内容可知，当纤维面积分数一定时，改变纤维长度与纤维直径对晶粒平均半径及结晶速率有不同的影响。由纤维面积分数表达式及单位面积内的纤维表面积表达式可知，改变纤维长度不改变单位面积内的纤维表面积，在纤维表面成核密度一定时，复合体系单位面积内提供的纤维表面成核数一致，即改变纤维长度对晶粒平均半径及结晶速率几乎没有影响；减小纤维直径能提高单位面积内的纤维表面积，在纤维表面成核密度相同时，复合体系单位面积内提供的纤维表面晶核数提高，即减小纤维直径将使晶粒平均半径减小，并使结晶速率升高。

5.1.2　非等温结晶

在聚合物制品的实际加工过程中，等温结晶较为少见，更多的是非等温结晶。本节将对短纤维增强体系等速降温的非等温结晶进行研究，并重点考察短纤维的作用。

5.1.2.1　参数描述模型

同等温结晶类似，非等温结晶需要先构建非等温结晶的参数描述模型。描述聚合物基质的参数为晶体生长速率 $G(T)$、聚合物基质成核密度 $N_b(T)$、时间 t；描述增强纤维的参数为纤维表面成核密度 $N_f(T)$、纤维直径 d、纤维长度 l、单位面积内的纤维根数 n_f、取向角 θ。

假设聚合物基质成核密度满足式（4.6）、式（4.7），晶体生长速率满足式（4.8）。基于这种假设，改变冷却速率可改变聚合物基质成核密度。冷却速率越大，聚合物基质成核密度也越大。而对于纤维表面成核密度，目前尚无经验公式或半经验公式可循，需要对其进行假设。本节假设纤维表面在低于某临界温度 T_c 时开始成核，且成核速率为常数 $\dot{N}_f$，即

$$\dot{N}_f(T)=\begin{cases}0,\ T>T_c\\ \dot{N}_f,\ T\leqslant T_c\end{cases} \tag{5.3}$$

已有实验表明 T_c 应高于聚合物基质中高密度成核时的温度[95, 96, 145]。

本节将采用 5.1 节介绍的改进的像素着色法对短纤维增强体系下的结晶过程进行模拟分析。结晶模拟中的参数为 $T_0=420\text{K}$，$T_c=420\text{K}$，若无特殊说明，纤维参数为 $d=8\mu\text{m}$，$l=200\mu\text{m}$，$n_f=37.5\text{mm}^{-2}$，考察的短纤维增强聚合物尺寸为 1mm×1mm。

5.1.2.2　纤维的作用

图 5.12 给出了冷却速率为 10K/min、纤维表面成核密度为 0mm^{-1} 时短纤维增强体系下结晶形态的演化。由图 5.12 可知，纤维的存在阻碍了晶体的生长。这种阻碍作用，与其在该体系下的等温结晶类似。

图 5.13 给出了冷却速率为 10K/min、纤维表面成核密度为 20mm^{-1} 时短纤维增强体系下结晶形态的演化。这里，假设纤维表面为预先成核，可视作纤维表面为散现成核时，$\dot{N}_f=\infty\text{/min/mm}$ 的极限情况。由图 5.13 可知，纤维表面提供的晶核能使其表面最终形成横晶，且在该情况下，横晶为比较规则的矩形。

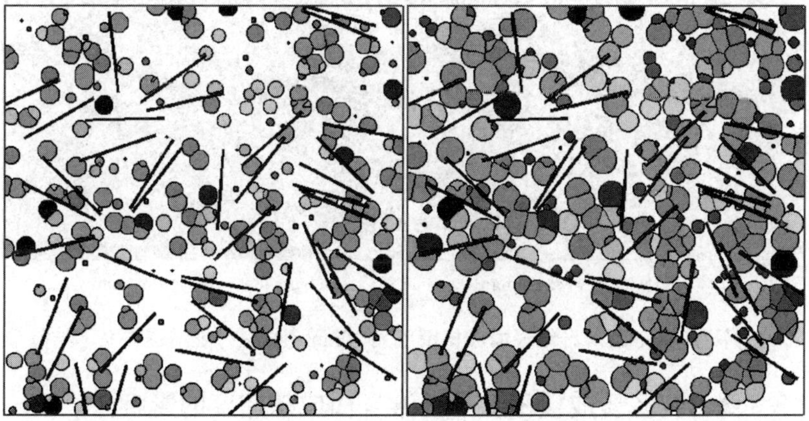

（a）t=203s，$\dot{N}_f=0\text{/min/mm}$　　（b）t=215s，$\dot{N}_f=0\text{/min/mm}$

图 5.12　冷却速率为 10K/min、纤维表面成核密度为 0mm^{-1} 时短纤维增强体系下结晶形态的演化

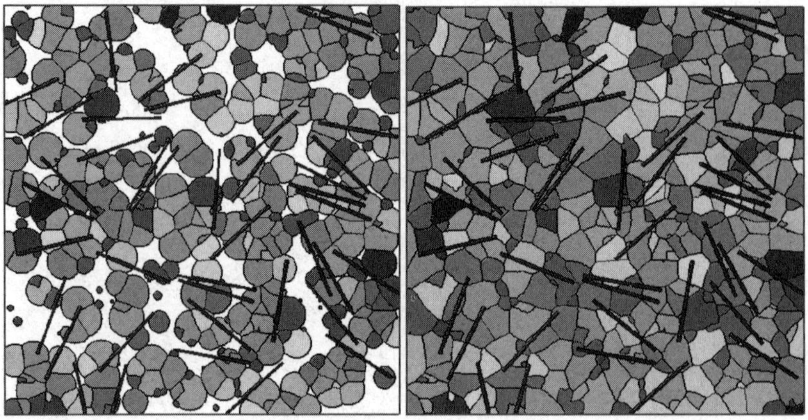

（c）t=224s， $\dot{N}_{\mathrm{f}}=0$/min/mm　　（d）t=251s， $\dot{N}_{\mathrm{f}}=0$/min/mm

图 5.12　冷却速率为10K/min 、纤维表面成核密度为 0mm^{-1} 时短纤维增强体系下结晶形态的演化（续）

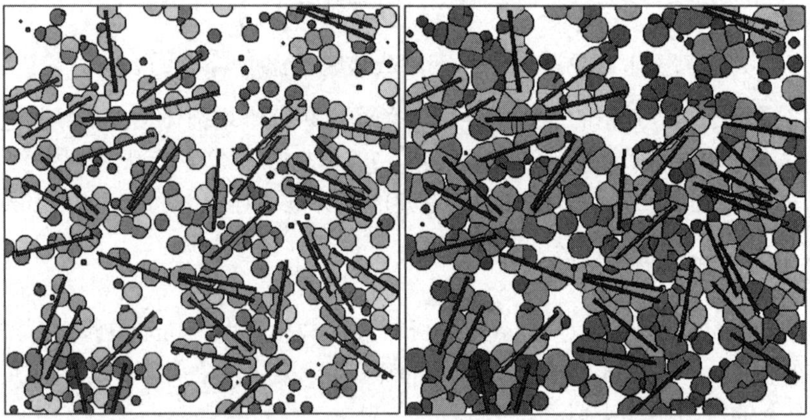

（a）t=190s， $\dot{N}_{\mathrm{f}}=\infty$/min/mm　　（b）$t$=203s， $\dot{N}_{\mathrm{f}}=\infty$/min/mm

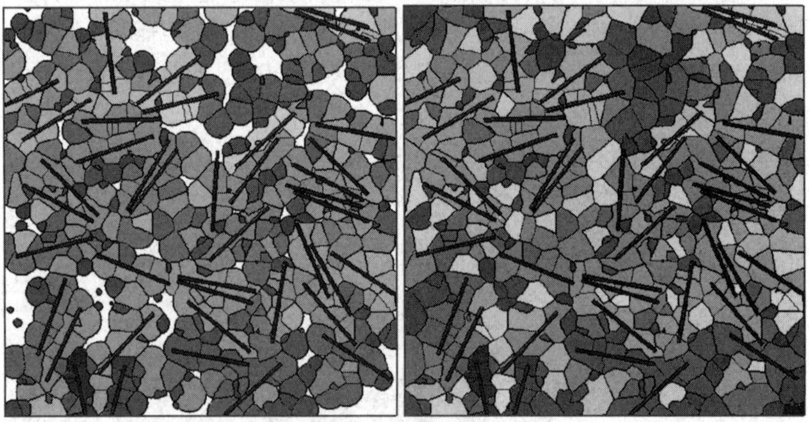

（c）t=215s， $\dot{N}_{\mathrm{f}}=\infty$/min/mm　　（d）$t$=248s， $\dot{N}_{\mathrm{f}}=\infty$/min/mm

图 5.13　冷却速率为10K/min 、纤维表面成核密度为 20mm^{-1} 时短纤维增强体系下结晶形态的演化

5.1.2.3　聚合物基质成核密度与纤维表面成核密度的影响

图 5.14 给出了冷却速率为 2K/min 时不同纤维表面成核密度下结晶形态的比较。其中，图 5.14（b）给出了在温度为 T_{c} 时，瞬时的纤维表面成核密度 $N_{\mathrm{f}}=20\mathrm{mm}^{-1}$；图 5.14（c）

给出了在纤维表面成核速率 $\dot{N}_{\mathrm{f}} = 1.2/\mathrm{min/mm}$ 且结晶结束时，纤维表面成核密度 $N_{\mathrm{f}} \approx 20\mathrm{mm}^{-1}$；图 5.14（d）给出了在纤维表面成核速率 $\dot{N}_{\mathrm{f}} = 12/\mathrm{min/mm}$ 且结晶结束时，纤维表面成核密度 $N_{\mathrm{f}} \approx 200\mathrm{mm}^{-1}$。图 5.14（b）与图 5.14（c）相比，虽然两者最终具有相近的纤维表面成核密度，但图 5.14（b）中预先成核时的横晶更为明显且横晶区域更大。但 5.14（b）与 5.14（d）相比，横晶数及横晶区域远不及后者。

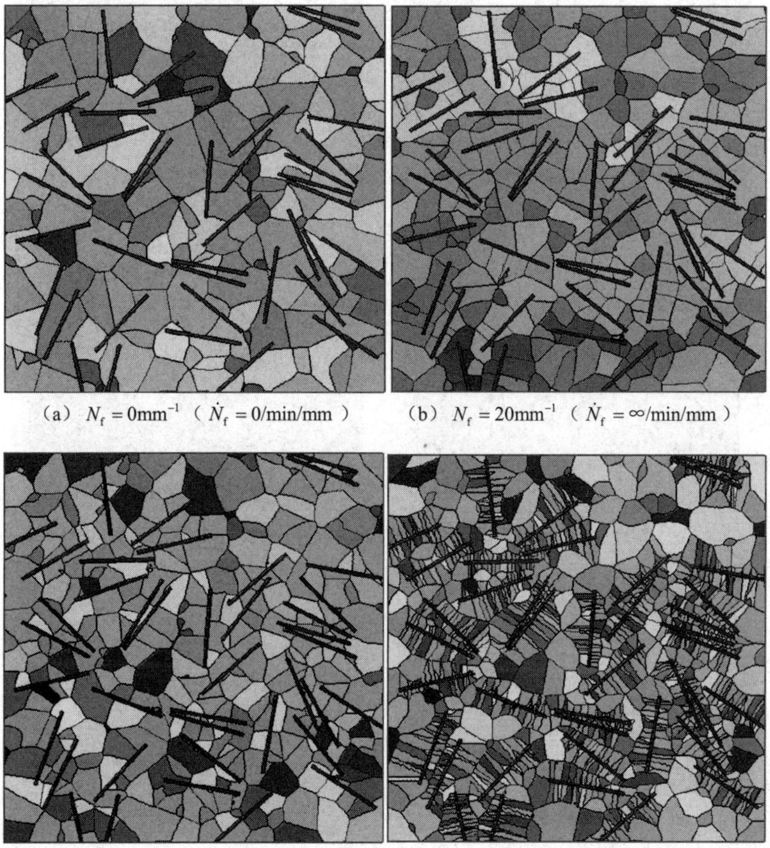

（a）$N_{\mathrm{f}} = 0\mathrm{mm}^{-1}$（$\dot{N}_{\mathrm{f}} = 0/\mathrm{min/mm}$）　（b）$N_{\mathrm{f}} = 20\mathrm{mm}^{-1}$（$\dot{N}_{\mathrm{f}} = \infty/\mathrm{min/mm}$）

（c）$N_{\mathrm{f}} \approx 20\mathrm{mm}^{-1}$（$\dot{N}_{\mathrm{f}} = 1.2/\mathrm{min/mm}$）　（d）$N_{\mathrm{f}} \approx 200\mathrm{mm}^{-1}$（$\dot{N}_{\mathrm{f}} = 12/\mathrm{min/mm}$）

图 5.14　冷却速率为 2K/min 时不同纤维表面成核密度下结晶形态的比较

图 5.15 给出了冷却速率为 60K/min 时不同纤维表面成核密度下结晶形态的比较。其中，图 5.15（b）给出了在温度为 T_{c} 时，瞬时的纤维表面成核密度 $N_{\mathrm{f}} = 20\mathrm{mm}^{-1}$；图 5.15（c）给出了在纤维表面成核速率 $\dot{N}_{\mathrm{f}} = 20/\mathrm{min/mm}$ 且结晶结束时，纤维表面成核密度 $N_{\mathrm{f}} \approx 20\mathrm{mm}^{-1}$；图 5.15（d）给出了在纤维表面成核速率 $\dot{N}_{\mathrm{f}} = 200/\mathrm{min/mm}$ 且结晶结束时，纤维表面成核密度 $N_{\mathrm{f}} \approx 200\mathrm{mm}^{-1}$。与图 5.14 相比，图 5.15 对应的横晶并不明显，且占有的面积也有所减少。

图 5.16 给出了纤维表面成核密度对晶粒平均半径的影响。在短纤维增强体系下，若纤维表面不提供晶核，则存在纤维的区域不能结晶，其对应的晶粒平均半径比纯聚合物体系下的小。而随着纤维表面成核密度的增大，相应横晶区域变大，聚合物基质中的晶粒平均半径大幅度减小。对于具有相同纤维表面成核密度的晶粒平均半径，由于纤维表面预先成核时的横晶区域更大，因此晶粒平均半径较纤维表面成核速率为常数时的小。纤维表面成核密度对晶粒平均半径的影响，随着冷却速率的增大，变得越来越不明显。

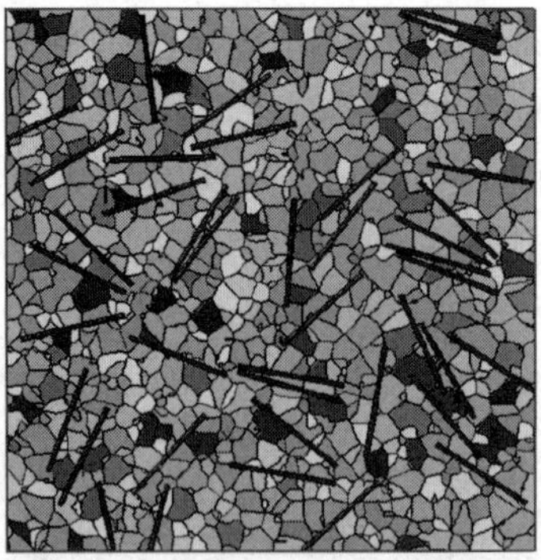

（a） $N_f = 0\text{mm}^{-1}$ （ $\dot{N}_f = 0\text{/min/mm}$ ）

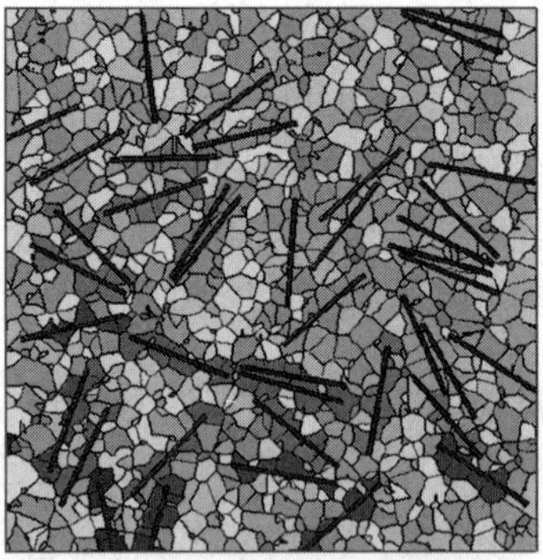

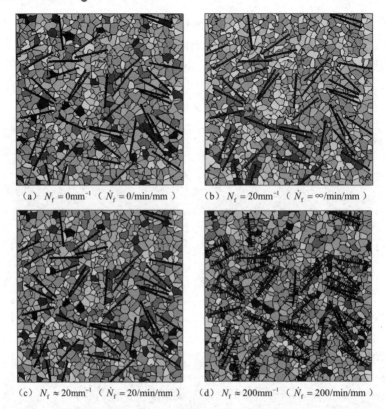

（b） $N_f = 20\text{mm}^{-1}$ （ $\dot{N}_f = \infty\text{/min/mm}$ ）

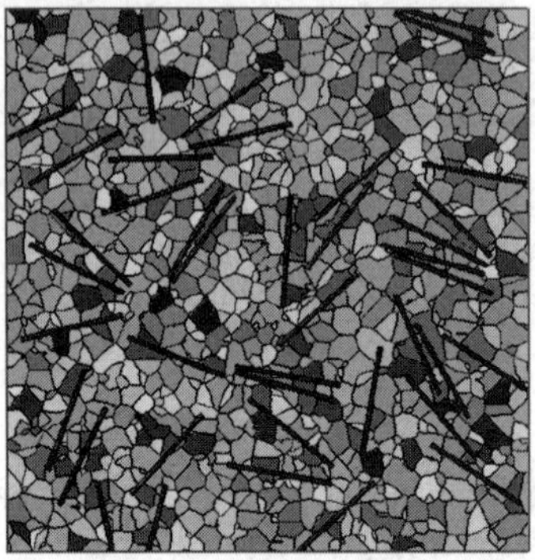

（c） $N_f \approx 20\text{mm}^{-1}$ （ $\dot{N}_f = 20\text{/min/mm}$ ）

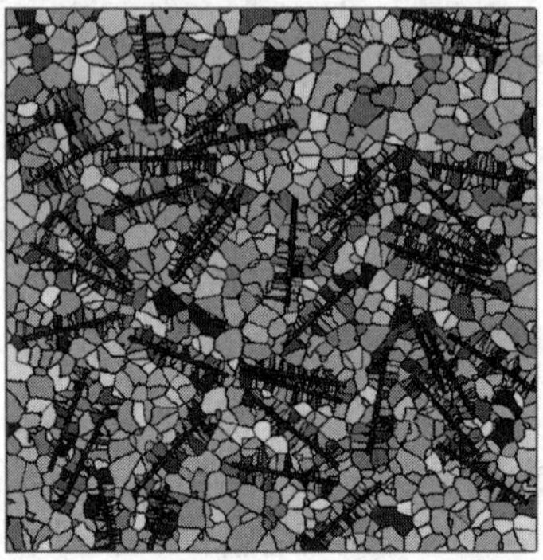

（d） $N_f \approx 200\text{mm}^{-1}$ （ $\dot{N}_f = 200\text{/min/mm}$ ）

图 5.15　冷却速率为 60K/min 时不同纤维表面成核密度下结晶形态的比较

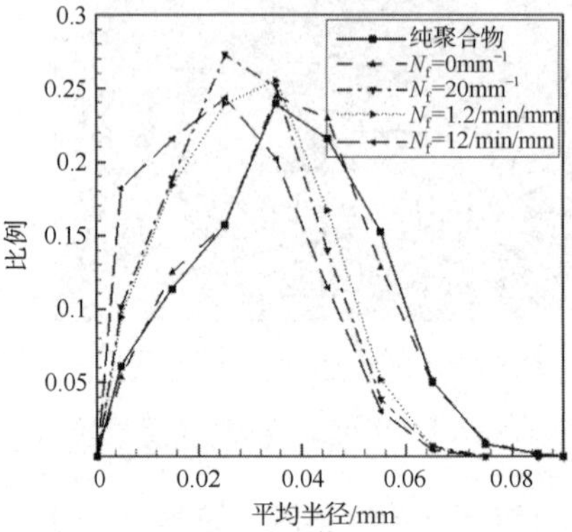

（a）c=2K/min

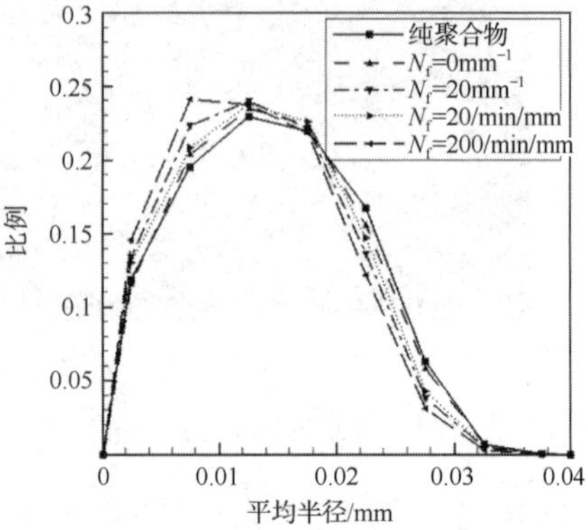

（b）c=60K/min

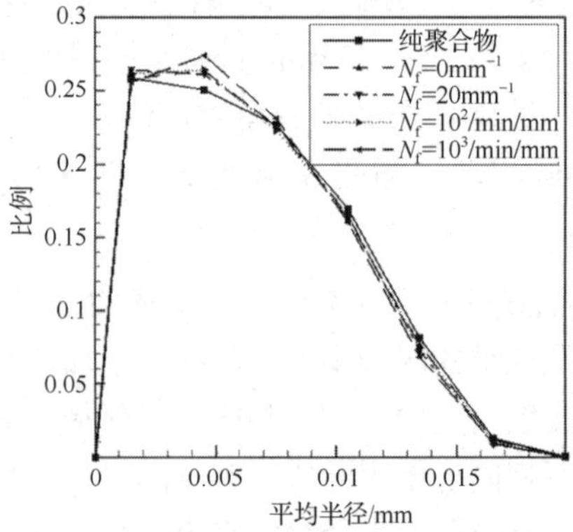

（c）c=360K/min

图 5.16　纤维表面成核密度对晶粒平均半径的影响

图 5.17 给出了纤维表面成核密度对结晶速率的影响。在短纤维增强体系下，当纤维表面不提供晶核时，纤维的存在阻碍了晶体生长，从而降低了结晶速率；当纤维表面提供足够多晶核时，其对晶体生长的增强作用将压制阻碍作用，进一步提高结晶速率。在较大冷却速率下，这种影响变得不甚明显。

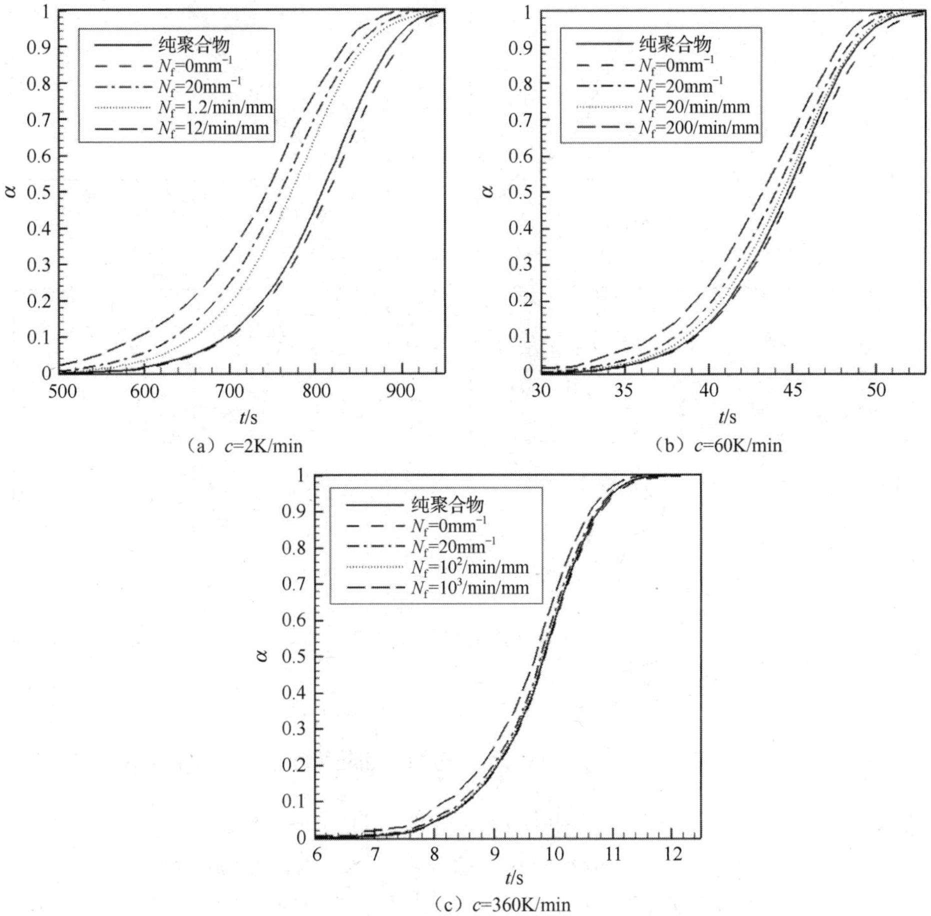

图 5.17　纤维表面成核密度对结晶速率的影响

5.1.2.4　纤维面积分数的影响

图 5.18 给出了冷却速率为 60K/min 时纤维面积分数对晶粒平均半径及结晶速率的影响。与等温结晶类似，非等温结晶也通过改变单位面积内的纤维根数来改变纤维面积分数。由图 5.18（a）可知，当纤维对晶体生长只有阻碍作用（$N_{\mathrm{f}} = 0\mathrm{mm}^{-1}$）时，晶粒平均半径随着纤维面积分数的增加而略有减小；结晶速率随着纤维面积分数的增加而单调降低。由图 5.18（b）可知，当纤维表面提供足够多晶核（$\dot{N}_{\mathrm{f}} = 200/\mathrm{min/mm}$）时，晶粒平均半径随着纤维面积分数的增加而显著减小；结晶速率随着纤维面积分数的增加而单调增加。这与等温结晶下所得结论一致。

5.1.2.5　纤维尺寸的影响

与等温结晶类似，非等温结晶也通过改变纤维长度及纤维直径两种途径实现对纤维尺寸的考察。在非等温结晶过程的模拟中，假设纤维面积分数一定，冷却速率 $c = 60\mathrm{K/min}$。

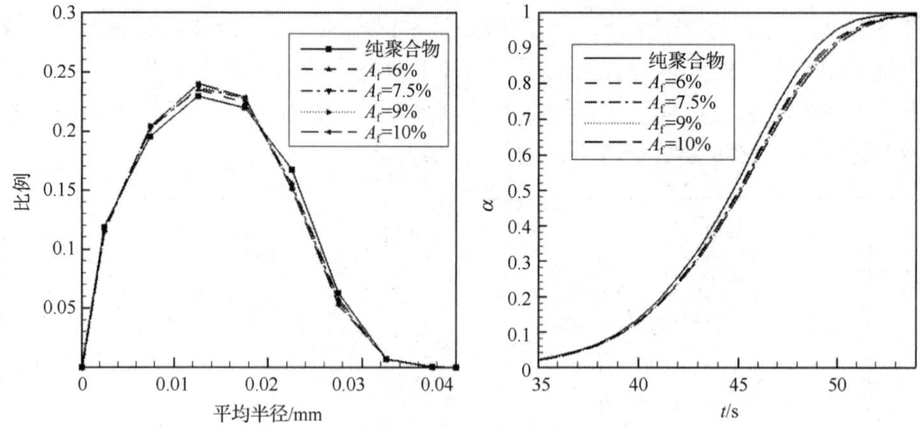

（a）$\dot{N}_f$=0/min/mm（N_f=0mm^{-1}）

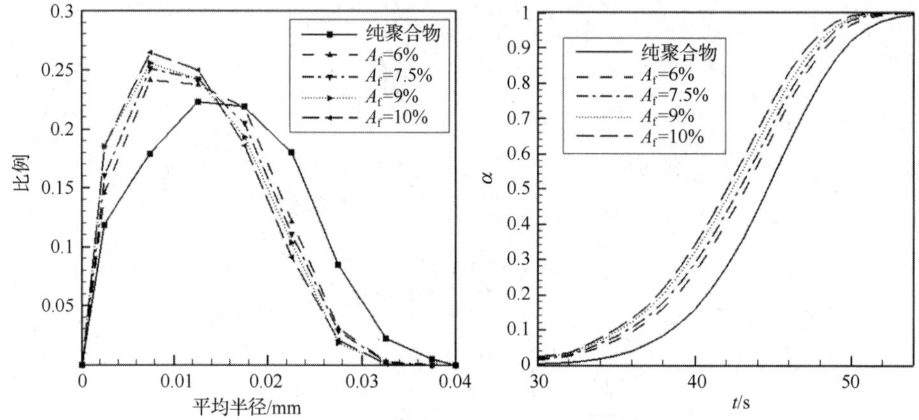

（b）$\dot{N}_f$=200/min/mm（N_f≈200mm^{-1}）

图 5.18　冷却速率为 60K/min 时纤维面积分数对晶粒平均半径及结晶速率的影响

考察改变纤维长度对晶粒平均半径及结晶速率的影响。假设纤维直径 $d=8\mu m$，纤维长度 $l=80\mu m$、$160\mu m$、$200\mu m$。由纤维长径比 $re=l/d$ 可得，$re=10、20、25$。图 5.19 给出了改变纤维长度对晶粒平均半径及结晶速率的影响。由图 5.19 可知，在不考虑纤维表面成核及考虑纤维表面成核情况下，改变纤维长度对晶粒平均半径及结晶速率的影响相对较小。这与等温结晶时所得结论一致。

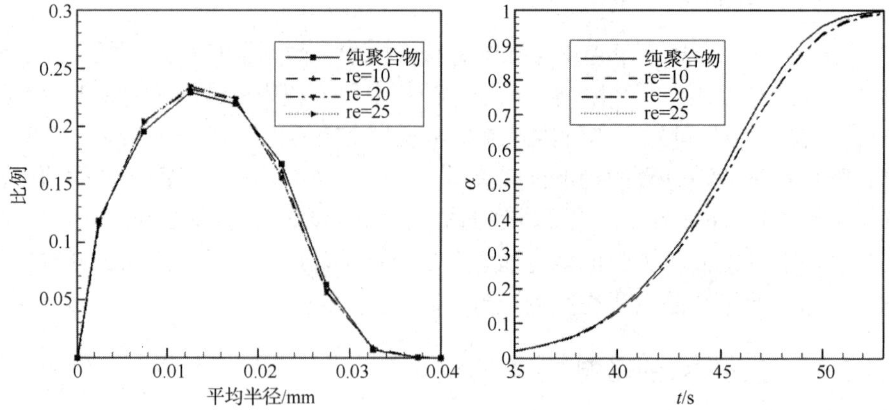

（a）$\dot{N}_f$=0/min/mm（N_f=0mm^{-1}）

图 5.19　改变纤维长度对晶粒平均半径及结晶速率的影响

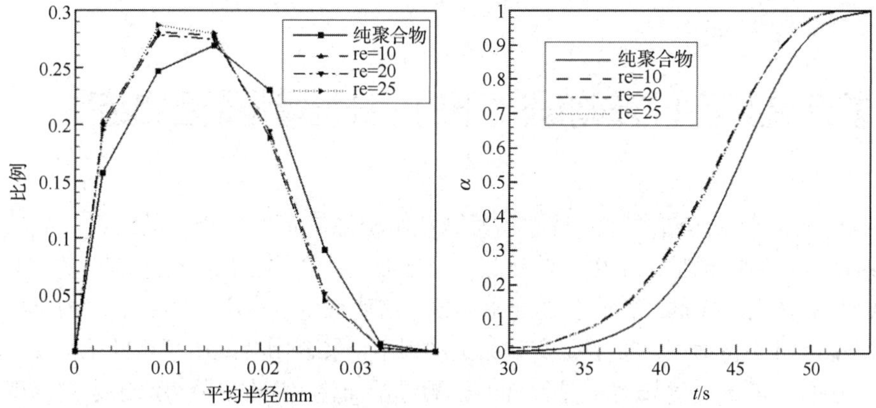

（b）$\dot{N}_f$=200/min/mm（$N_f \approx$200mm^{-1}）

图 5.19　改变纤维长度对晶粒平均半径及结晶速率的影响（续）

考察改变纤维直径对晶粒平均半径及结晶速率的影响。假设纤维长度 $l = 200\mu m$，纤维直径 $d = 20\mu m$、$10\mu m$、$8\mu m$，则相应的纤维长径比 re = 10、20、25 。改变纤维直径对晶粒平均半径及结晶速率的影响如图 5.20 所示。由图 5.20 可知，当纤维表面不提供晶核时，改变纤维直径对晶粒平均半径及结晶速率的影响很小；当纤维表面提供足够多晶核时，提高纤维长径比（减小纤维直径）可使晶粒平均半径显著减小，结晶速率显著升高。这与等温结晶时所得结论一致。

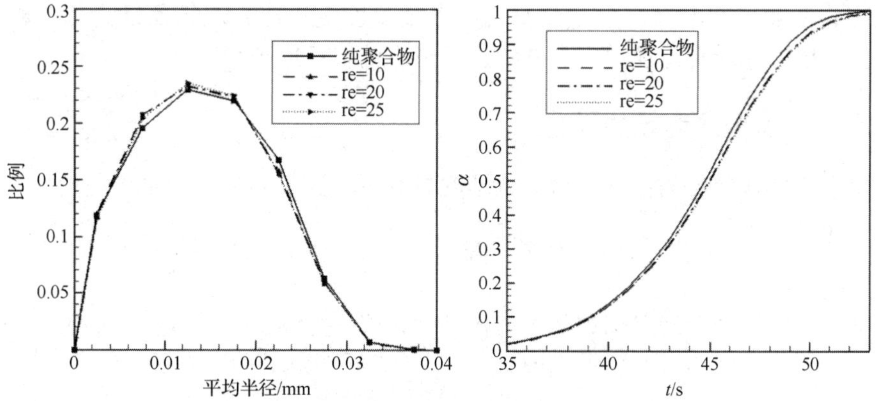

（a）$\dot{N}_f$=0/min/mm（N_f=0mm^{-1}）

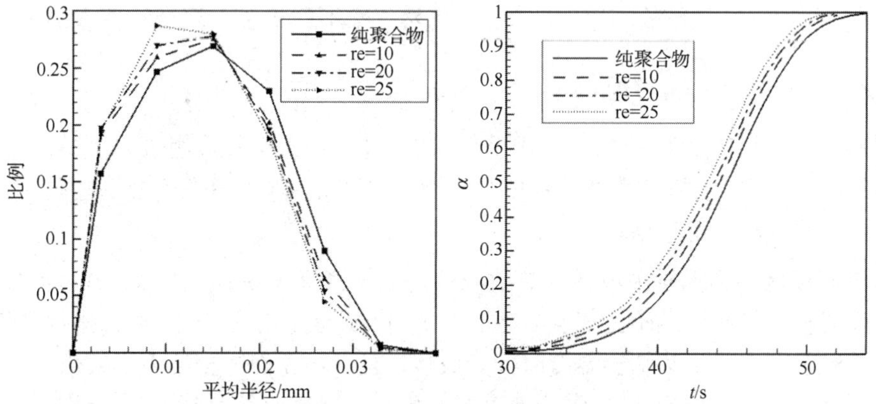

（b）$\dot{N}_f$=200/min/mm（$N_f \approx$200mm^{-1}）

图 5.20　改变纤维直径对晶粒平均半径及结晶速率的影响

5.2 复杂温度场（冷却阶段）下的短纤维增强聚合物结晶

纤维增强聚合物的结晶行为是影响其微观结构并决定聚合物制品最终性能的关键因素。纤维的存在给模拟带来了更大的挑战，一方面，纤维的存在阻碍了晶体的生长；另一方面，纤维能充当成核剂，表面会诱导出晶核，这使得传统意义上的结晶动力学模型在预测相对结晶度时不再适用。鉴于在实际加工过程中，聚合物会经历复杂的热历史，单纯地给定温度场且只考虑温度场对结晶行为的影响过于简化，因此本节将给出宏观温度与介观结晶形态耦合的多尺度模型及多尺度算法，并对实际加工过程中准二维增强体系下聚合物熔体边界等速降温的冷却过程进行研究分析，考察温度、相对结晶度的变化及结晶形态的演化，同时分析冷却速率、初始温度等成型条件及纤维各参数取值产生的影响。

5.2.1 多尺度模型

与纯聚合物体系类似，在短纤维增强体系下，宏观温度的变化会引起晶体成核数、生长速率的改变，从而引起结晶形态的改变，并且随着介观结晶过程的进行，结晶释放的潜热也将影响宏观温度。为了刻画这种宏观温度变化与介观结晶行为相互耦合的特征，首先需要构建耦合宏观温度与介观结晶形态的多尺度模型。

5.2.1.1 宏观温度场的描述

同聚合物熔体冷却类似，在短纤维增强体系下，温度满足的能量方程为

$$\rho c_p\left[\frac{\partial T}{\partial t}+(\boldsymbol{u}\cdot\nabla)T\right]=\nabla\cdot(\kappa\nabla T)+\boldsymbol{\tau}:\nabla\boldsymbol{u}+\rho\Delta H\frac{D\alpha}{Dt} \tag{5.4}$$

在静态条件下，不考虑聚合物熔体的可流动性，式（5.4）可简化为

$$\rho c_p\frac{\partial T}{\partial t}=\nabla\cdot(\kappa\nabla T)+\rho\Delta H\frac{\partial\alpha}{\partial t} \tag{5.5}$$

式中，最后一项为结晶释放的潜热项。这里仍然忽略不同相态下聚合物参数的不一致性。

5.2.1.2 介观结晶形态的描述

在短纤维增强体系下，结晶过程仍然由成核及生长两个阶段组成。当晶体生长到一定程度时，晶体间也会发生碰撞。在短纤维增强体系下，除了考虑聚合物基质中的成核，纤维表面的成核也不可忽略。

本节假设聚合物基质中成核为热致成核，成核密度满足式（4.6）、式（4.7）。由于纤维表面成核密度尚无经验公式及半经验公式可循，这里用式（5.1）对其进行简化处理，即认为纤维表面在低于某临界温度时开始成核，且纤维表面成核速率为常数。晶体在成核结束后便按式（4.8）确定的生长速率开始生长。在确定结晶形态后，用式（4.9）准确计算出相对结晶度，以达到宏介观尺度耦合的目的。

5.2.2　多尺度算法

短纤维增强体系中所用的多尺度算法与聚合物体系中所用的多尺度算法是类似的，也就是把宏观温度场的计算与介观结晶形态的模拟分别在两种网格上实现，大尺度上的温度场采用粗网格计算，小尺度上的结晶形态采用细网格模拟。温度场计算所得值可作为介观结晶形态的输入，即计算相应的成核密度与生长速率，而介观结晶形态的模拟则为了获得相应的相对结晶度，以便用于宏观温度场源项的计算，两者相互耦合、相互作用。图 5.21 给出了多尺度算法的示意图。

与聚合物体系中所用的多尺度算法不同的是，短纤维增强体系中所用的多尺度算法必须考虑细网格上纤维的作用，即阻碍作用与提供晶核的增强作用。由于本节已经对在简单温度场下短纤维增强体系的介观结晶形态捕捉进行了详细说明，因此这里不再赘述。

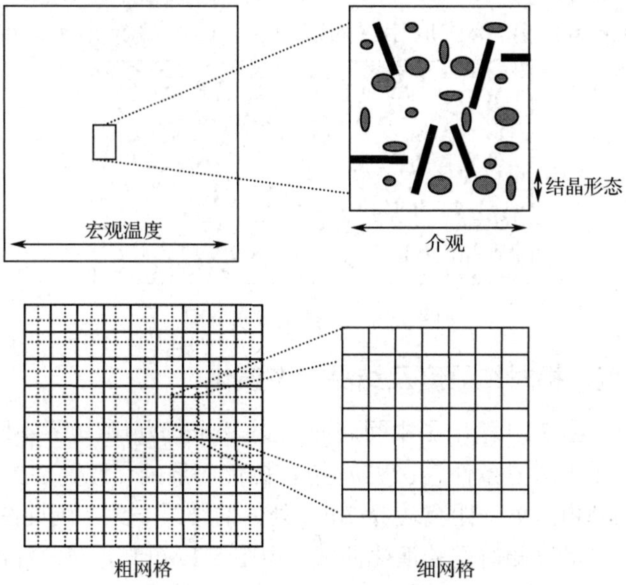

图 5.21　多尺度算法的示意图

5.2.3　问题描述与数值模拟

5.2.3.1　问题描述

几何型腔及边界条件说明如图 5.22 所示。对 $8\text{mm}\times4\text{mm}$ 的短纤维增强聚合物的边界 AB 进行等速降温操作，即 $T=T_0-ct$，其中 T_0 为初始温度，c 为冷却速率，其余边界均为绝热边界，即 $\partial T/\partial \boldsymbol{n}=0$，$\boldsymbol{n}$ 为单位法向。

结晶模拟中的参数：$\rho=900\text{kg/m}^3$，$c_p=2.14\times10^3\text{J/(kg}\cdot\text{K)}$，$\kappa=0.193\text{W/(m}\cdot\text{K)}$，$\Delta H=42.8\times10^3\text{J/kg}$。若无特殊说明，假设初始温度 $T_0=420\text{K}$，临界温度 $T_\text{c}=420\text{K}$，冷却速率 $c=2\text{K/min}$，纤维长度 $l=200\mu\text{m}$，纤维直径 $d=20\mu\text{m}$，单位面积内的纤维根数 $n_\text{f}=10\text{mm}^{-2}$，纤维表面成核速率 $\dot{N}_\text{f}=1/\text{min/mm}$。在多尺度算法中，粗网格节点数为 9×5，细网格单元数为 300×300。

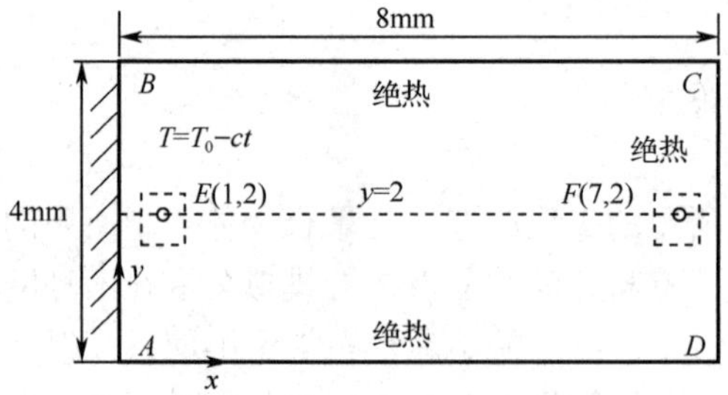

图 5.22　几何型腔及边界条件说明

由于纤维取向与其所受应变是关联的，而流道芯层与表层的应变相差很大，因此纤维的取向在各单元内并非是一致的。假设 AD、BC 剖面处的流场充分发展，即有 $v=\overline{v}x(2L_{AD}-x)$，$u=0$，其中 L_{AD} 为 AD 边长，$\overline{v}$ 为约化算子。这样，$\partial v/\partial x=2\overline{v}(L_{AD}-x)$，即在芯层处有最小应变率 $|\dot{\gamma}|=0$，在表层处有最大应变率 $|\dot{\gamma}|=2\overline{v}L_{AD}$，表层、芯层处的应变率满足线性关系。这里，假设 $|\dot{\gamma}t|_{\max}=6$，生成表芯层处的应变；按此应变及纤维分布函数 $\psi=(1-\gamma\sin(2\phi)+\gamma^2\sin^2\phi)^{-1}/\pi$ 生成相应的取向角。图 5.23 给出了纤维生成示意图。

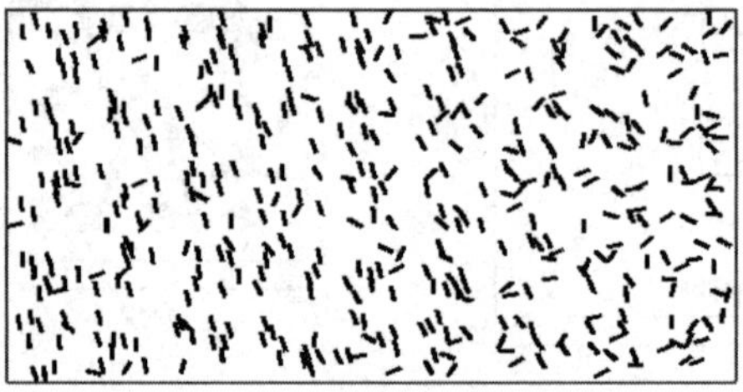

图 5.23　纤维生成示意图

5.2.3.2　温度、相对结晶度及结晶形态演化

为了便于分析，图 5.24 给出了中间层面（$y=2\text{mm}$）距离边界不同位置处温度与相对结晶度的演化。由于边界条件为 $\partial T/\partial \boldsymbol{n}=0$，因此芯层处（距离边界 8mm 处）的温度与相对结晶度与相邻内点处（距离边界 7mm 处）的结果一致，因此图 5.24 中未给出该位置处温度与相对结晶度随时间的演化曲线。由图 5.24 可知，在短纤维增强体系下，芯层温度由于结晶释放的潜热而存在一个温度平台。此外，芯层的温度平台比表层更宽、更明显；芯层结晶时间远比表层晚，持续时间也更长。

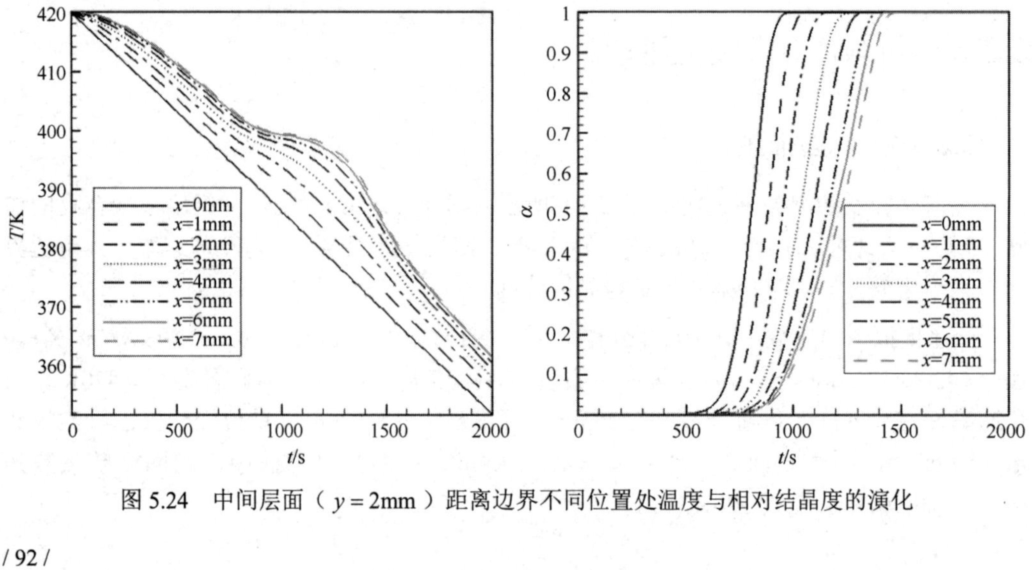

图 5.24　中间层面（$y=2\text{mm}$）距离边界不同位置处温度与相对结晶度的演化

图 5.25 给出了中间层面（ $y=2\text{mm}$ ）控制体上的结晶形态演化。由图 5.25 可知，晶体首先出现在表层附近，随着时间的推移，逐渐向芯层推进。

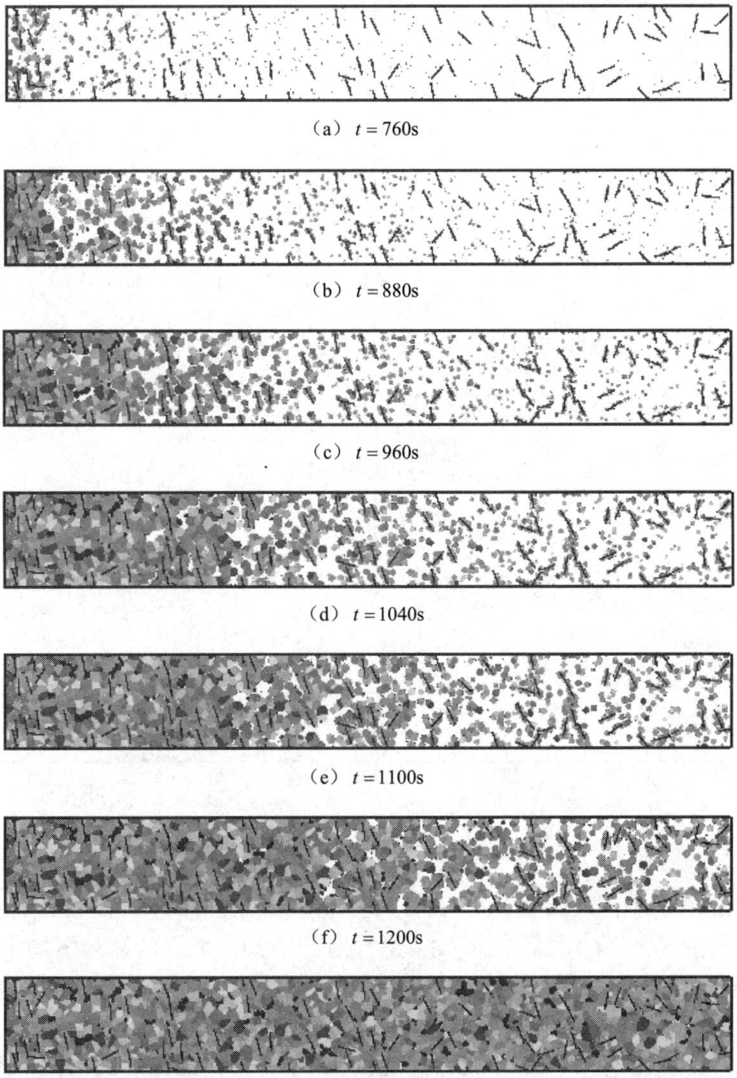

（a） $t=760\text{s}$

（b） $t=880\text{s}$

（c） $t=960\text{s}$

（d） $t=1040\text{s}$

（e） $t=1100\text{s}$

（f） $t=1200\text{s}$

（g） $t=2000\text{s}$

图 5.25　中间层面（ $y=2\text{mm}$ ）控制体上的结晶形态演化

5.2.3.3　冷却速率的影响

为了分析冷却速率对聚合物结晶过程的影响，本节将给出冷却速率分别为 1K/min 、2K/min 、5K/min 时聚合物结晶的模拟结果。

图 5.26 给出了不同冷却速率下表层 E 点温度与相对结晶度的演化。相应地，图 5.27 给出了不同冷却速率下芯层 F 点温度与相对结晶度的演化。由图 5.26 和图 5.27 可知，冷却速率越大，温度平台出现得越早，持续时间越短；不同冷却速率下结晶出现的温度几乎一致，较大冷却速率下结晶持续的温度范围更广。

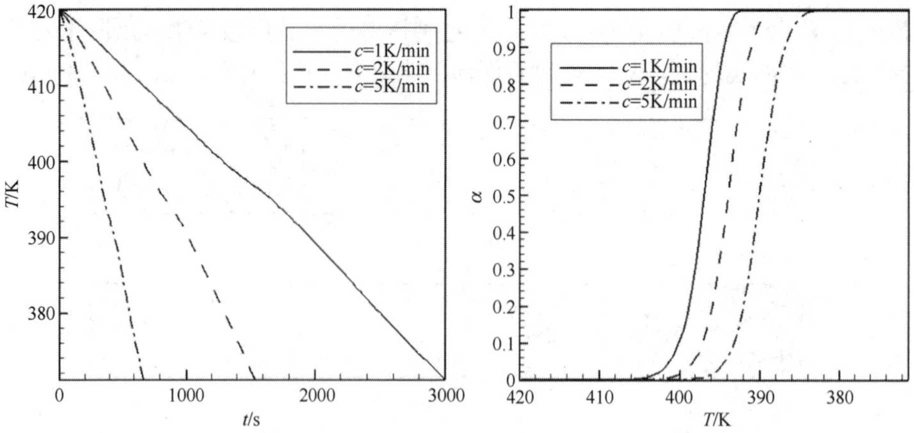

图 5.26　不同冷却速率下表层 E 点温度与相对结晶度的演化

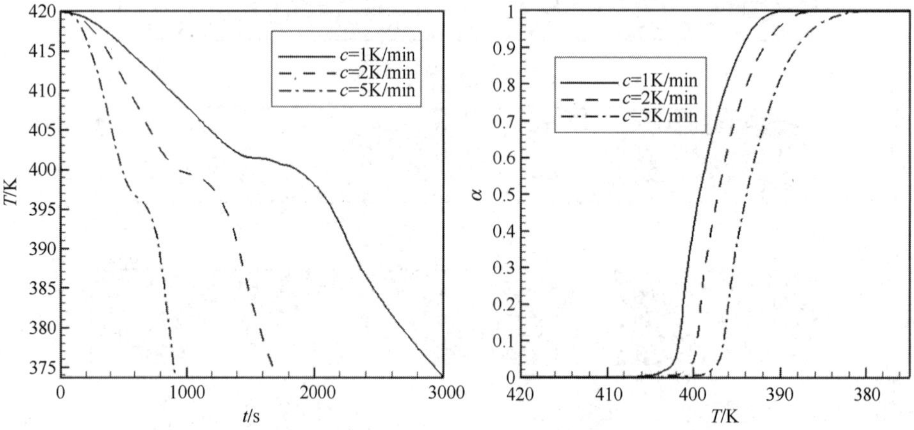

图 5.27　不同冷却速率下芯层 F 点温度与相对结晶度的演化

图 5.28 给出了不同冷却速率下表芯层控制体上结晶形态的比较。将图 5.28（a）、图 5.28（b）与图 5.28（c）、图 5.28（d）进行对比可知，表层的晶粒平均半径比芯层小；较大冷却速率对应的晶粒平均半径比较小冷却速率小。此外，在较小冷却速率下，纤维表面形成的横晶区域更为明显。

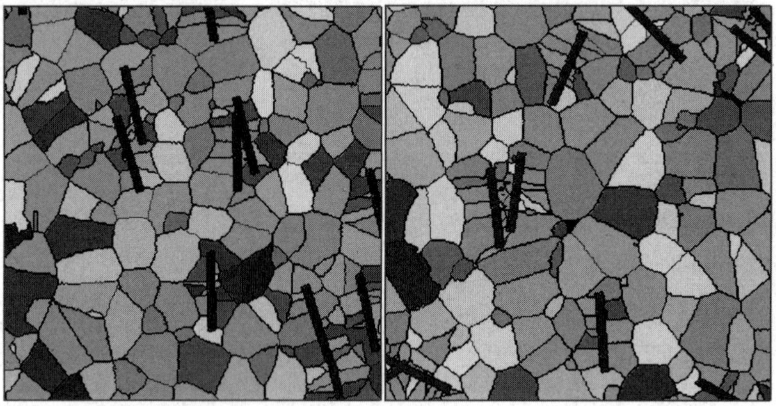

（a）表层 E 点，$c = 1\text{K/min}$　　（b）芯层 F 点，$c = 1\text{K/min}$

图 5.28　不同冷却速率下表芯层控制体上结晶形态的比较

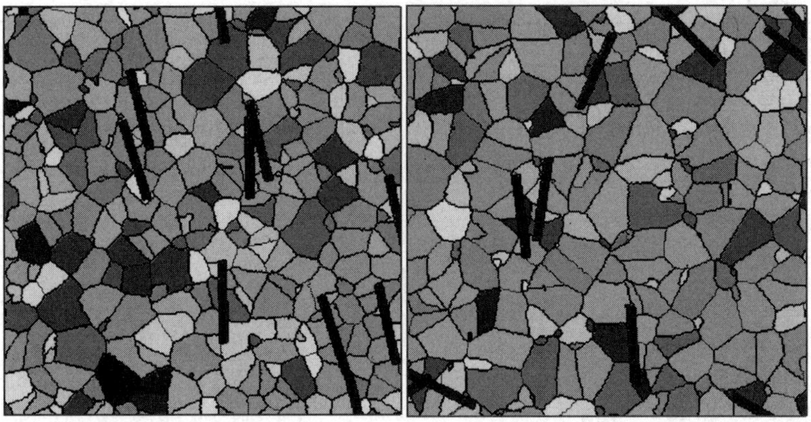

（c）表层 E 点，$c = 5\text{K/min}$　　　　（d）芯层 F 点，$c = 5\text{K/min}$

图 5.28　不同冷却速率下表芯层控制体上结晶形态的比较（续）

5.2.3.4　初始温度的影响

为了进一步分析热历史对短纤维增强体系冷却过程的影响，本节将考察不同初始温度对温度与相对结晶度的影响。假设纤维表面成核均在低于 $T_c = 420\text{K}$ 时发生。

图 5.29 给出了不同初始温度下表层 E 点及芯层 F 点温度与相对结晶度的演化。由图 5.29 可知，初始温度越高，温度平台出现得越晚，但温度平台出现时的温度及持续时间几乎不变；而相对结晶度随温度的演化与初始温度几乎无关。

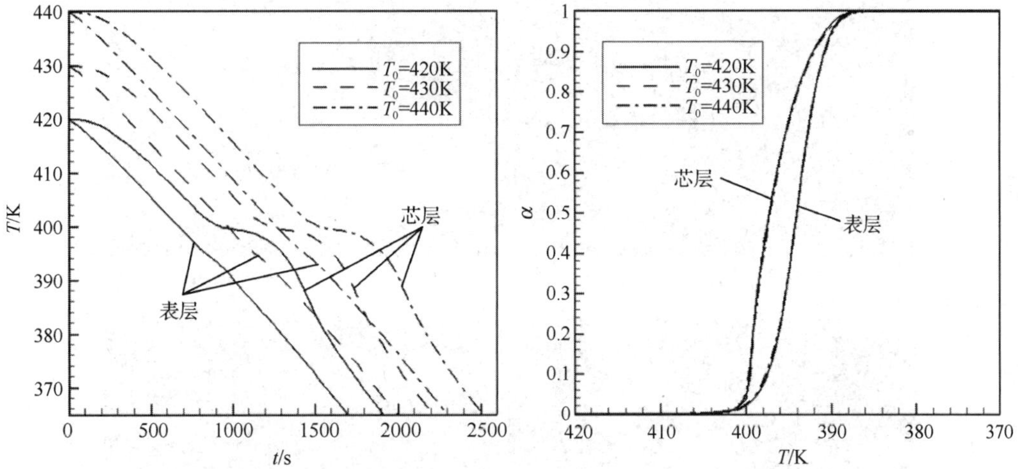

图 5.29　不同初始温度下表层 E 点及芯层 F 点温度与相对结晶度的演化

5.2.3.5　纤维表面成核速率的影响

本节将考察纤维表面成核速率 $\dot{N}_f = 0\text{/min/mm}$，$\dot{N}_f = 1\text{/min/mm}$，$\dot{N}_f = 3.3\text{/min/mm}$ 对结晶行为的影响。假设初始温度 $T_0 = 440\text{K}$，纤维表面成核在低于 $T_c = 420\text{K}$ 时发生。

图 5.30 给出了不同纤维表面成核速率下表层 E 点及芯层 F 点相对结晶度的演化。相比于纯聚合物体系，若纤维表面不提供晶核，则降低了结晶速率；若纤维表面提供足够多的晶核，则其增强作用将压制阻碍作用，从而提高结晶速率。此外，纤维表面提供越多的晶核，结晶速率越高。

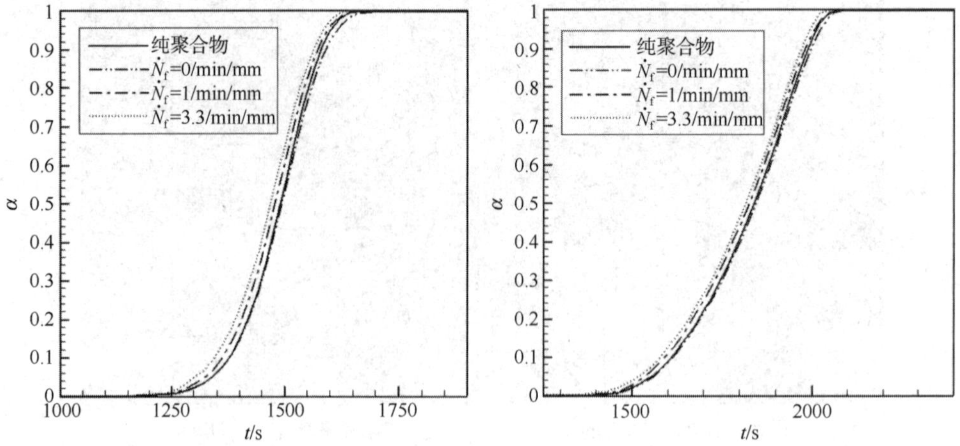

图 5.30　不同纤维表面成核速率下表层 E 点及芯层 F 点相对结晶度的演化

图 5.31 给出了不同纤维表面成核速率下表芯层控制体上结晶的形态比较。由图 5.31 可知，由于纤维表面提供晶核，因此其表面能诱导出横晶。随着纤维表面成核速率的增加，横晶区域更大、更明显。

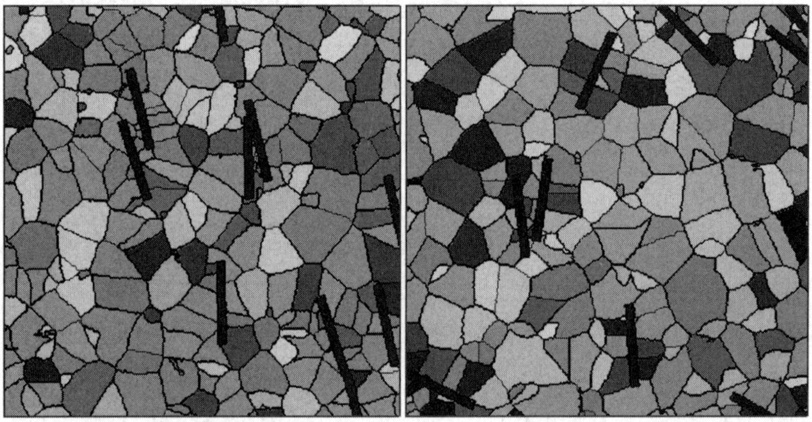

（a）表层 E 点，$\dot{N}_f = 1$/min/mm　　（b）芯层 F 点，$\dot{N}_f = 1$/min/mm

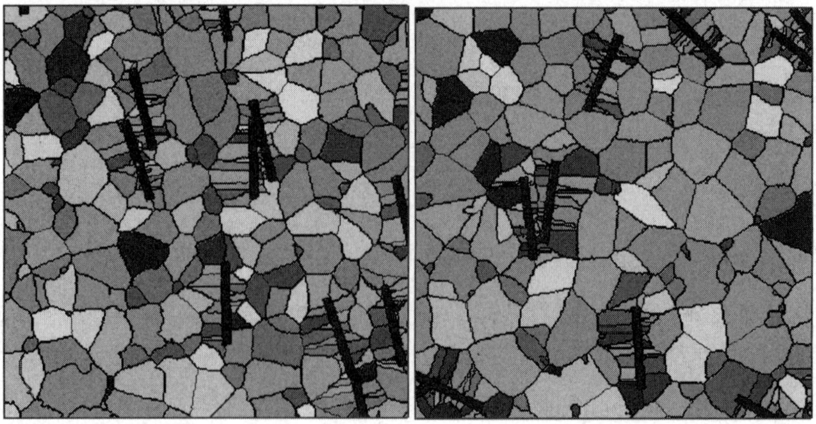

（c）表层 E 点，$\dot{N}_f = 3.3$/min/mm　　（d）芯层 F 点，$\dot{N}_f = 3.3$/min/mm

图 5.31　不同纤维表面成核速率下表芯层控制体上结晶形态的比较

5.2.3.6　纤维面积分数的影响

本节将考察纤维面积分数 $A_f = 4\%$， $A_f = 6\%$ 对结晶行为的影响。假设初始温度 $T_0 = 440K$，纤维表面成核在温度低于 $T_c = 420K$ 时发生。当纤维面积分数 $A_f = 4\%$，$A_f = 6\%$ 时，相应的单位面积内的纤维根数为 $n_f = 10mm^{-2}$ 和 $n_f = 15mm^{-2}$。

图 5.32 给出了不同纤维面积分数下表芯层处相对结晶度的演化。由图 5.32 可知，在纤维表面不提供晶核的情况下，增加纤维面积分数，可轻微地降低结晶速率；在纤维表面提供足够多晶核的情况下，增加纤维面积分数，可提高结晶速率。这与简单温度场下所得结论一致。

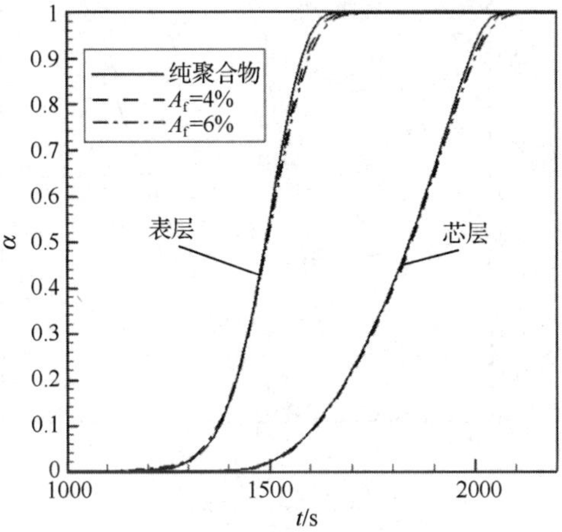

（a）$\dot{N}_f$=0/min/mm

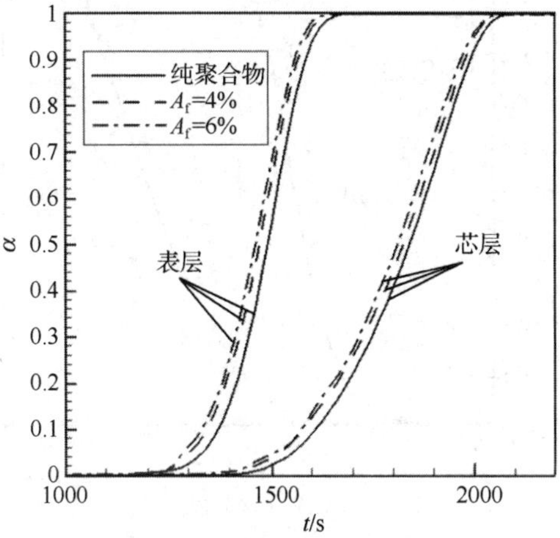

（b）$\dot{N}_f$=3.3/min/mm

图 5.32　不同纤维面积分数下表芯层处相对结晶度的演化

图 5.33 给出了纤维面积分数为 6%、纤维表面成核速率为 3.3/min/mm 时表芯层控制体上的结晶形态。与图 5.31（c）、图 5.31（d）相比，图 5.33 增加了纤维面积分数即增加了单位面积内的纤维根数。因此，在相同纤维表面成核速率的情况下，图 5.33 所对应的横晶区域更大，从而导致其对应的聚合物基质中晶粒平均半径有所减小。

（a）表层 *E* 点

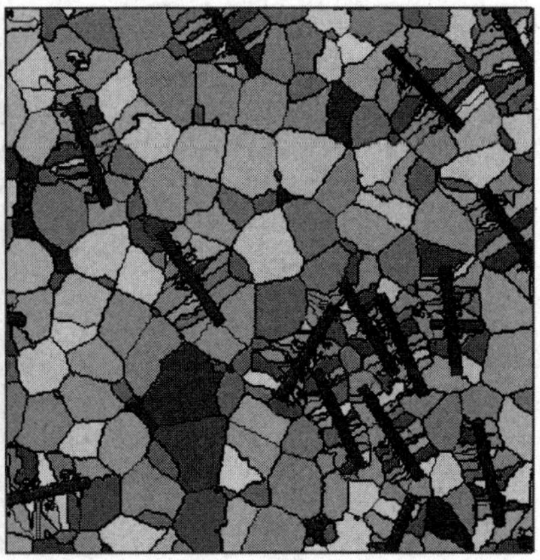
（b）芯层 *F* 点

图 5.33　纤维面积分数为 6%、纤维表面成核速率为 3.3/min/mm 时表芯层控制体上的结晶形态

5.2.3.7 纤维尺寸的影响

本节将分别考察纤维尺寸中的纤维长度及纤维直径对结晶行为的影响。假设纤维面积分数 $A_f = 4\%$，初始温度 $T_0 = 440\text{K}$，纤维表面成核在温度低于 $T_c = 420\text{K}$ 时发生。

考察改变纤维长度对结晶行为的影响。假设纤维直径 $d = 20\mu\text{m}$，纤维长度 $l = 100\mu\text{m}$、$200\mu\text{m}$，则相应的纤维长径比 $\text{re} = 5$、10。图 5.34 给出了不同纤维长度下表芯层处相对结晶度的演化。由图 5.34 可知，不论纤维表面是否提供晶核，改变纤维长度对结晶速率的影响相对较小。这与简单温度场下所得结论一致。

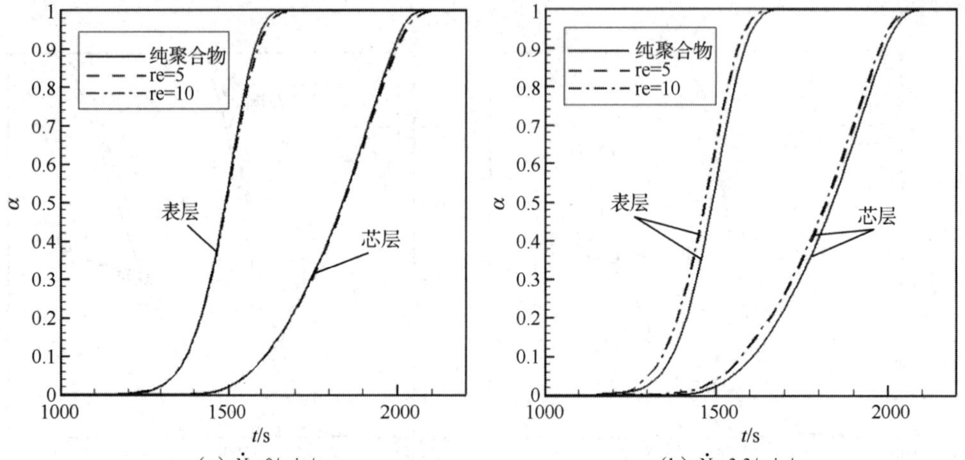

（a）$\dot{N}_f$=0/min/mm　　（b）$\dot{N}_f$=3.3/min/mm

图 5.34　不同纤维长度下表芯层处相对结晶度的演化

图 5.35 给出了纤维长度为$100\mu\text{m}$、纤维表面成核速率为3.3/min/mm时表芯层控制体上的结晶形态。与图 5.31（c）、图 5.31（d）相比，虽然图 5.35 中的纤维长度变短，但在纤维面积分数不变的情况下，单位面积内的纤维根数增加了。由纤维面积分数的表达式及单位面积内纤维表面积的表达式可知，单位面积内的纤维表面积是固定不变的。因此，在纤维表面成核速率相同时，理论上，图 5.31（c）、图 5.31（d）与 5.35（a）、图 5.35（b）应具有相同的横晶区域。

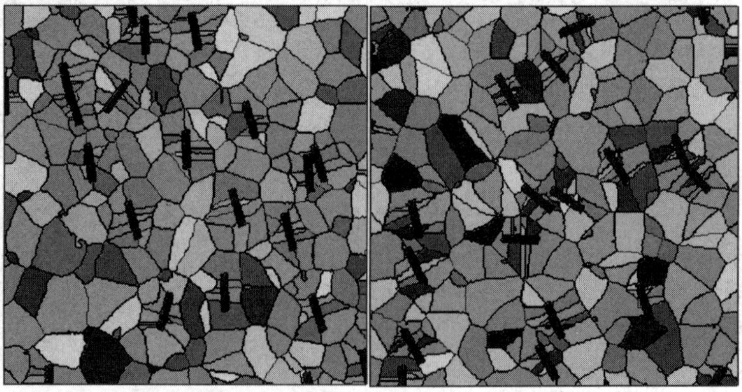

（a）表层 E 点　　（b）芯层 F 点

图 5.35　纤维长度为$100\mu\text{m}$、纤维表面成核速率为3.3/min/mm时表芯层控制体上的结晶形态

考察改变纤维直径对结晶行为的影响。假设纤维长度 $l = 200\mu m$，纤维直径 $d = 20\mu m$、$10\mu m$，则相应的纤维长径比 $re = 10$、20。图 5.36 给出了不同纤维直径下表芯层处相对结晶度的演化。由图 5.36 可知，在纤维表面不提供晶核的情况下，改变纤维直径对结晶速率的影响相对较小；在纤维表面提供足够多晶核的情况下，减小纤维直径（增加纤维长径比），会提高结晶速率。这与简单温度场下所得结论是一致的。

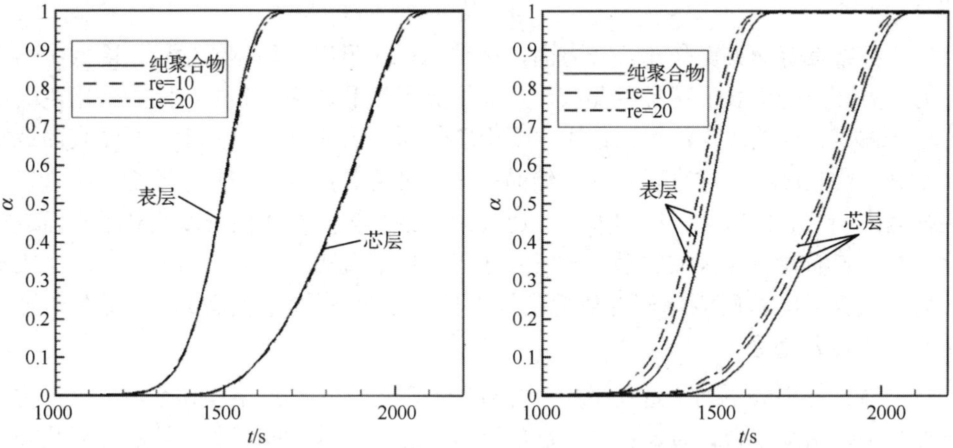

（a）$\dot{N}_f$=0/min/mm　　（b）$\dot{N}_f$=3.3/min/mm

图 5.36　不同纤维直径下表芯层处相对结晶度的演化

图 5.37 给出了纤维直径为 $10\mu m$ 时表芯层控制体上的结晶形态。与图 5.31（c）、图 5.31（d）相比，图 5.37 减小了纤维直径。由纤维面积分数的表达式及单位面积内的纤维表面积的表达式可知，减小纤维直径将提高单位面积内的纤维表面积。因此，在这种情况下，图 5.37 所对应的横晶区域更大，从而导致其所对应的聚合物基质中晶粒平均半径有所减小。

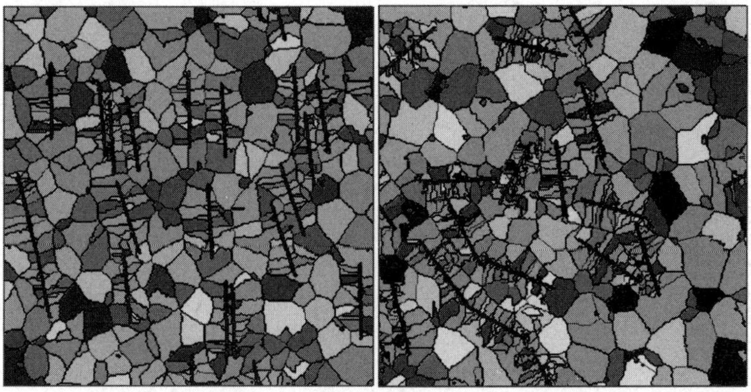

（a）表层 *E* 点　　（b）芯层 *F* 点

图 5.37　纤维直径为 $10\mu m$ 时表芯层控制体上的结晶形态

5.3　本章小结

本章对短纤维增强体系下的结晶过程进行了模拟与分析。本章首先对不考虑传热现象的等温及非等温结晶过程进行了建模与模拟，给出了短纤维增强体系下结晶形态的演化，详细分析了纤维各参数对结晶过程的影响，并得出了一些规律性的结论；其次对成型加工过程中冷却阶段复杂温度场下的结晶过程进行了多尺度建模与模拟，给出了一个准二维聚合物制品边界等速降温的冷却问题分析讨论结果，考察了温度、相对结晶度及结晶形态的演化，分析了冷却速率、初始温度及纤维各参数对结晶过程的影响。所得结论如下。

（1）纤维具有两方面作用，一方面，纤维的存在阻碍了晶体的生长，降低了结晶速率；另一方面，纤维表面可提供晶核，从而提高了结晶速率。其中，阻碍作用主要由纤维面积（体积）分数决定；增强作用主要由单位面积内的纤维表面积及纤维表面成核密度决定。纤维长度及纤维直径对体系结晶行为的影响有所区别，其中改变纤维直径，对结晶行为影响较大。横晶区域的大小可通过调节聚合物基质成核密度及纤维表面成核密度来控制，若需要更大区域的横晶，可降低聚合物基质成核密度或增加纤维表面成核密度。而降低聚合物基质成核密度体现在等温情况下是提高结晶温度，体现在非等温情况下是减小冷却速率。

（2）与聚合物成型加工过程中的冷却阶段类似，在短纤维增强体系下，聚合物制品芯层也会出现温度平台，且越往芯层温度平台越宽、持续时间越长，结晶过程从表层逐渐向芯层逼近；冷却速率是影响结晶过程的关键，冷却速率越大，结晶过程完成时间越短，所得的球晶半径越小；初始温度也影响着结晶完成的时间，初始温度越高，结晶过程完成时间越长，但几乎不影响结晶出现的温度及持续时间。

（3）在冷却阶段复杂温度场下，起增强作用的纤维对结晶过程有两方面的作用，若纤维表面不提供晶核，则会降低结晶速率；若纤维表面提供足够多的晶核，则会提高结晶速率。在复杂温度场下，纤维各参数对结晶行为的影响与简单温度场下纤维各参数对结晶行为的影响一致。

第 6 章

温度梯度下聚合物静态结晶的建模与模拟

由于聚合物是热的不良导体，聚合物制品在冷却阶段存在空间上的温度差异，因此结晶是在温度梯度下进行的。一般地，在介观尺度上，若聚合物只受均匀的温度场影响，则其结晶形态为各向同性的球晶；而在复杂温度梯度下，聚合物的结晶形态为各向异性的球晶。

在聚合物结晶形态的模拟中，目前绝大多数工作是基于各向同性的球晶展开的。各位学者在这些工作中提出的算法有元胞自动机法[47, 48]、像素着色法[54-57, 45]、Monte Carlo 法[69, 146-149]、Level Set 法[69, 70]、相场法[64]等。也有学者考虑球晶的各向异性生长[2, 150]，提出了径向生长法、法向生长法。需要指出的是，由于径向生长法、法向生长法很难获得相对结晶度，因此其无法与宏观能量方程建立联系。在聚合物结晶的多尺度模拟上，第 4 章、第 5 章的工作[56, 146]是建立在单胞温度均匀的情况下的，所用的结晶形态为各向同性的球晶。因此，构建模拟温度梯度下各向异性球晶生长的数值算法对精确研究聚合物的结晶行为有重要作用。

本章结合径向生长模型，提出了模拟温度梯度下各向异性球晶生长演化的 Monte Carlo 法，通过与其他文献数值结果及预测结果的比较，验证了 Monte Carlo 法的有效性，并探讨了中心温度、温度梯度及成核密度等条件对球晶形态演化的影响规律。本章还对 Piorkowska 提出的概率解析模型[151]进行了深入探讨，并提出了正确使用该模型的算法。

6.1 温度梯度下聚合物结晶的 Monte Carlo 模拟

6.1.1 数学模型

在温度梯度下，聚合物倾向于生长为各向异性的球晶。图 6.1 给出了生长模型示意图。假设温度在 x 方向上存在梯度，即 $T = T_0 + \Lambda x$ [151]，其中 T_0 为模拟区域中心的温度，Λ 为梯度值。由图 6.1 可知，各向异性球晶的径向生长速率 G_r 和法向生长速率 G_n 满足如下关系[2, 150]。

$$G_r = G_n \sqrt{1+\left(\frac{r'}{r}\right)^2} \quad (6.1)$$

其中，

$$r' = \frac{\mathrm{d}r}{\mathrm{d}\theta} \quad (6.2)$$

式中，r 为径向生长半径。

法向生长速率 G_n 由 Hoffman-Lauritzen 表达式给出[36, 151]，相应公式如下。

$$G_n = G_0 \exp\left(\frac{-U^*}{R_g(T-T_\infty)}\right)\exp\left(\frac{-K_g}{T(T_m^0-T)}\right) \quad (6.3)$$

式中，$U^* = 1500\text{cal/mol}$；$R_g = 8.314472$；$T_\infty = 231.2\text{K}$，$T_m^0 = 458.2\text{K}$；K_g 和 G_0 的取值取决于温度。当 $T \geqslant 136^\circ\text{C}$ 时，$K_g = 1.47\times10^5\text{K}^2$，$G_0 = 0.3359\text{cm/s}$；当 $T < 136^\circ\text{C}$ 时，$K_g = 3.3\times10^5\text{K}^2$，$G_0 = 3249\text{cm/s}$ [151]。

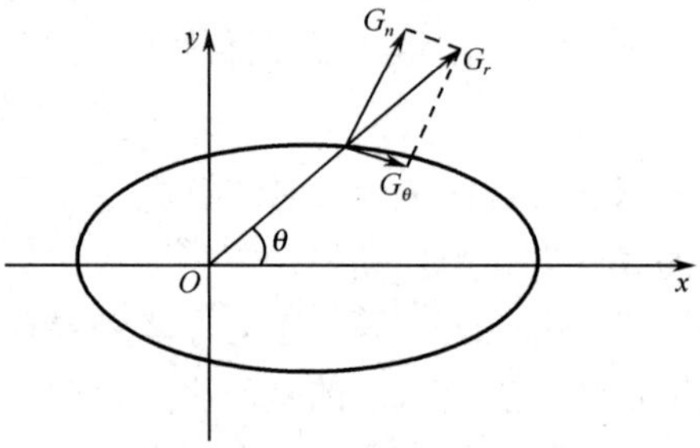

图 6.1　生长模型示意图

式（6.1）～式（6.3）给出了单个球晶径向生长的数学模型。在结晶过程中，所有的球晶从成核后开始生长，记依赖于温度的成核密度为 D（单位：mm^{-3}）。对于 iPP 来说，成核密度满足[151]

$$D = \exp(111.265 - 0.2544(T+273.15)) \quad (6.4)$$

Piorkowska 给出了温度梯度下各向异性的球晶转化率的解析表达式，其中虚拟面积的表达式为[151]

$$E(x_0,t) = 2\int_{x_0-R(\pi,t)}^{x_0+R(\pi,t)} D(x)\left|x-x_0\right|\left[t^2\left(\int_{x_0}^{x} G(x')\mathrm{d}x'\right)^{-2}\right]^{\frac{1}{2}}\mathrm{d}x \quad (6.5)$$

式中，x_0 为球晶球心坐标。虚拟面积与相对结晶度间满足 Avrami 方程，即[15]

$$\alpha(x_0,t) = 1-\exp(-E(x_0,t)) \quad (6.6)$$

6.1.2　Monte Carlo 法

下面给出采用 Monte Carlo 法[147, 148]捕捉晶体生长的流程。

（1）初始化阶段。在空间某一小块区域上划分足够细的网格单元，设网格单元总数为 N_{tot}，并将所有网格单元赋颜色初值为 0。

（2）成核阶段。随机产生成核密度为 D 的球晶晶核，并将其赋予不同的颜色。

（3）生长阶段。在 $[t,t+\Delta t]$ 区间内产生足够多的随机点，判断该点是否落入某球晶内［球晶的生长半径、生长速率由式（6.1）～式（6.3）确定］，若该点落入某球晶内，则认为该点被该球晶覆盖，赋予该点与所在球晶相同的颜色；若该点落入不止一个球晶内，则该点被最早到达这个点的球晶覆盖。

（4）计算相对结晶度，相对结晶度由 $\alpha = N_\text{c}/N_\text{tot}$ 计算，其中 N_c 为球晶所占网格单元数。

（5）判断 t 是否到达 t_end。若是，则结束该流程，否则，转入（3）。

由图 6.1 可知，r 是 θ 的函数，这是由温度梯度下球晶的形态与在均匀温度场中不同导致的。

在计算径向生长半径时，需要用到不同的网格。对于每个球晶来说，需要在 θ 方向进行网格划分。采用均匀网格，并记网格步长 $\Delta\theta = 2\pi/M$，则 $\theta_i = i\Delta\theta$（$i = 0,1,\cdots,M$）。相应地，径向生长半径记为 r_i（$i = 0,1,\cdots,M$）。由图 6.1 可知，径向生长半径为

$$r_i^{j+1} = r_i^j + G_r \Delta t \tag{6.7}$$

式中，r_i^{j+1} 为径向生长半径 r_i 在 $t = t_{j+1}$ 的值；r_i^j 为径向生长半径 r_i 在 $t = t_j$ 的值；$\Delta t = t_{j+1} - t_j$，为时间步长。径向生长速率 G_r 是与温度相关的，由式（6.1）可知，r' 的计算公式由二阶中心差分法获得[152]，即

$$r_i' \approx \begin{cases} \dfrac{r_{i+1} - r_{i-1}}{2\Delta\theta}, & i = 1,2,\cdots,M-1 \\ \dfrac{r_1 - r_{M-1}}{2\Delta\theta}, & i = 0,M \end{cases} \tag{6.8}$$

图 6.2 给出了两种网格的示意图。背景网格用于 Monte Carlo 法模拟，而非结构网格则用于预测单个球晶的形态演化。

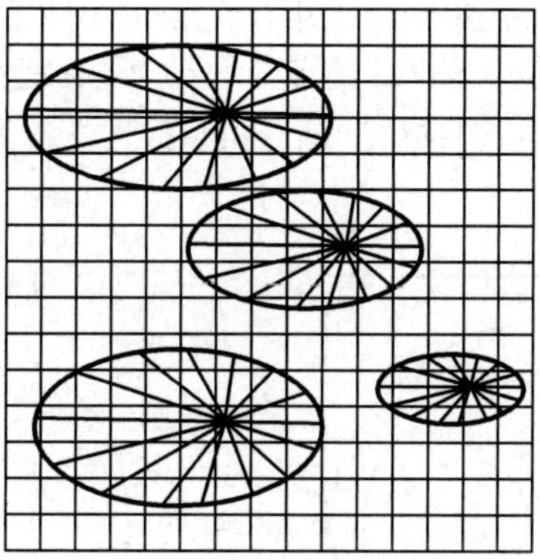

图 6.2　两种网格的示意图

6.1.3　结果与讨论

本节将考察一块尺寸为 $600\mu\text{m} \times 600\mu\text{m} \times 11\mu\text{m}$ 的聚合物的结晶行为。由于该聚合物非常薄，因此忽略其厚度方向对结晶行为的影响，将其视为二维聚合物，即在探讨结晶

形态时，该聚合物的尺寸为$600\mu m \times 600\mu m$。这里，温度由$T = T_0 + \varLambda x$给出，$x = 0$称为模拟区域中心，对应的温度称为中心温度，$x > 0$称为模拟区域右侧，$x < 0$称为模拟区域左侧。由温度表达式可知，模拟区域左侧温度较低，模拟区域右侧温度较高；温度在x方向呈线性递增关系。

模拟中的参数：背景网格单元数为400×400，随机点的个数为800000，$\Delta t = 1s$；非结构网格在θ方向上剖分成$M = 500$等份，初始径向生长半径设为$r^0 = 0$。

图6.3给出了iPP制品中球晶的成核数和生长速率随温度的变化情况。由图6.3可知，当温度升至130℃以上时，球晶的成核数较少，且生长速率相当缓慢。此外，随着温度的降低，球晶的成核数和生长速率都增加得较为明显。尤其值得一提的是，当温度降至115℃以下时，球晶的成核数显著增加。

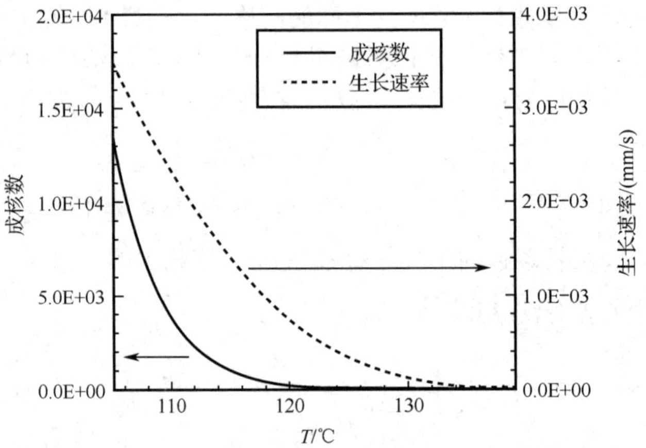

图6.3　iPP制品中球晶的成核数和生长速率随温度的变化情况

6.1.3.1　算法有效性验证——单个晶体生长

图6.4给出了剖分份数为500时采用Monte Carlo法预测得到的球晶形态，其中$t_{end} = 12\min$，1min为一个间隔。图6.4的球晶形态的变化趋势和生长前沿与Piorkowska[151]及Liu等学者[70]的数值结果符合得很好。由此可见，本章给出的Monte Carlo法合理有效。

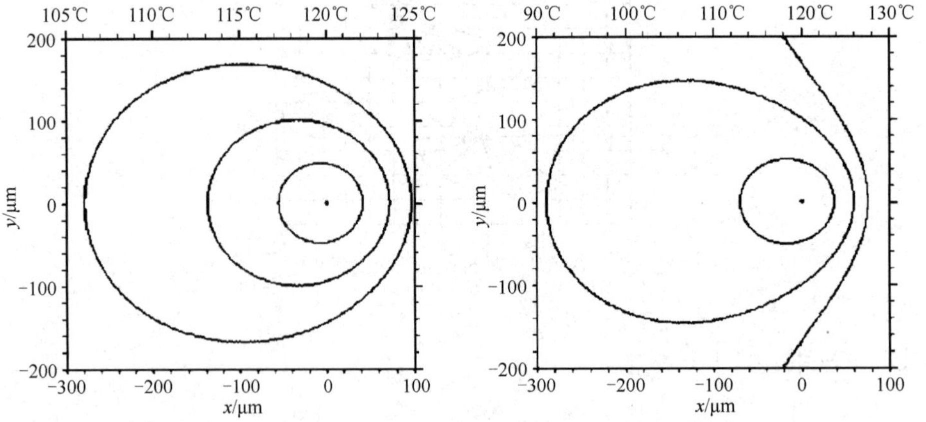

（a）T_0=120℃，$\varLambda$=50K/mm　　（b）T_0=120℃，$\varLambda$=100K/mm

图6.4　剖分份数为500时采用Monte Carlo法预测得到的球晶形态

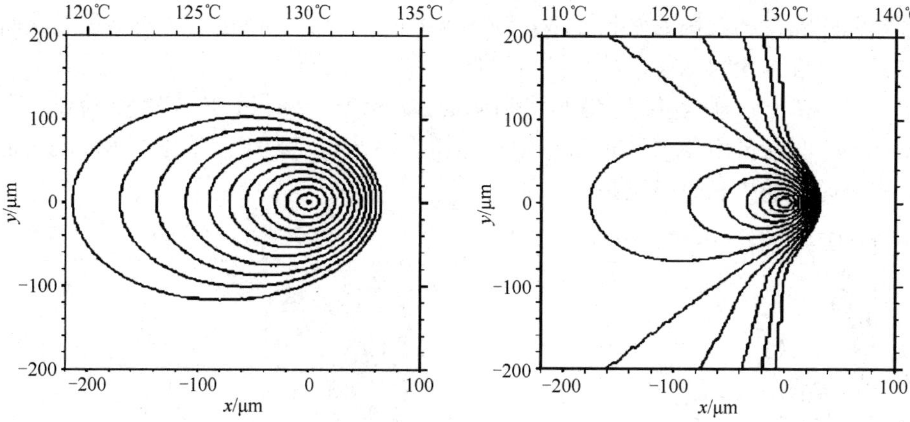

（c）T_0=130℃，Λ=50K/mm　　（d）T_0=130℃，Λ=100K/mm

图 6.4　剖分份数为 500 时由 Monte Carlo 法预测得到的球晶形态（续）

由图 6.4 可知，在较大的温度梯度下，球晶呈现出各向异性。当温度低于中心温度时，球晶生长半径较大，当温度高于中心温度时，球晶生长半径较小。由此可得，中心温度越低，球晶生长得越快；温度梯度越大，低于中心温度区域的球晶生长得越快，高于中心温度区域的球晶则生长得相对较慢。由图 6.4 的球晶形态可以发现：提高中心温度及温度梯度可以提高球晶的各向异性。

下面考察当 $T_0 = 130$℃，$\Lambda = 100$K/mm 时，θ 方向上剖分份数对球晶形态的影响，如图 6.5 所示。由图 6.5 可知，当 $M = 100$ 时，球晶的生长前沿在径向生长半径较大时不是很光滑；当 $M = 200$ 时，球晶的生长前沿变得光滑一些；当 $M = 500$ 时，球晶的生长前沿较为光滑，如图 6.4（d）所示。一般地，剖分份数越大，预测的球晶形态越精确。然而，较大的剖分份数会带来更大的计算量。因此，剖分份数的选择需要在精度和计算量间寻求一个平衡。事实上，当模拟多个球晶形态时，由于球晶间会发生碰撞，径向生长半径一般不会很大，因此剖分份数可适当地取小一些。

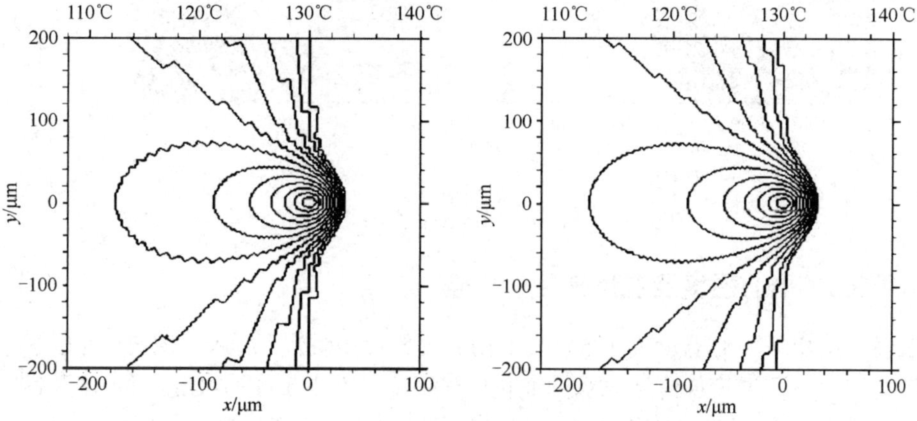

（a）M=100　　（b）M=200

图 6.5　θ方向上剖分份数对球晶形态的影响

6.1.3.2　算法有效性验证——多个晶体生长

图 6.6 给出了由 Monte Carlo 法获得的球晶形态演化。由图 6.6 可知，在低于中心温度的区域，成核数较大，而在高于中心温度的区域，成核数较小。由于低于中心温度的

区域有较低的温度和较快的生长速率，因此球晶的生长前沿相互碰撞并迅速形成曲线的碰撞边界。随着时间的推移，具有自由生长前沿的球晶向高于中心温度的区域生长并形成细长的形态。这种变化趋势与 Piorkowska 等学者所做实验的实验结果[153]、Piorkowska[151]及 Liu 等学者[70]的数值结果相符。由此可见，本章给出的 Monte Carlo 法在捕捉多个晶体的生长时仍然是有效的。

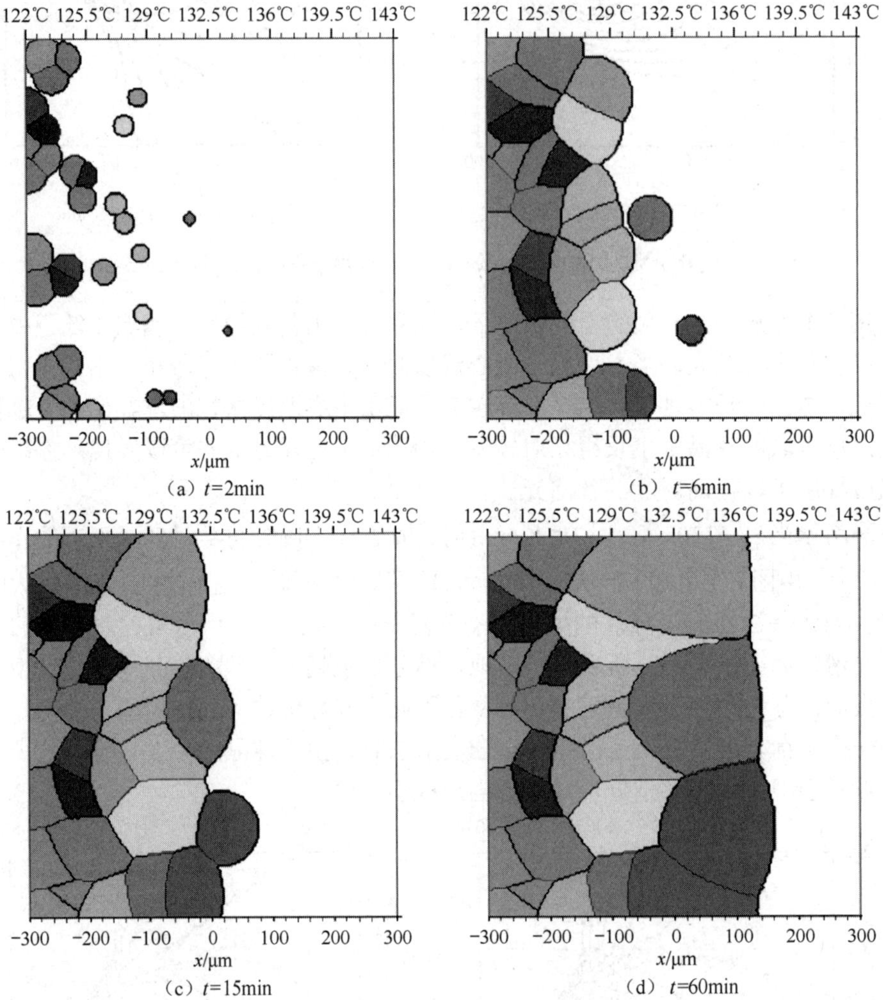

图 6.6　由 Monte Carlo 法获得的球晶形态演化

6.1.3.3　中心温度及温度梯度的影响

图 6.7 给出了中心温度为 125℃时不同温度梯度下球晶的演化。图 6.8 给出了中心温度为 120℃时不同温度梯度下球晶的演化。在等温条件下（$\Lambda = 0$K/mm），球晶各向同性生长，发生碰撞时形成直线的碰撞边界；在不同温度梯度下，球晶各向异性生长，发生碰撞时形成曲线的碰撞边界[153]；在较高的中心温度和较大的温度梯度下，曲线碰撞边界的曲率更高，碰撞边界接近于平行 x 轴（温度梯度方向），生长前沿则更接近于垂直温度梯度的方向，球晶被“拉”得更长，各向异性更为明显。这是因为在低于中心温度的区域，球晶生长得较快，会很快发生碰撞，而在高于中心温度的区域，球晶生长得较慢，有足够的空间让其成长。这种变化趋势与 Piorkowska[151]的数值结果相符。

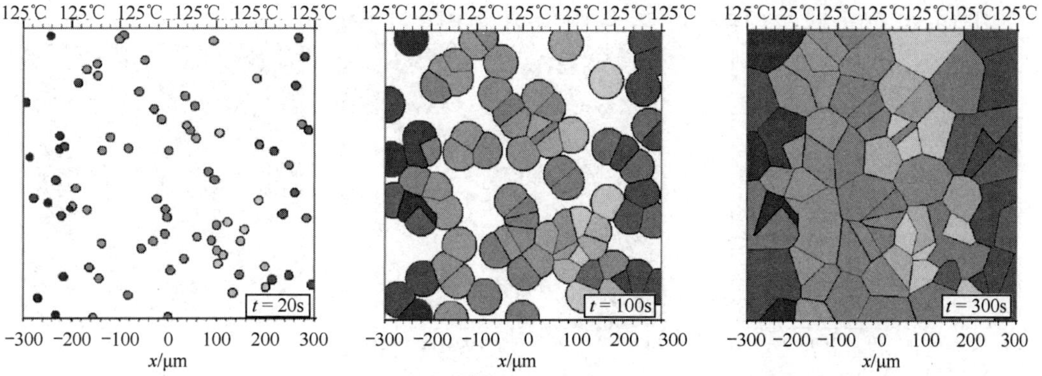

（a）等温（Λ=0K/mm）

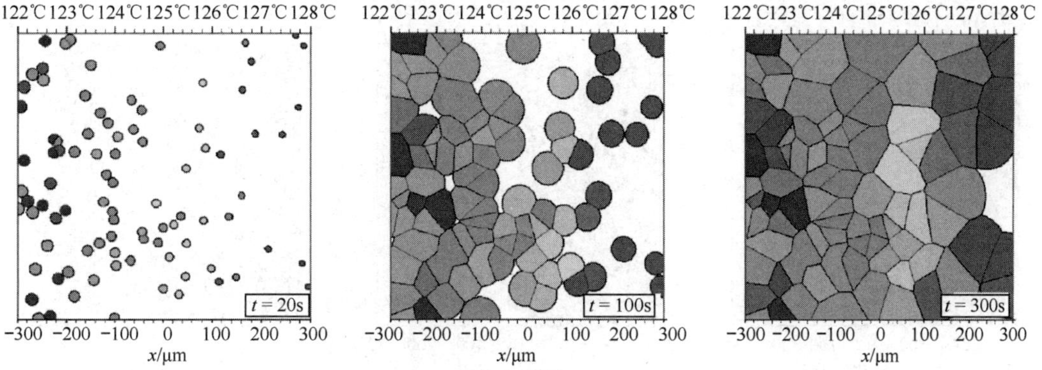

（b）Λ=10K/mm

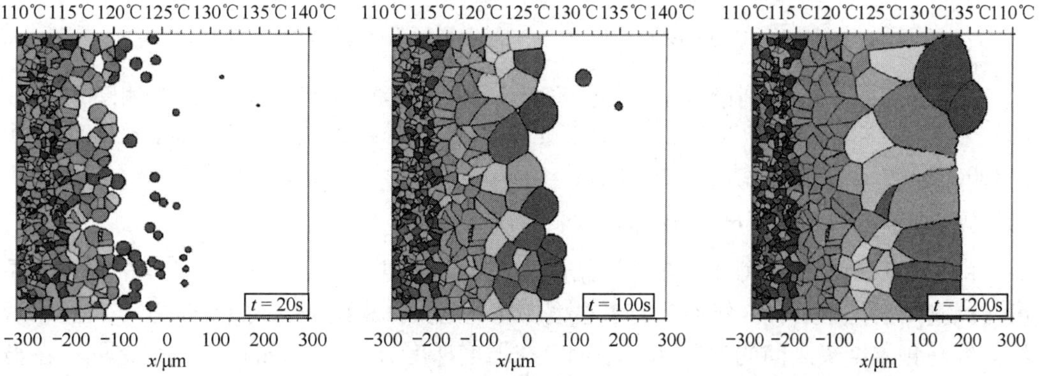

（c）Λ =50K/mm

图 6.7　中心温度为 125℃时不同温度梯度下球晶的演化

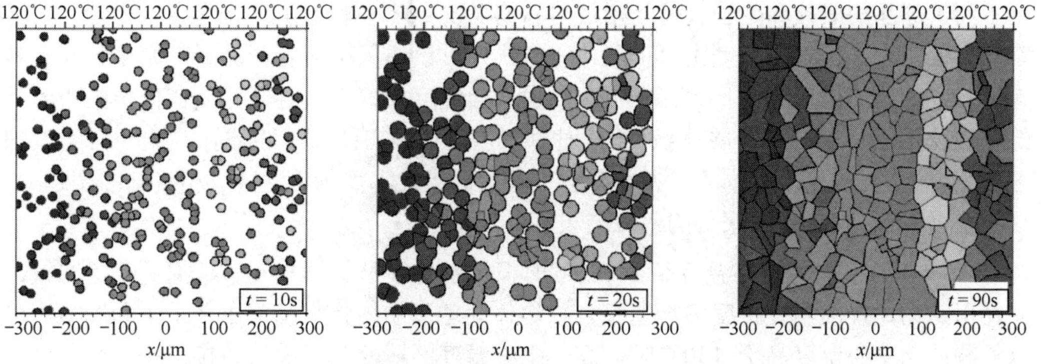

（a）等温（Λ=0K/mm）

图 6.8　中心温度为 120℃时不同温度梯度下球晶的演化

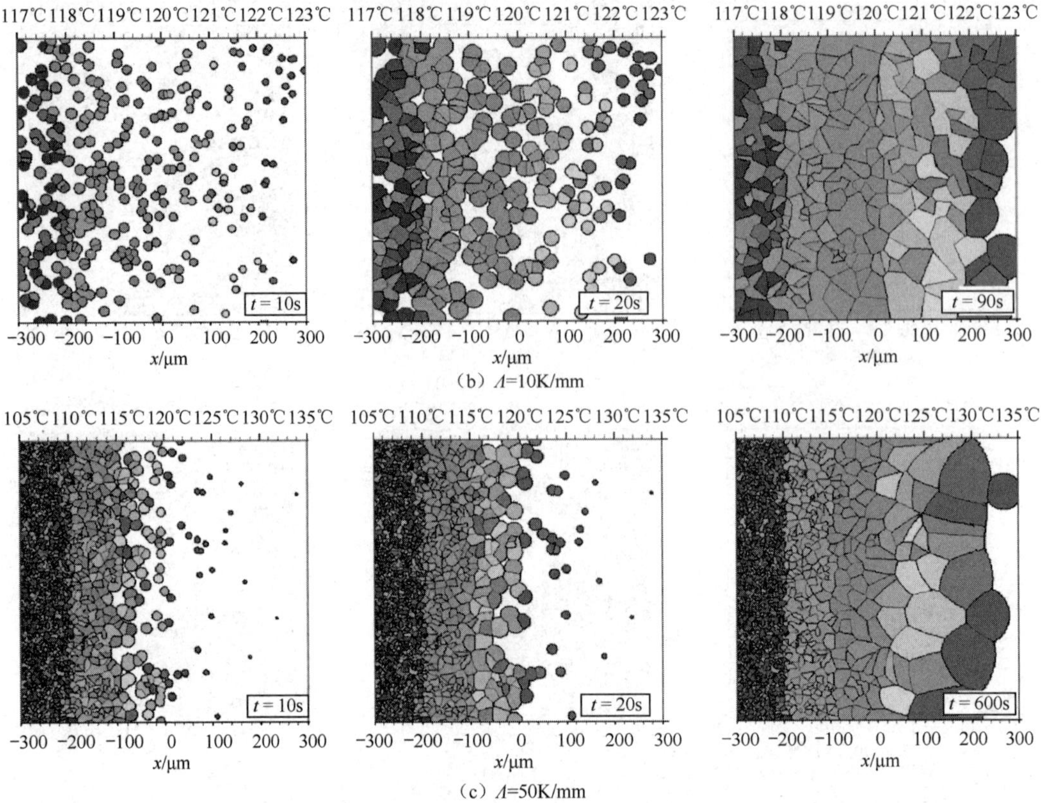

图 6.8　中心温度为 120℃时不同温度梯度下球晶的演化（续）

图 6.9 和图 6.10 分别给出了中心温度为 125℃、120℃时不同温度梯度下相对结晶度的比较。这里采用两种不同的体积单元来计算相对结晶度，即 [−100μm,100μm] 和 [−300μm,300μm]。相对结晶度由 Monte Carlo 法第（4）步中的式子计算得到，而预测结果则由式（6.5）、式（6.6）计算得到。

由图 6.9 和图 6.10 可知，在等温结晶过程中，采用 Monte Carlo 法获得的相对结晶度与预测结果基本吻合。然而，随着温度梯度的增大，采用 Monte Carlo 法获得的相对结晶度与预测结果之间的误差逐渐增加，在温度梯度 $\Lambda = 50$K/mm 时，它们之间存在显著差异。对模拟结果的解释如下：较大的温度梯度导致低于中心温度的区域温度较低，高于中心温度的区域温度较高。由于较低的温度有利于球晶的成核和生长，而较高的温度不利于球晶的成核和生长，因此相对结晶度在 $\alpha \approx 0.5$ 两侧存在较大差异。然而，在概率解析模型中，相对结晶度由"扩展体积"决定，该体积由所有球晶无限制生长（不考虑模拟区域外的碰撞或生长）计算得出。由于当温度梯度更大时，球晶在低于中心温度的区域获得了更大的"扩展体积"，其对总"扩展体积"的贡献将比在高于中心温度的区域获得的更小的"扩展体积"的贡献显著得多，因此温度梯度越大，相对结晶度越大。这与采用 Monte Carlo 法获得的模拟结果不一致。

Piorkowska[151]将中心温度高于 130℃时概率解析模型的解与实验数据进行了比较，并得出结论，提高温度梯度将加速聚合物熔体向球晶的转化程度。由图 6.3 和图 6.6 可以推测：当中心温度高于 130℃时，高于中心温度区域的球晶成核数接近 0。在较大的温度梯度下，球晶的成核数和具有自由生长前沿的球晶显著增加。这些球晶可以从低于中心温度的区域延伸到高于中心温度的区域。尽管球晶的生长速率由于高于中心温度区域较高的局部温度而变得较慢，但它也有助于整体相对结晶度的提高。然而，当中心温度低于 125℃且温度梯度较大时，高于中心温度区域的球晶成核能力较弱，生长速率较慢，导致结晶速率降低，如图 6.9 和图 6.10 所示。

因此，可以得出结论，当中心温度低于 125℃时，概率解析模型不适合计算较大温度梯度场（如 $\Lambda = 50$K/mm）中相对结晶度的演化。

由图 6.9 和图 6.10 可知，当中心温度越低时，聚合物熔体转化为球晶的程度越高。

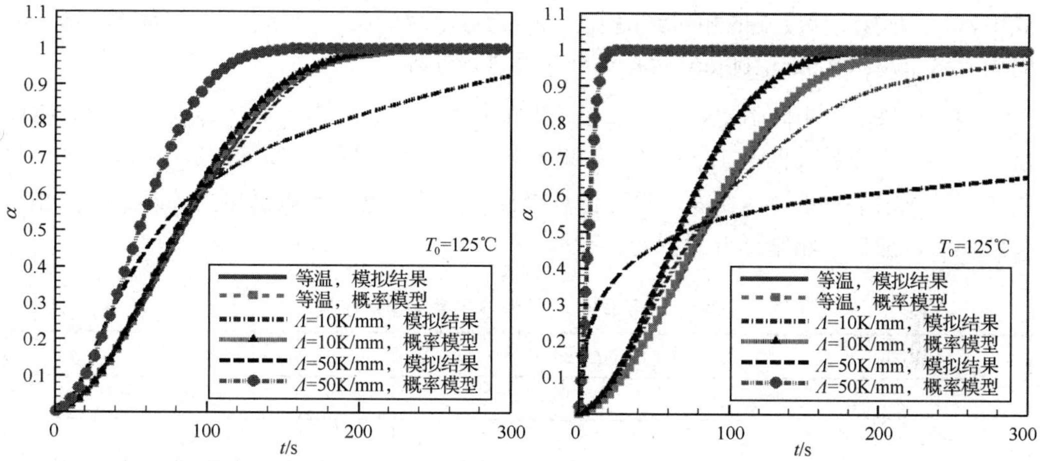

（a）[−100μm,100μm]　　（b）[−300μm,300μm]

图 6.9　中心温度为 125℃时不同温度梯度下相对结晶度的比较

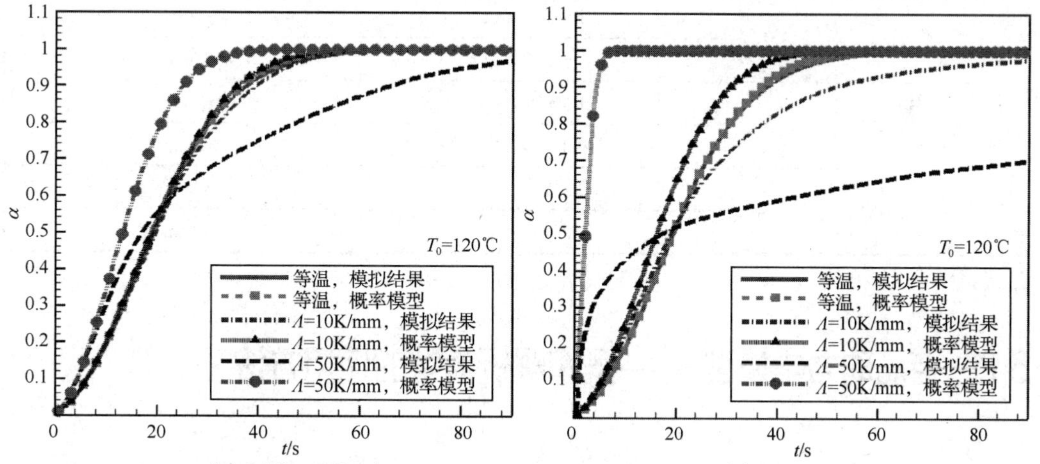

（a）[−100μm,100μm]　　（b）[−300μm,300μm]

图 6.10　中心温度为 120℃时不同温度梯度下相对结晶度的比较

6.1.3.4　等温结晶和温度梯度下结晶之间的差异

在多尺度模拟中，控制体有两种温度和结晶形态模型：一种是将温度视为均匀场（如控制体中心顶点上的温度），采用各向同性的球晶模型[56, 147]，另一种是假设温度具有线性梯度，采用各向异性的球晶模型[46, 70]。虽然后者更准确，但它使用算法更复杂，计算成本也比较高。

在多尺度模拟中，相对结晶度实现了介观尺度和宏观尺度之间的耦合[46, 146]。因此，有必要研究当相对结晶度误差保持在一定范围内时，温度梯度中的结晶是否可以简化为等温结晶。这项研究将为多尺度模拟提供有用的数据。虽然在多尺度模拟中，控制体中的温度随时间变化而变化（非等温），但是非等温条件可以视为多个等温条件的累积。

定义如下的误差。

$$L_1 - \text{error} = \frac{1}{t_{\text{end}}} \int_0^{t_{\text{end}}} \left| \alpha_\Lambda - \alpha_{\text{iso}} \right| \text{d}t \tag{6.9}$$

式中，α_Λ 为温度梯度下的相对结晶度；α_{iso} 为等温时的相对结晶度；t_{end} 为结晶结束的时间。这里用 $[-100\mu\text{m}, 100\mu\text{m}]$ 对相对结晶度进行计算。

表 6.1 给出了不同中心温度下的最大温度梯度。随着中心温度的升高，最大温度梯度减小。当中心温度低于 125℃时，如果 $L_1 - \text{error}$ 分别设置为 2%和 5%，那么温度梯度不应大于 15K/mm 和 27K/mm，符合该温度梯度条件的结晶可以简化为等温结晶；在其他条件下，应考虑温度梯度的影响。

表 6.1 不同中心温度下的最大温度梯度

T_0	L_1-error	$\Lambda_{\max}$
125℃	2.1%	15K/mm
	5.1%	27K/mm
120℃	1.6%	18K/mm
	5.0%	30K/mm
115℃	1.5%	30K/mm
	5.0%	45K/mm
110℃	1.5%	31K/mm
	5.0%	48K/mm
105℃	2.2%	40K/mm
	3.8%	50K/mm

6.2 结晶动力学模型——概率解析模型的使用方法

聚合物结晶动力学模型是用于表征聚合物结晶速率的重要模型。Piorkowska[151]基于 Avrami 方程，推导出了温度梯度下聚合物结晶的概率解析模型，并用该模型描述聚合物的结晶动力学特征。他在单轴温度梯度下的实验和数值研究中发现，该模型能较准确地预测 iPP 在中心温度大于或等于 125℃时成核密度较小情况下的相对结晶度。6.1 节的模拟中也得到：在较大的成核密度（中心温度小于或等于 125℃）和较大的温度梯度下，概率解析模型预测的相对结晶度与采用 Monte Carlo 法获得的相对结晶度间存在很大差距。

在介观尺度（单一的温度条件）和多尺度模拟（与能量方程联立）中，聚合物结晶动力学模型对探讨聚合物结晶过程起着重要作用[5, 75, 154-158]。因此，本节在之前章节内容的基础上，以 iPP 为研究对象，进一步探讨温度梯度下概率解析模型的使用方法。

6.2.1　模型和算法

6.2.1.1　概率解析模型

Piorkowska 推导出温度梯度下聚合物结晶的概率解析模型[151]采用的算法为虚拟体积法，即计算 t 时刻所有晶体的虚拟体积。该体积不考虑晶体间的碰撞，并认为晶体的生长空间无限大且不受限制。单个晶体的生长形态图如图 6.11 所示。

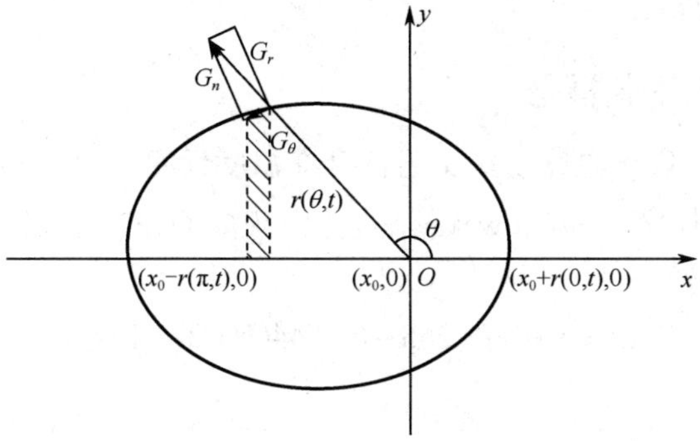

图 6.11　单个晶体的生长形态图

二维模拟只需考虑图 6.11 所示的晶体生长形态。在较大的温度梯度下，聚合物倾向于生成各向异性的球晶。单个晶体的虚拟面积为

$$V(x_0,t)=2\int_{x_0-r(\pi,t)}^{x_0+r(0,t)}|x-x_0||\tan\theta|\mathrm{d}x \tag{6.10}$$

而

$$|\tan\theta|=\sqrt{\frac{1}{\cos^2\theta}-1} \tag{6.11}$$

由于

$$\begin{cases}\dfrac{\mathrm{d}x}{\mathrm{d}r}=\cos\theta\\ \mathrm{d}r=G_r\mathrm{d}t\end{cases} \tag{6.12}$$

式中，G_r 为径向生长速率。于是得到

$$t=\arccos\theta\int_{x_0}^{x}G_r(x')^{-1}\mathrm{d}x' \tag{6.13}$$

式中，t 为结晶时间。因此有

$$\cos\theta=\int_{x_0}^{x}\frac{G_r(x')^{-1}}{t}\mathrm{d}x' \tag{6.14}$$

即式（6.10）可表示为

$$V(x_0,t)=2\int_{x_0-r(\pi,t)}^{x_0+r(0,t)}\left|x-x_0\right|\left[t^2\left(\int_{x_0}^{x}G_r^{-1}(x')\mathrm{d}x'\right)^{-2}-1\right]^{\frac{1}{2}}\mathrm{d}x \tag{6.15}$$

由于体系中存在成核密度为D的晶体，因此所有晶体的虚拟体积可表示为

$$E(x_0,t)=2\int_{x_0-r(\pi,t)}^{x_0+r(0,t)}D\left|x-x_0\right|\left[t^2\left(\int_{x_0}^{x}G_r^{-1}(x')\mathrm{d}x'\right)^{-2}-1\right]^{\frac{1}{2}}\mathrm{d}x \tag{6.16}$$

虚拟体积和相对结晶度间满足 Avrami 方程，即[15]

$$\alpha=1-\exp(-E(x_0,t)) \tag{6.17}$$

式中，α 为相对结晶度。

6.2.1.2 成核与生长模型

本节仍选用 iPP，假设温度场在 x 方向存在温度梯度，即$T=T_0+\Lambda x$。其中，T_0为中心温度，Λ为温度梯度。Piorkowska 从实验中获得了 iPP 的成核与生长模型。其中，成核密度公式为[36, 151]

$$D=\exp(111.265-0.2544(T+273.15)) \tag{6.18}$$

而生长速率公式为

$$G_n=G_0\exp\left(-\frac{U^*}{R_\mathrm{g}(T-T_\infty)}\right)\exp\left(-\frac{K_\mathrm{g}}{T(T_\mathrm{m}^0-T)}\right) \tag{6.19}$$

式中，$U^*=1500\mathrm{cal/mol}$；$R_\mathrm{g}=8.314472$；$T_\infty=231.2\mathrm{K}$；$T_\mathrm{m}^0=458.2\mathrm{K}$；$K_\mathrm{g}$和$G_0$的取值依赖于温度，当$T\geqslant136$℃时，$K_\mathrm{g}=1.47\times10^5\mathrm{K}^2$，$G_0=0.3359\mathrm{cm/s}$；当$T<136$℃时，$K_\mathrm{g}=3.3\times10^5\mathrm{K}^2$，$G_0=3249\mathrm{cm/s}$。

由图 6.11 可见，径向生长速率G_r与法向生长速率G_n间满足如下关系式。

$$G_r=G_n\sqrt{1+\left(\frac{r'}{r}\right)^2} \tag{6.20}$$

式中，$r'=\mathrm{d}r/\mathrm{d}\theta$。

6.2.1.3 Monte Carlo 法

本节所用的 Monte Carlo 法与 6.1 节一致，具体内容可参考 6.1.2 节。相对结晶度仍然由如下的球晶占有比计算。

$$\alpha=\frac{N_\mathrm{c}}{N_\mathrm{tot}} \tag{6.21}$$

式中，N_c为球晶所占网格单元数；N_tot为模拟区域网格单元数。

具体的网格设置及 Monte Carlo 法的实施步骤将不再赘述，感兴趣的读者可详读参考文献[159]。

6.2.2　直接采用概率解析模型的效果

本节将对尺寸为$600\mu m \times 600\mu m \times 11\mu m$的 iPP 进行结晶模拟。因为它非常薄，因此其可视为二维聚合物。本节将采用 Monte Carlo 法对聚合物结晶进行模拟，参数设置：模拟区域网格单元数$N_{tot} = 400 \times 400$，概率点数$N_{rand} = 800000$，时间步长$\Delta t = 1s$，θ方向上剖分份数$M = 500$，初始时刻$t = 0$时的半径$r^0 = 0$。

6.2.2.1　成核密度满足均匀分布

假设成核密度满足均匀分布。图 6.12 给出了采用 Monte Carlo 法获得的不同温度梯度下的结晶形态。由图 6.12 可知，温度梯度越大，高于中心温度区域的温度越高，而这种高温并不适合结晶，从而导致整体的结晶速率下降。

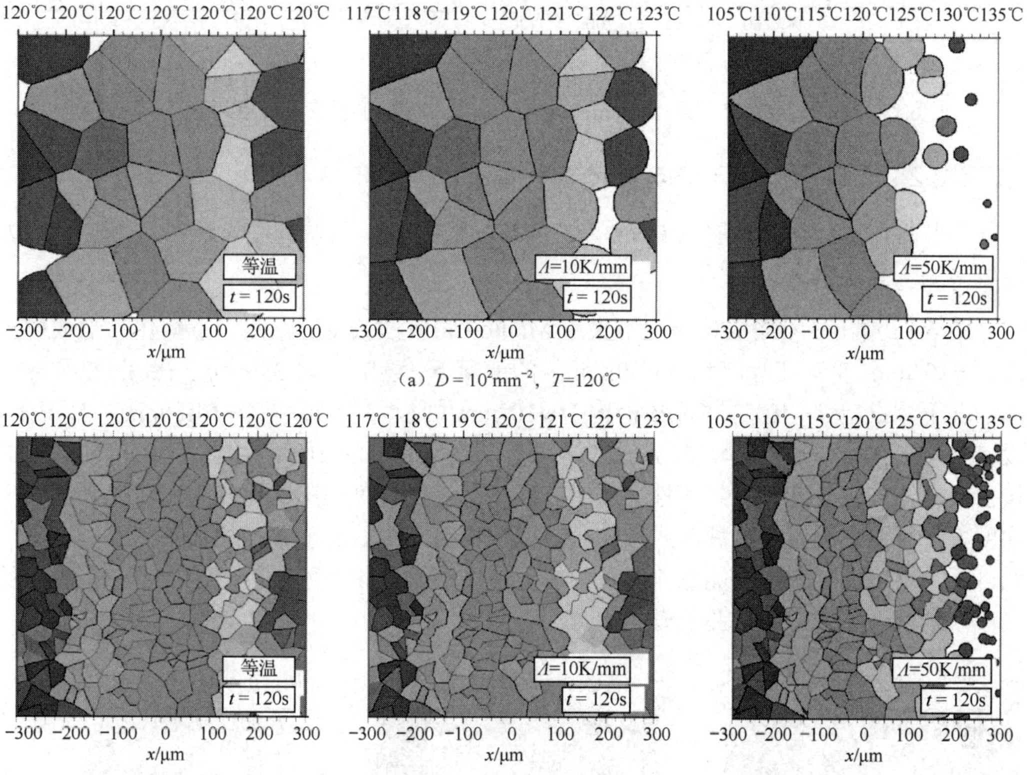

（a）$D = 10^2 mm^{-2}$，T=120℃

（b）$D = 10^3 mm^{-2}$，T=120℃

图 6.12　采用 Monte Carlo 法获得的不同温度梯度下的结晶形态

图 6.13 给出了不同成核密度下采用 Monte Carlo 法与概率解析模型获得的相对结晶度（一）。由图 6.13 可知，在等温（$\Lambda = 0K/mm$）及较小的温度梯度（$\Lambda = 10K/mm$）下，概率解析模型与 Monte Carlo 法获得的相对结晶度吻合较好；而在较大的温度梯度（$\Lambda = 50K/mm$）下，概率解析模型与 Monte Carlo 法获得的相对结晶度误差很大。概率解析模型的预测结果：温度梯度越大，相对结晶度越高。而 Monte Carlo 法的预测结果：当$\alpha \leqslant 0.5$时，温度梯度越大，所预测的相对结晶度越高；当$\alpha > 0.5$，所预测的相对结晶度显著降低。由图 6.12 所示的结晶形态可见，这个分割点是由在较大的温度梯度下，

低于中心温度的区域温度更低，有利于结晶，而高于中心温度的区域温度更高，不利于结晶导致的。整体上，较大的温度梯度是不利于整体相对结晶度提高的。

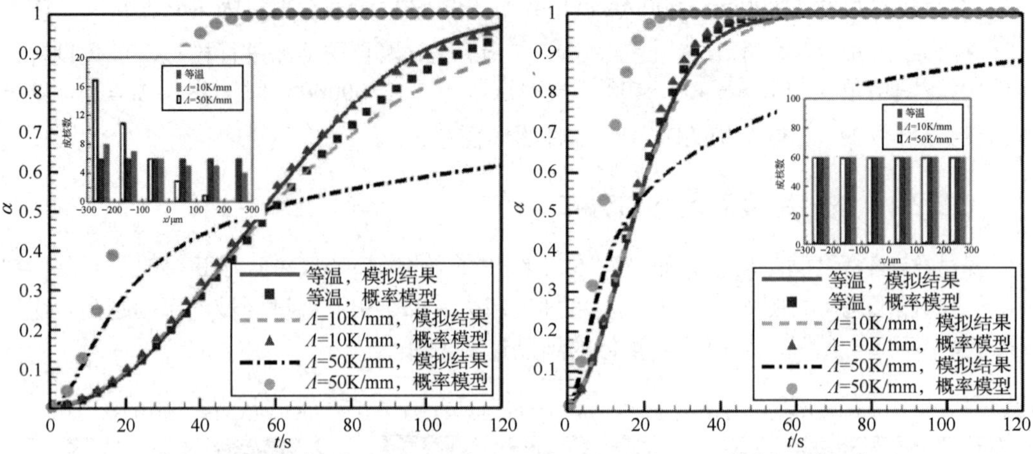

（a）$D=10^2\text{mm}^{-2}$　　（b）$D=10^3\text{mm}^{-2}$

图 6.13　不同成核密度下采用 Monte Carlo 法与概率解析模型获得的相对结晶度（一）

6.2.2.2　成核密度与法向生长速率满足线性分布

本节将给出成核密度服从 $D = B \times G_n$ 分布的情况，G_n 为法向生长速率，由式（6.20）计算得到，B 为常数。

图 6.14 给出了不同成核密度下采用 Monte Carlo 法获得的结晶形态演化。当成核密度 $D = 10^2\,\text{mm}^{-2}$ 时，在等温和 $\Lambda = 10\text{K/mm}$ 的情况下，设定 $B = 1.33 \times 10^5$；在 $\Lambda = 50\text{K/mm}$ 的情况下，设定 $B = 10^5$。当成核密度 $D = 10^2\,\text{mm}^{-2}$ 时，在等温和 $\Lambda = 10\text{K/mm}$ 的情况下，设定 $B = 1.33 \times 10^6$；在 $\Lambda = 50\text{K/mm}$ 的情况下，设定 $B = 0.9 \times 10^6$。由图 6.14 可知，当成核密度与法向生长速率满足线性关系时，成核密度受温度的影响比较大，在较大的温度梯度下，低于中心温度区域的成核密度较大，而高于中心温度区域的成核密度较小。由此可得，温度梯度的增大能加速低于中心温度区域聚合物的结晶，但在高于中心温度的区域，则降低了聚合物结晶的发生。

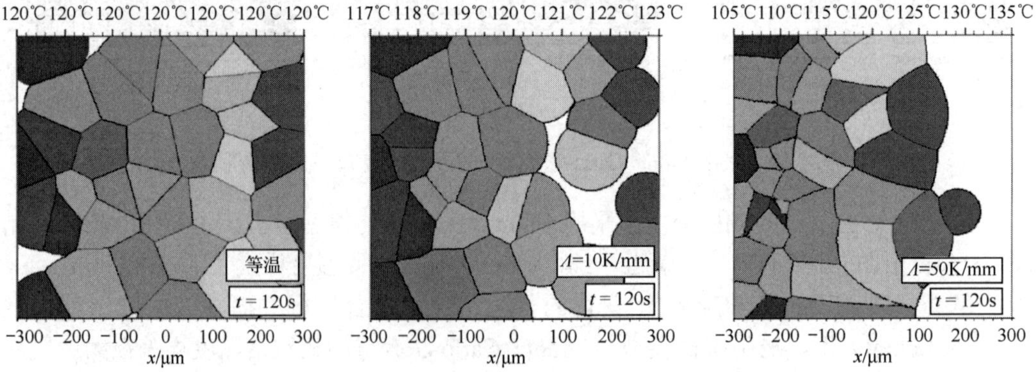

（a）$D = 10^2\text{mm}^{-2}$

图 6.14　不同成核密度下采用 Monte Carlo 法获得的结晶形态演化

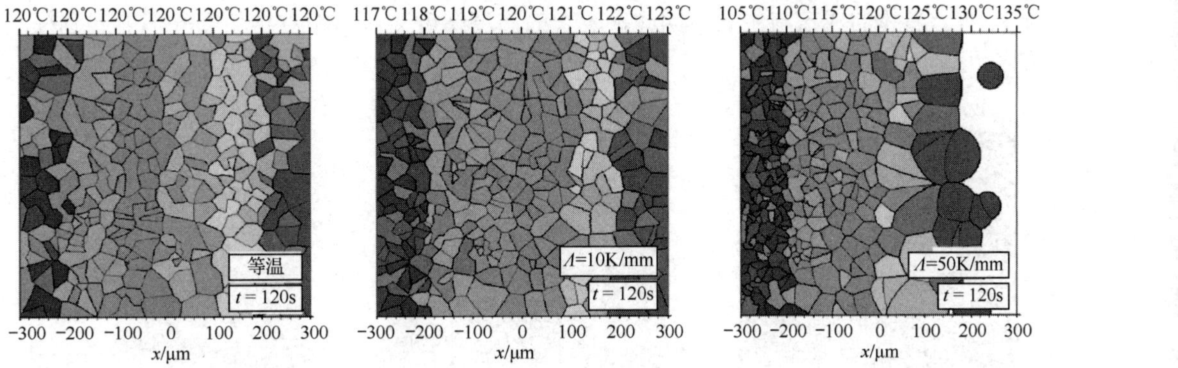

（b）$D = 10^3 mm^{-2}$

图 6.14　不同成核密度下采用 Monte Carlo 法获得的结晶形态演化（续）

图 6.15 给出了不同成核密度下采用 Monte Carlo 法与概率解析模型获得的相对结晶度（二）。由图 6.15 可知，在较小的温度梯度（$\Lambda=10$K/mm）下，Monte Carlo 法与概率解析模型获得的相对结晶度仍然存在一定误差，更不用说在较大的温度梯度（$\Lambda=50$K/mm）下采用 Monte Carlo 法与概率解析模型获得的相对结晶度。需要指出的是，在图 6.15（a）中，等温结晶时 Monte Carlo 法与概率解析模型获得的相对结晶度也存在一定的误差，因为当 $D=10^2 mm^{-2}$ 时，晶核数相对较小，导致 Monte Carlo 法与概率解析模型获得的相对结晶度误差较大。这种误差在 $D=10^3 mm^{-2}$ 时得到很大改善。相比于 6.2.2.1 节的内容，本节给出的成核密度不再是空间均匀分布，这使得概率解析模型的预测效果变得较差。

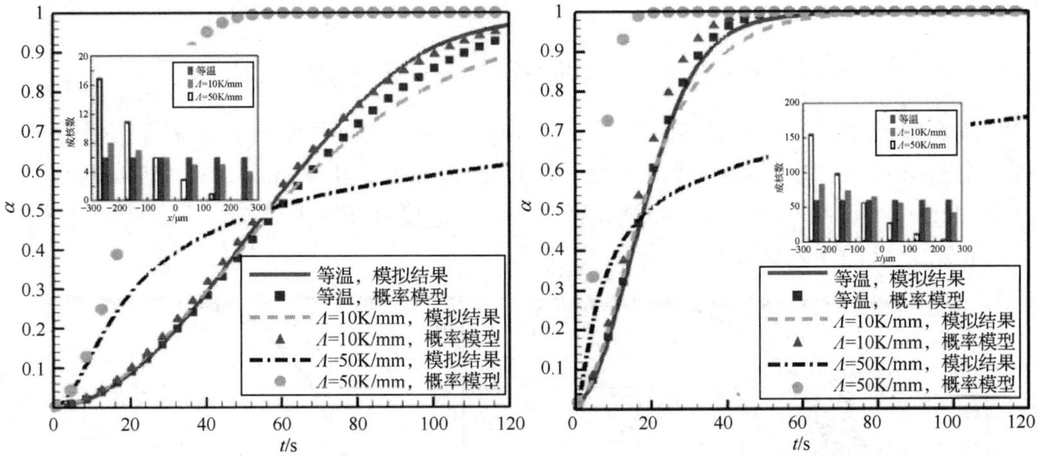

（a）$D=10^2 mm^{-2}$　　（b）$D=10^3 mm^{-2}$

图 6.15　不同成核密度下采用 Monte Carlo 法与概率解析模型获得的相对结晶度（二）

6.2.2.3　成核密度与温度满足指数分布

假设成核密度与温度满足指数关系，即两者的关系式如式（6.4）所示。这是从实验中总结出的经验公式，也更符合聚合物的属性。

图 6.16 给出了不同中心温度下采用 Monte Carlo 法获得的结晶形态演化。由图 6.16 可知，与 6.2.2.1 节和 6.2.2.2 节的内容相比，本节给出的成核密度空间均匀性更差。温度梯度的存在使得低于中心温度的区域有利于晶体的成核与生长，而高于中心温度的区

域不利于晶体的成核与生长。因此，较大的温度梯度对整体相对结晶度并不能起到提高的作用。

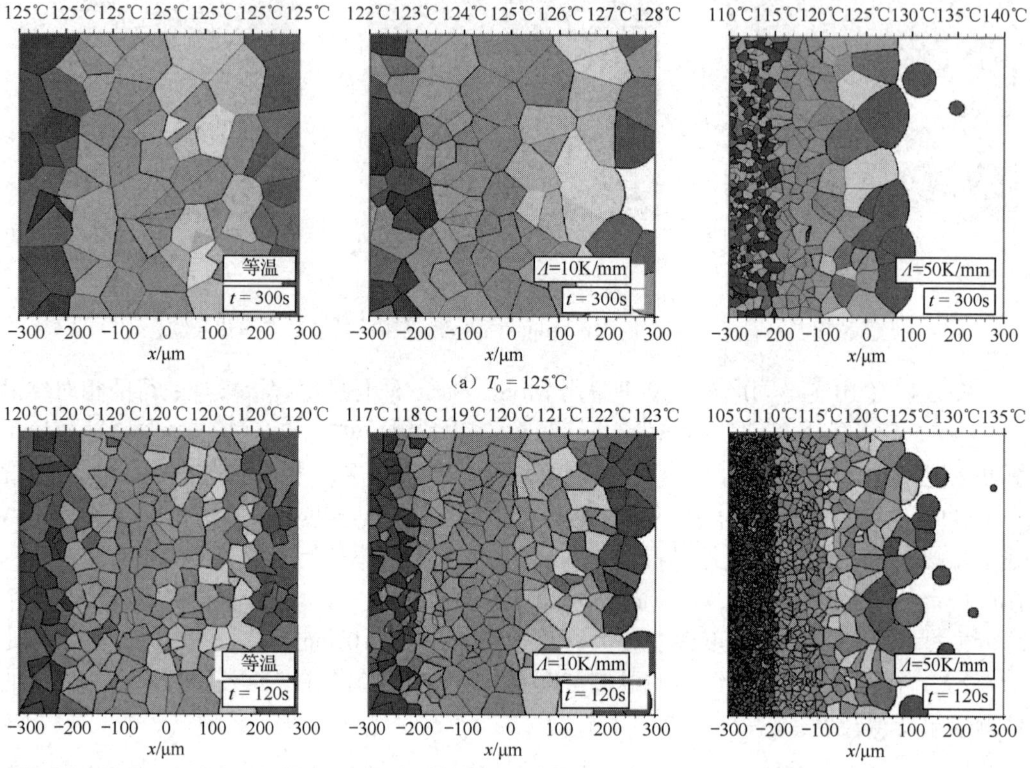

（a）$T_0 = 125$℃

（b）$T_0 = 120$℃

图 6.16　不同中心温度下采用 Monte Carlo 法获得的结晶形态演化

图 6.17 给出了不同中心温度下采用 Monte Carlo 法与概率解析模型获得的相对结晶度。由图 6.17 可知，在两种中心温度下，当温度梯度 $\Lambda = 10$K/mm 和 $\Lambda = 50$K/mm 时，采用 Monte Carlo 法与概率解析模型获得的相对结晶度存在较大误差。这种误差比 6.2.2.1 节与 6.2.2.2 节的误差更加明显。

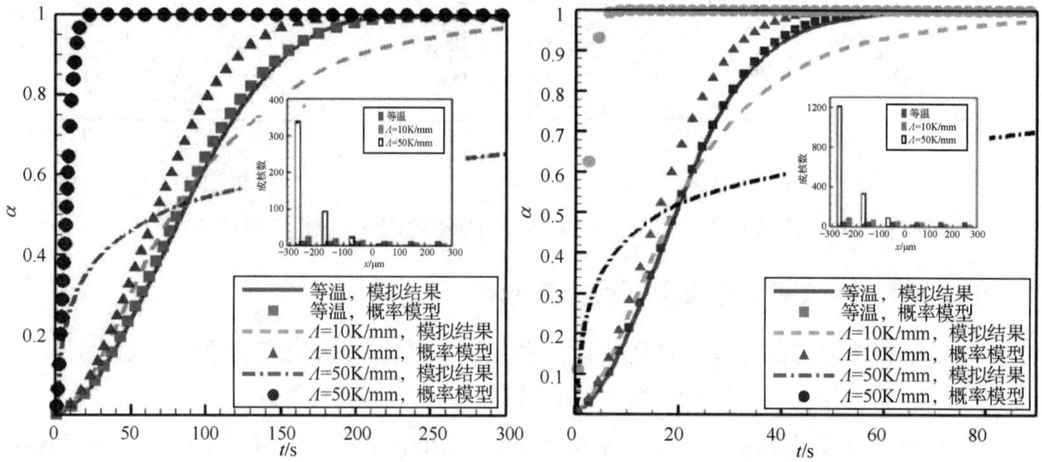

（a）T_0=125℃　　（b）T_0=120℃

图 6.17　不同中心温度下采用 Monte Carlo 法与概率解析模型获得的相对结晶度

6.2.3　如何正确采用概率解析模型

由 6.2 节三种情况的成核密度分布可得，在较大的温度梯度下，直接采用概率解析模型并不能很好地反映整块模拟区域上的相对结晶度，而且随着成核密度在空间中的非均匀性变大，其预测效果变差。那么怎么解决以上问题呢？一种直观的方法是对整块模拟区域进行剖分。

整块模拟区域上的相对结晶度由式（6.21）决定。现将模拟区域在 x 轴上剖分 m 等份。假设各区间上的已结晶网格单元数为 N_1、N_2…、N_m，模拟区域网格单元数为 N_{total}，则

$$\alpha = \frac{N_1 + N_2 + \cdots + N_m}{N_{\text{total}}} \tag{6.22}$$

上式也可表示为

$$\alpha = \frac{\overline{\alpha}_1 + \overline{\alpha}_2 + \cdots + \overline{\alpha}_m}{m} \tag{6.23}$$

式中，$\overline{\alpha}_i$ 为在第 i 块区域上的相对结晶度，其中，$\overline{\alpha}_i = N_i/(N_{\text{total}}/m)$（$i = 1,2,\cdots,m$）。因此，整块模拟区域上的相对结晶度可视为各块剖分区域上相对结晶度的平均值。而每块剖分区域上的相对结晶度 $\overline{\alpha}_i$ 可将 Avrami 方程计算值 α_i 作为近似，即

$$\alpha_i = 1 - \exp(-\alpha_{fi}) \tag{6.24}$$

式中，α_{fi} 为第 i 块剖分区域上的虚拟面积。因此，当采用概率解析模型计算整块模拟区域的相对结晶度时，人们可采用如下公式，即

$$\alpha = \frac{\alpha_1 + \alpha_2 + \cdots + \alpha_m}{m} \tag{6.25}$$

对于温度梯度较大的情况，α_{f1} 与 α_{fm} 间存在较大差异。这种差异会在整体相对结晶度中得以体现。在本书研究中，当 α_{f1} 很大时（$\alpha_1 \to 1$），α_{fm} 有可能仍然为 0（$\alpha_m \approx 0$）。我们将式（6.25）称为平均概率解析模型。

那么，对于非均匀体系，为什么不能直接采用 Avrami 方程呢？

若直接采用 Avrami 方程，则有

$$\alpha = 1 - \exp\left(-\frac{\sum_{i=1}^{m} \alpha_{fi}}{m}\right) \tag{6.26}$$

式中，m 为剖分区域面积与整块模拟区域面积之间存在的差异。上式中，若 α_{fi} 很大，则 $\alpha \to 1$。因此，模拟中呈现的现象为直接采用概率解析模型比实际相对结晶度要快得多。这种现象在式（6.25）中将不会出现。

6.2.4　采用平均概率解析模型的效果

本节将给出平均概率解析模型在三种成核密度分布下的效果。取剖分份数 M=6。

6.2.4.1 成核密度满足均匀分布

图 6.18 给出了成核密度满足均匀分布时采用 Monte Carlo 法与平均概率解析模型获得的相对结晶度。由图 6.18 可知，采用平均概率解析模型获得的相对结晶度与采用 Monte Carlo 法获得的相对结晶度吻合较好。

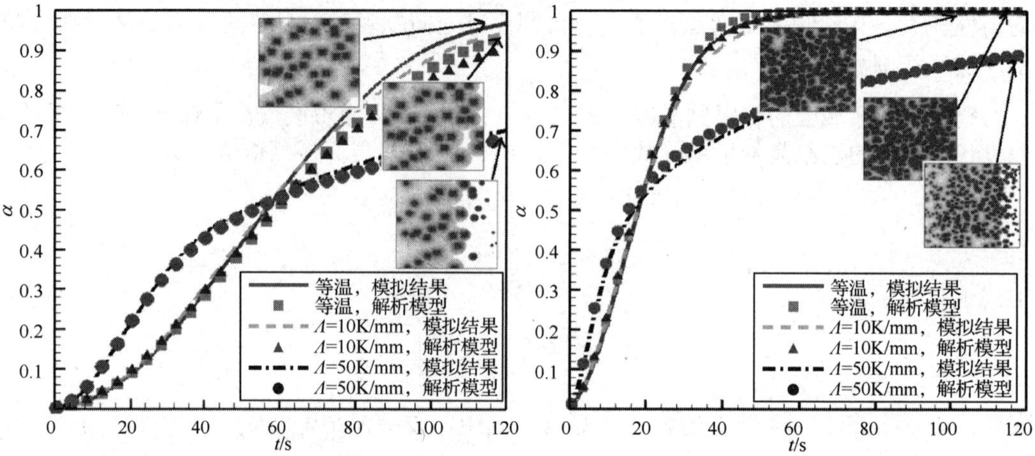

（a）$D=10^2 mm^{-2}$　　（b）$D=10^3 mm^{-2}$

图 6.18　成核密度满足均匀分布时采用 Monte Carlo 法与平均概率解析模型获得的相对结晶度

6.2.4.2 成核密度与法向生长速率满足线性分布

图 6.19 给出了成核密度与法向生长速率满足线性分布，即 $D = B \times G_n$ 时，采用 Monte Carlo 法与平均概率解析模型获得的相对结晶度。其中，B 的取值与 6.2.2.2 节一致。由图 6.19 可知，在成核密度分布不均匀的情况下，采用平均概率解析模型获得的相对结晶度与采用 Monte Carlo 法获得的相对结晶度仍然较为吻合。

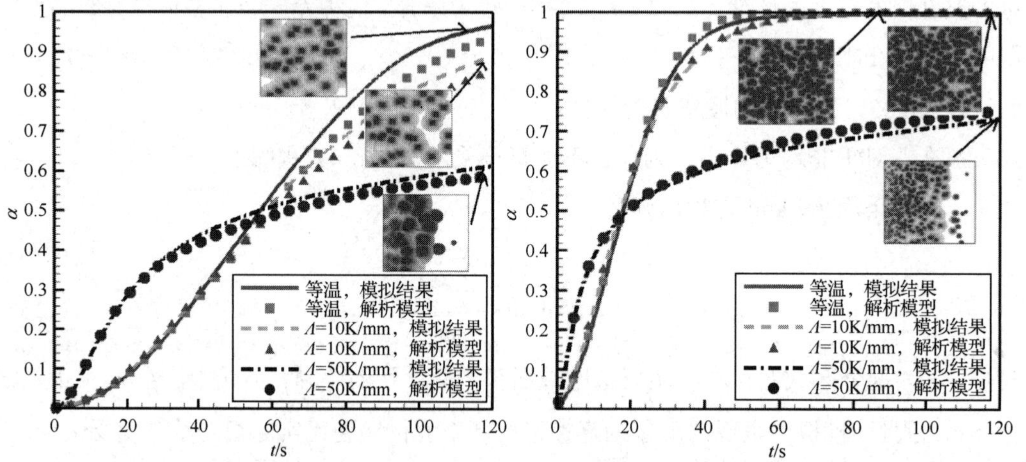

（a）$D=10^2 mm^{-2}$　　（b）$D=10^3 mm^{-2}$

图 6.19　采用 Monte Carlo 法与平均概率解析模型获得的相对结晶度

6.2.4.3 成核密度与温度满足指数分布

图 6.20 给出了成核密度与温度满足指数分布时采用 Monte Carlo 法与平均概率解析模型获得的相对结晶度。由图 6.20 可知，在成核密度分布高度不均匀的情况下，采用平

均概率解析模型获得的相对结晶度与采用 Monte Carlo 法获得的相对结晶度仍然较为吻合。

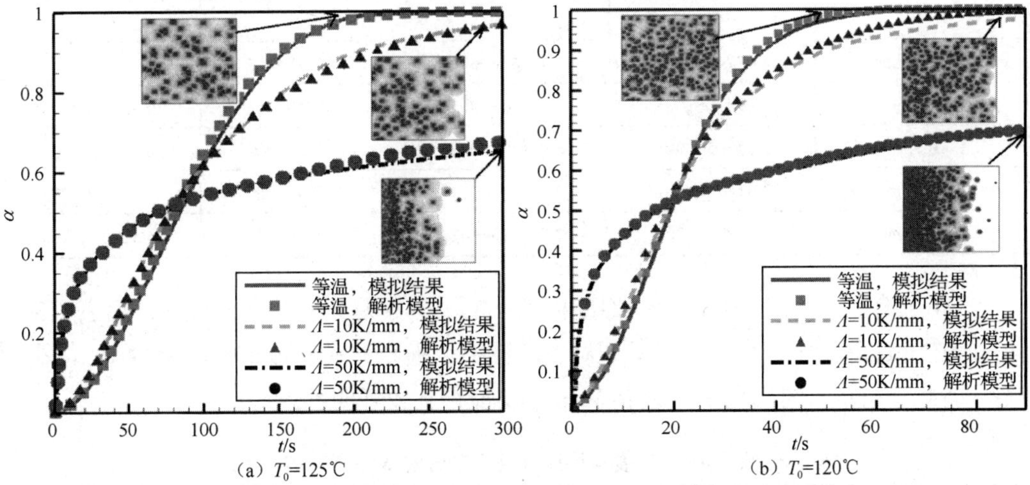

图 6.20　成核密度与温度满足指数分布时采用 Monte Carlo 法与平均概率解析模型获得的相对结晶度

因此，从上述内容来看，当 M=6 时，不论是在较小温度梯度还是在较大温度梯度下，平均概率解析模型确实能够较好地反映模拟区域上的相对结晶度。

6.2.5　平均概率解析模型中剖分份数的影响

本节将考察剖分份数对相对结晶度的影响。

由上文可知，本书在剖分区域上仍然采用概率解析模型来计算相对结晶度。而剖分区域上温度存在差异，若差异较大，成核密度的不均匀性和生长速率的各向异性将导致得到的结果仍然不是很精确。那么，对于不同的温度梯度与中心温度，将模拟区域剖分多少份较为合适呢？

为了研究更接近实际的应用，本节只考察成核密度满足实验拟合数据的指数型分布形式。

为了方便比较，本节设定绝对误差 $L_1-\text{error}$ 如下。

$$L_1-\text{error}=\frac{1}{t_{\text{end}}}\int_0^{t_{\text{end}}}\left|\alpha_{\text{AP}}-\alpha_{\text{MC}}\right|\mathrm{d}t \tag{6.27}$$

式中，α_{AP} 为采用平均概率解析模型获得的相对结晶度；α_{MC} 为采用 Monte Carlo 法获得的相对结晶度；t_{end} 为结晶完成时间。

表 6.2 给出了中心温度为 120℃时不同温度梯度和剖分份数下的 $L_1-\text{error}$ 。由表 6.2 可知，随着剖分份数的增加，$L_1-\text{error}$ 逐渐减小。事实上，当剖分份数增加时，剖分区域上的温度差异越小，成核密度的不均匀性和生长速率的各向异性将降低，采用平均概率解析模型得到的结果越精确。将 $L_1-\text{error}$ 设定为 5%，当温度梯度 $\Lambda=10\text{K/mm}$ 时，至少需要将模拟区域剖分为 2 份，而当温度梯度 $\Lambda=20\sim50\text{K/mm}$ 时，至少需要将模拟区域剖分为 3 份。注意到，剖分份数与模拟区域的整体大小是相关的。不同的模拟区域、中心温度及温度梯度对应的最小剖分份数有所区别。

表 6.2 中心温度为 120°C时不同温度梯度和剖分份数下的 L_1-error

	M=1	M=2	M=3	M=6
$\Lambda = 10K/mm$	8.17749E-002	3.41766E-002	2.34258E-002	1.72930E-002
$\Lambda = 20K/mm$	1.99437E-001	6.19496E-002	2.60574E-002	5.49196E-003
$\Lambda = 30K/mm$	2.94745E-001	6.96178E-002	1.84072E-002	8.83252E-003
$\Lambda = 40K/mm$	3.61451E-001	9.02186E-002	3.16783E-002	3.04310E-003
$\Lambda = 50K/mm$	3.99903E-001	7.89859E-002	4.75056E-002	5.82306E-003

表 6.3 给出了不同中心温度和温度梯度下剖分份数为 6 时的 L_1 - error 。由表 6.3 可知，当中心温度小于或等于 125℃和温度梯度小于或等于 50K/mm 时，L_1 - error 均小于 2%。因此，在本书的研究中，选取 M=6 确实能得到较好的解。

表 6.3 不同中心温度和温度梯度下剖分份数为 6 时的 L_1-error

	T_0=125°C	T_0=120°C	T_0=115°C	T_0=110°C
$\Lambda = 10K/mm$	7.24991E-003	1.72930E-002	6.03332E-003	2.89613E-003
$\Lambda = 20K/mm$	1.21956E-002	5.49196E-003	6.49543E-003	2.42921E-003
$\Lambda = 30K/mm$	1.05234E-002	8.83252E-003	7.60522E-003	4.33847E-003
$\Lambda = 40K/mm$	6.36686E-003	3.04310E-003	9.75746E-003	8.50667E-003
$\Lambda = 50K/mm$	9.21316E-003	5.82306E-003	9.06534E-003	3.86348E-003

6.3 本章小结

本章给出了模拟不同温度梯度下球晶各向异性生长的 Monte Carlo 法；分析了不同中心温度和温度梯度下球晶的生长演化及相对结晶度的发展；探讨了正确使用概率解析模型的方法，主要结论如下。

（1）较高的中心温度、较大的温度梯度能提高球晶的各向异性。

（2）在模拟 iPP 的结晶时，当温度梯度小于 15K/mm 和 27K/mm 时，聚合物熔体转化为球晶的误差分别控制在 2%和 5%以内，这可以简化为等温结晶。

（3）温度梯度较大和温度差较大的聚合物，直接采用概率解析模型不能得到正确的结果，且其效果受成核密度的非均匀性影响较大。成核密度分布越不均匀，采用概率解析模型获得的相对结晶度越不精确。

（4）采用平均概率解析模型能改善直接采用概率解析模型得到的预测结果。当剖分份数越大时，平均概率解析模型的预测结果越好。这是因为剖分能降低成核密度的非均匀性，所以平均概率解析模型能预测得到较好的结果。

本章提出了不同温度梯度下 iPP 中球晶各向异性生长的 Monte Carlo 法。当已知成核密度公式和生长速率公式时，所提出的建模算法可以很容易地扩展到不同聚合物的研究中。此外，本章的研究对正确认识聚合物温度梯度下的结晶动力学模型起到了促进作用。

第 7 章

耦合流动传热的聚合物成型结晶过程的建模与模拟

在实际注塑成型中，聚合物受到复杂的流动形变及热历史，其结晶过程也变得复杂。由于流场的作用，聚合物的结晶形态将发生变化，不仅仅是简单的球晶。事实上，很多注塑成型的实验表明，聚合物的结晶形态呈现出典型的"表层-芯层-表层"结构，即表层以高度取向的串晶为主，而芯层则以各向同性的球晶为主[4]。人们一般认为，串晶是由流动诱导产生的，与应变、应变率等相关；而球晶则是由温度降低产生的，即之前分析的静态结晶。因此，注塑成型中聚合物的结晶过程呈现出静态结晶与流动诱导结晶共存的特点。

结晶形态所在的尺度（10^{-5}～10^{-3}m，介观）与注塑成型中流场、温度场所在的尺度（10^{-2}～10^{0}m，宏观）相差若干个数量级[2]。但这两者实际上是相互耦合的：宏观流场、宏观温度场对结晶行为起着决定性作用，直接影响结晶形态的形成和演化，而随着介观结晶过程的进行，该过程释放的潜热会影响宏观温度场，相对结晶度的改变也会引起聚合物熔体黏度及其他物性参数的改变，进一步影响宏观流场。因此，聚合物的结晶过程也是一个多尺度问题。

目前，聚合物结晶过程的数值模拟大多基于宏观尺度。例如，Goff 等学者[71]通过将 Nakamura 结晶动力学模型与能量方程联立，实现了对聚合物结晶过程中结晶速率及温度分布等宏观信息的预测；Yang 等学者[72, 76]采用有限体积法对热焓进行了计算，预测了聚合物制品中的温度分布；严波等学者[160]引入了流动诱导结晶效应，采用有限元法模拟了注塑成型中的结晶过程等。以上这类基于宏观尺度的算法的主要缺点在于无法获得介观结晶形态并为分析聚合物制品性能所用。多尺度算法的引入则很好地解决了上述问题。目前，在聚合物结晶的多尺度模拟方面，极具代表性的工作有 Charbon 和 Swaminarayan 的介观-宏观模拟[2, 46]。本书之前章节也基于聚合物结晶过程开展了一些介观-宏观的模拟工作[8,9]。但需要指出的是，以上工作是在静态条件下进行的，并没有考虑流动对结晶过程的影响。

目前，人们关于流动诱导结晶的研究主要集中在实验及理论动力学模型的构建上[5]。流动诱导结晶的实验研究表明：相比静态结晶，流场中的聚合物结晶不仅提高了结晶速率，而且改变了结晶形态（流场中的结晶形态有球晶和串晶两种）。基于以上实验结果，很多学者提出了流动诱导结晶的理论模型，其中大多基于 Nakamura 模型和 Kolmogorov 模型。研究表明：Nakamura 模型对流动诱导结晶的动力学特征有良好的预测，但是不能反映结晶形态的变化；而 Kolmogorov 模型虽然是基于结晶形态的模型，但仍然不能很好地反映结晶形态的变化，这是因为晶体内部的球晶、串晶生长模式不一致，导致 Kolmogorov 模型中的一些参数，如形状参数 C_m 及 Avrami 指数 n 不容易确定，只能通过拟合获得，失去了原本的物理意义。

从结晶形态的角度来看，Schneider 等学者、Eder 等学者[42]分别提出了基于球晶和串晶的数学模型（Schneider 模型和 Eder 模型）。其中，Schneider 等学者将球晶视为不断长大的球，导出了球晶生长的微分方程；Eder 等学者将串晶视为不断长大的圆柱，导出了串晶生长的微分方程。Zuidema[4]对 Eder 模型进行了修改，用可恢复形变来代替 Eder 模型中的剪切速率，并将其作为流动诱导串晶的成核驱动。他们的工作使揭示聚合物制品的微观结构研究跨出了很大一步。但是，他们并没有给出捕捉晶体生长前沿的算法、一些微观信息，如晶体体积、表面积、长度、半径等，这些信息均是由 Schneider 模型预测的。由此可见，他们的工作并没有摆脱结晶动力学模型。Boutaous 等学者[132]、Zinet 等学者[161]基于 Schneider 模型给出了热致和流动致结晶的工作，探讨了热致和流动致结晶对整体结晶速率在不同剪切流场下的影响。他们用球晶描述所有晶体的结晶形态，用 Avrami 方程描述结晶动力学模型。由此可见，他们的研究并没有考虑流动致串晶，相关的结晶动力学模型仍需要深入探讨。

聚合物成型中的结晶过程是一个复杂的晶体相变过程。准确模拟该过程需要涉及流场与温度场的计算、晶体的动态演化及两相间的物质传递与影响等。本着从简单到复杂的思想，本章首先构建简单剪切流场中耦合流动诱导结晶的数学模型和数值算法，并考察外场因素与结晶过程间的影响关系；其次构建库埃特流场中耦合宏观流体流动传热与介观结晶形态演化的多尺度模型、宏观有限体积法与介观 Monte Carlo 法耦合的多尺度算法，并基于模拟，研究外场因素对结晶形态及结晶速率的影响；最后考察管道流中聚合物的结晶过程，构建相应的多尺度模型与多尺度算法，成功获得“表层-芯层-表层”结构。

7.1 剪切流场中聚合物结晶过程的建模与模拟

由于聚合物在注塑成型过程中所受流场多为剪切流场，因此本节将研究限定在简单剪切流场，并以聚乙烯为代表，研究结晶形态与结晶速率、聚合物熔体性质等的改变，揭示外场因素与结晶过程间的相关规律，并为复杂成型条件下的结晶过程提供指导。

7.1.1 数学模型

本节给出了剪切流场中球晶和串晶形态演化模型、无定形相模型、半结晶相模型。

7.1.1.1 球晶和串晶形态演化模型

在剪切流场中，聚合物经历了复杂的热历史和流动历史，会形成不同的结晶形态，如球晶和串晶。这些结晶形态都会对结晶动力学模型产生贡献。本节假设球晶是热致的，而串晶是流动致的。

Schneider 等学者[162]将球晶看作不断长大的球，导出了球晶生长的微分方程。这些方程又被称为 Schneider 模型，即

$$\begin{cases}\dot{\phi}_3 = 8\pi a，\ \phi_3 = 8\pi N_s \\ \dot{\phi}_2 = G_s\phi_3，\ \phi_2 = 4\pi R_{tot} \\ \dot{\phi}_1 = G_s\phi_2，\ \phi_1 = S_{tot} \\ \dot{\phi}_0 = G_s\phi_1，\ \phi_0 = V_{tot}\end{cases} \tag{7.1}$$

式中，N_s、R_{tot}、S_{tot}、V_{tot} 为球晶的整体成核密度、整体半径、整体表面面积、整体体积；a 为成核速率；G_s 为球晶的生长速率。

Eder 等学者[42]将串晶视为不断长大的圆柱，导出了串晶生长的微分方程。这些微分方程也就是广为人知的 Eder 模型，即

$$\begin{cases}\dot{\psi}_3 + \dfrac{\psi_3}{\tau_n} = 8\pi R_1，\ \psi_3 = 8\pi N_{s-k} \\ \dot{\psi}_2 + \dfrac{\psi_2}{\tau_l} = \psi_3 R_2，\ \psi_2 = 4\pi L_{tot} \\ \dot{\psi}_1 = G_{s-k,r}\psi_2，\ \psi_1 = \tilde{S}_{tot} \\ \dot{\psi}_0 = G_{s-k,r}\psi_1，\ \psi_0 = \tilde{V}_{tot}\end{cases} \tag{7.2}$$

式中，N_{s-k}、L_{tot}、$\tilde{S}_{tot}$、$\tilde{V}_{tot}$ 为串晶的整体成核密度、整体长度、整体表面面积、整体体积；τ_n 为与成核速率、温度相关的松弛因子；$R_1 = \dot{\gamma}^2 g_n/\dot{\gamma}_n^2$，为串晶的成核驱动率，其中 $\dot{\gamma}$ 为剪切率，$g_n/\dot{\gamma}_n^2$ 为固定参数；τ_l 为与温度相关的串晶轴向生长的因子；$R_2 = \dot{\gamma}^2 g_l/\dot{\gamma}_l^2$，为串晶轴向生长的驱动力，其中 $g_l/\dot{\gamma}_l^2$ 为固定参数；$G_{s-k,r}$ 为串晶径向生长速率。

在结晶动力学模型方面，Zuidema 等学者[9]采用 Avrami 方程[15]进行描述，即

$$\alpha = 1 - \exp(-\alpha_f) \tag{7.3}$$

式中，α_f 为虚拟体积，由两部分组成，即球晶整体体积 V_{tot} 和串晶整体体积 $\tilde{V}_{tot}$，因此有 $\alpha_f = V_{tot} + \tilde{V}_{tot}$。

由式（7.1）可得到三维球晶的等价方程，即

$$\begin{cases}N_s = N_s \\ \dot{R}_{tot} = 2N_s G_s \\ \dot{S}_{tot} = 4\pi G_s R_{tot} \\ \dot{V}_{tot} = G_s S_{tot}\end{cases} \tag{7.4}$$

对二维球晶而言，有

$$\begin{cases}N_s = N_s \\ \dot{R}_{tot} = 2N_s G_s \\ \dot{S}_{tot} = \pi G_s R_{tot}\end{cases} \tag{7.5}$$

由式（7.4）、式（7.5）可知，反映球晶生长的主要参数有两个，即整体成核密度 N_s 和生长速率 G_s。

学者们根据实验结果获得了不同的成核模型，其中多数是由参数拟合得来的。本节

采用 Koscher 等学者提出的公式，即[106]

$$N_s(T)=\exp(\tilde{a}\Delta T+\tilde{b}) \tag{7.6}$$

在式（7.6）中，成核密度由过冷度 ΔT 决定，其中 $\Delta T=T_m^0-T$，T_m^0 为平衡熔点，$\tilde{a}$ 和 $\tilde{b}$ 为经验参数。由式（7.6）可知，球晶的成核是由温度场驱动的。

有研究表明[5, 163]：球晶生长与聚合物熔体流动的关系并不明显，其主要由温度决定。因此，本节采用 Hoffman-Lauritzen 表达式[157]来表示球晶的生长速率，即

$$G_s(T)=G_0\exp\left(-\frac{U^*}{R_g(T-T_\infty)}\right)\exp\left(-\frac{K_g}{T\Delta T}\right) \tag{7.7}$$

式中，G_0 和 K_g 为常数；U^* 为能量转移因子；R_g 为气体常数；$T_\infty=T_g-30℃$ 为温度常数。

由式（7.2）可得到三维串晶的等价方程，即

$$\begin{cases}\dot{N}_{s-k}+\dfrac{N_{s-k}}{\tau_n}=R_1\\ \dot{L}_{tot}+\dfrac{L_{tot}}{\tau_l}=2N_{s-k}R_2\\ \dot{\tilde{S}}_{s-k,tot}=4\pi G_{s-k,r}L_{tot}\\ \dot{\tilde{V}}_{tot}=G_{s-k,r}\tilde{S}_{tot}\end{cases} \tag{7.8}$$

在 $\tau_l=\infty$[9]的假设下，上式可简化为

$$\begin{cases}N_{s-k}=N_{s-k}\\ \dot{L}_{tot}=2N_{s-k}R_2=2N_{s-k}G_{s-k,l}\\ \dot{\tilde{S}}_{s-k,tot}=4\pi G_{s-k,r}L_{tot}\\ \dot{\tilde{V}}_{tot}=G_{s-k,r}\tilde{S}_{tot}\end{cases} \tag{7.9}$$

对于二维串晶而言，其简化方程为

$$\begin{cases}N_{s-k}=N_{s-k}\\ \dot{L}_{tot}=2N_{s-k}R_2=2N_{s-k}G_{s-k,l}\\ \dot{\tilde{S}}_{s-k,tot}=4G_{s-k,r}L_{tot}\end{cases} \tag{7.10}$$

由式（7.9）、式（7.10）可知，决定串晶生长的主要参数有三个，即成核密度 N_{s-k}、轴向生长速率 $G_{s-k,l}$ 和径向生长速率 $G_{s-k,r}$。

由 Eder 模型[42]可知，串晶的轴向生长速率 $G_{s-k,l}$ 可表示为

$$G_{s-k,l}=R_2=\frac{\dot{\gamma}^2 g_l}{\dot{\gamma}_l^2} \tag{7.11}$$

而径向生长速率 $G_{s-k,r}$ 通常认为与球晶生长速率 G_s 相等[9]，即

$$G_{s-k,r}=G_s \tag{7.12}$$

目前，人们对串晶成核密度 N_{s-k} 的驱动尚不明确。本节采用 Koscher 等学者[106]提出的模型，即

$$\dot{N}_{s-k}=CN_1 \tag{7.13}$$

式中，C 为常数；N_1 为结晶体系的第一法向应力差。由式（7.13）可知，串晶成核是由流场驱动的。

7.1.1.2　无定形相模型和半结晶相模型

由于式（7.13）中出现了第一法向应力差，因此有必要对结晶体系的数学模型进行阐述。本节采用 Zheng 等学者[109]提出的两相悬浮模型来描述结晶体系。由 Zheng 等学者[109]的思想可知，结晶体系可被处理为一个半结晶相悬浮在无定形相中的两相模型。无定形相可采用 FENE-P 模型来描述，而半结晶相可采用刚性棒哑铃模型来描述。

在无定形相中，聚合物基质被视为弹性哑铃模型，也就是两个哑铃被一根弹性弹簧连接。该模型遵从著名的 Fokker-Planck 方程。目前主要有三种数值算法用以求解 Fokker-Planck 方程，即确定性算法、随机算法和宏观算法[124]。在宏观算法中，通过对 Fokker-Planck 方程两端取矩，获得了相应的本构方程。然而，这个本构方程通常是不封闭的，需要采用封闭模型来获得相应的解。其中，著名的封闭模型有 FENE-P 模型、FENE-CR 模型、FENE-L 模型、FENE-LS 模型等[124]。本节采用 FENE-P 模型[109, 124]，即

$$\lambda_{\mathrm{a}}(T)\overset{\nabla}{\boldsymbol{C}}+\left(\frac{1}{1-\dfrac{\mathrm{tr}(\boldsymbol{C})}{b}}\boldsymbol{C}-\boldsymbol{I}\right)=0 \tag{7.14}$$

式中，$\boldsymbol{C}$ 为构型张量；$\lambda_{\mathrm{a}}(T)$ 为聚合物熔体的松弛因子；$\boldsymbol{I}$ 为单位张量；$\mathrm{tr}(\cdot)$ 为张量取迹；$\overset{\nabla}{\boldsymbol{C}}=\partial\boldsymbol{C}/\partial t+\boldsymbol{u}\cdot\Delta\boldsymbol{C}-(\nabla\boldsymbol{u})^{\mathrm{T}}\cdot\boldsymbol{C}-\boldsymbol{C}\cdot\nabla\boldsymbol{u}$，为 $\boldsymbol{C}$ 的上随体导数，其中$()^{\mathrm{T}}$表示转置。聚合物熔体的松弛因子 $\lambda_{\mathrm{a}}(T)$ 是与温度相关的，并通过转移因子 $a_{\mathrm{T}}(T)$ 来实现[109]，相应公式如下。

$$\lambda_{\mathrm{a}}(T)=a_{\mathrm{T}}(T)\lambda_{\mathrm{a},0}=\exp\left(\frac{E_{\mathrm{a}}}{R_{\mathrm{g}}}\left(\frac{1}{T}-\frac{1}{T_0}\right)\right) \tag{7.15}$$

式中，$\lambda_{\mathrm{a},0}$ 为在参考温度 T_0 下的松弛因子；$E_{\mathrm{a}}/R_{\mathrm{g}}$ 为由实验决定的常数。无定形相应力张量为[109]

$$\boldsymbol{\tau}_{\mathrm{a}}=nkT\left(\frac{1}{\dfrac{\mathrm{tr}(\boldsymbol{C})}{1-b}}\boldsymbol{C}-\boldsymbol{I}\right) \tag{7.16}$$

式中，$\boldsymbol{\tau}_{\mathrm{a}}$ 为无定形相应力张量；n 为哑铃数；k 为 Boltzmann 常数。

半结晶相的分子链可被视为刚性棒哑铃模型，也就是两个哑铃连接一根不能拉伸的刚性棒。刚性棒哑铃模型不能拉伸，只能取向。通过应力分析，可获得刚性棒哑铃模型的取向方程。将取向方程代入连续方程，即可获得著名的 Fokker-Planck 方程。此处仍然采用宏观算法来求解 Fokker-Planck 方程。通过对 Fokker-Planck 方程两端取矩，就获得了取向张量演化方程，即[109, 124]

$$\overset{\nabla}{\langle\boldsymbol{RR}\rangle}=-\frac{1}{\lambda_{\mathrm{sc}}(\alpha,T)}\left(\langle\boldsymbol{RR}\rangle-\frac{\boldsymbol{I}}{m}\right)-\dot{\boldsymbol{\gamma}}:\langle\boldsymbol{RRRR}\rangle \tag{7.17}$$

式中，$<\boldsymbol{RR}>$ 为二阶取向张量；$\lambda_{\mathrm{sc}}(\alpha,T)$ 为刚性棒哑铃模型的松弛因子；$\dot{\boldsymbol{\gamma}}$ 为剪切率张量；m 为维数变量（二维模拟时 $m=2$，三维模拟时 $m=3$）。刚性棒哑铃模型的松弛因

子 $\lambda_{sc}(\alpha,T)$ 与聚合物熔体的松弛因子 $\lambda_a(T)$ 间满足经验公式[104, 109]

$$\frac{\lambda_{sc}(\alpha,T)}{\lambda_a(T)}=\frac{\left(\frac{\alpha}{A}\right)^{\beta_1}}{\left(1-\frac{\alpha}{A}\right)^{\beta}}，\quad \alpha < A \tag{7.18}$$

式中，A、β、β_1 均为经验参数。可以看到，四阶取向张量 $<\boldsymbol{RRRR}>$ 出现在式（7.17）中，从而导致该式不封闭。为了使二阶取向张量 $<\boldsymbol{RR}>$ 有解，必须对四阶取向张量 $<\boldsymbol{RRRR}>$ 采用封闭模型。文献中报道了很多不同的封闭模型，如线性模型、二次模型、混合模型、IBOF 模型、EBOF 模型[164, 165]等。采用二次模型，即

$$<\boldsymbol{RRRR}>_{ijkl}=<\boldsymbol{RR}>_{ij}<\boldsymbol{RR}>_{kl} \tag{7.19}$$

在二维计算中，i、j、k、l 取 1 和 2，在三维计算中，i、j、k、l 取 1、2 和 3。

半结晶相应力张量 $\boldsymbol{\tau}_{sc}$ 的表达式为[109]

$$\boldsymbol{\tau}_{sc}=\frac{\eta_{sc}(\alpha,T)}{\lambda_{sc}(\alpha,T)}(<\boldsymbol{RR}>+\lambda_{sc}(\alpha,T)\dot{\gamma}:<\boldsymbol{RRRR}>) \tag{7.20}$$

式中，$\eta_{sc}(\alpha,T)$ 为半结晶相黏度，与无定形相黏度 $\eta_a(T)$ 间满足如下关系[109]。

$$\frac{\eta_{sc}(\alpha,T)}{\eta_a(T)}=\frac{\left(\frac{\alpha}{A}\right)^{\beta_1}}{\left(1-\frac{\alpha}{A}\right)^{\beta}}，\quad \alpha < A \tag{7.21}$$

因此，整体结晶体系的总黏弹偏应力张量可表示为

$$\boldsymbol{\tau}=\boldsymbol{\tau}_a+\boldsymbol{\tau}_{sc} \tag{7.22}$$

它包含两部分，即无定形相应力张量和半结晶相应力张量。式（7.13）中的第一法向应力差也是通过式（7.22）计算获得的。

7.1.2 数值算法

本节分别给出结晶形态模拟的 Monte Carlo 法，以及无定形相和半结晶相演化方程计算的有限差分法。

7.1.2.1 Monte Carlo 法

Monte Carlo 法可以用于捕捉球晶和串晶的成核、生长、碰撞。本节将研究空间中某特定区域上（1mm×1mm）聚合物的结晶过程。给定温度、剪切速率及剪切时间，并按式（7.6）、式（7.7）计算出成核密度 N_s、生长速率 G_s；按式（7.11）、式（7.12）、式（7.13）计算出轴向生长速率 $G_{s-k,l}$、径向生长速率 $G_{s-k,r}$ 及随时间变化的成核密度 N_{s-k}。

图 7.1 给出了 Monte Carlo 法的算法思想及流程图。Monte Carlo 法的算法步骤如下。先将模拟区域划分为 N_{tot} 个等大的网格单元，这里取 $N_{tot}=10^6$，并对每个网格单元赋底色。在 $t=0$ 时刻生成成核密度为 N_s 的球晶晶核和成核密度为 N_{s-k} 的串晶晶核，并对晶核赋颜色。在 $t=t_{j+1}$ 时刻，计算球晶的半径 $R_s^{j+1}=R_s^j+G_s(t_{j+1}-t_j)$，对每个球晶做如下操作：

随机生成足够多的点，若该点的颜色为底色，则判断其坐标是否落入该球晶半径范围内，若该点坐标落入该球晶半径范围内，则认为该点被该球晶覆盖，赋上该球晶的颜色；对于串晶，由于其成核与时间相关，先由式（7.13）计算串晶成核密度，随机产生新生核的坐标并赋值，同时，计算串晶的长度 $L_{\text{s-k}}^{j+1}=L_{\text{s-k}}^{j}+2G_{\text{s-k},l}(t_{j+1}-t_j)$ 及半径 $R_{\text{s-k}}^{j+1}=R_{\text{s-k}}^{j}+G_{\text{s-k},r}(t_{j+1}-t_j)$，对每个串晶做如下操作：随机生成足够多的点，判断其是否落入某串晶长度及半径覆盖的圆柱中。若该点落入某串晶长度及半径覆盖的圆柱中，则认为该点被该串晶覆盖，赋上该串晶的颜色。如此循环，直到所有点都被晶体覆盖，算法结束。需要指出的是，上述标记中上角标 j 代表 $t=t_j$ 时刻的相关量，上角标 j+1 代表 $t=t_{j+1}$ 时刻的相关量。此外，相对结晶度的计算由下式来表示。

$$\alpha=\frac{\text{晶体所占网格单元数}}{\text{模拟区域网格单元数}} \tag{7.23}$$

其中，晶体所占网格单元数可根据网格单元颜色来统计，而模拟区域网格单元数为 N_{tot}。Monte Carlo 法的优势在于可以避开使用结晶动力学模型。常见的结晶动力学模型（如 Avrami 模型和 Kolmogorov 模型）在处理球晶、串晶共混体系时会比较困难，很难确定 C_n 和 n。而 Monte Carlo 法可直接从形态演化中统计获得可信的相对结晶度，避免了由结晶动力学模型中参数的不确定而导致的误差。

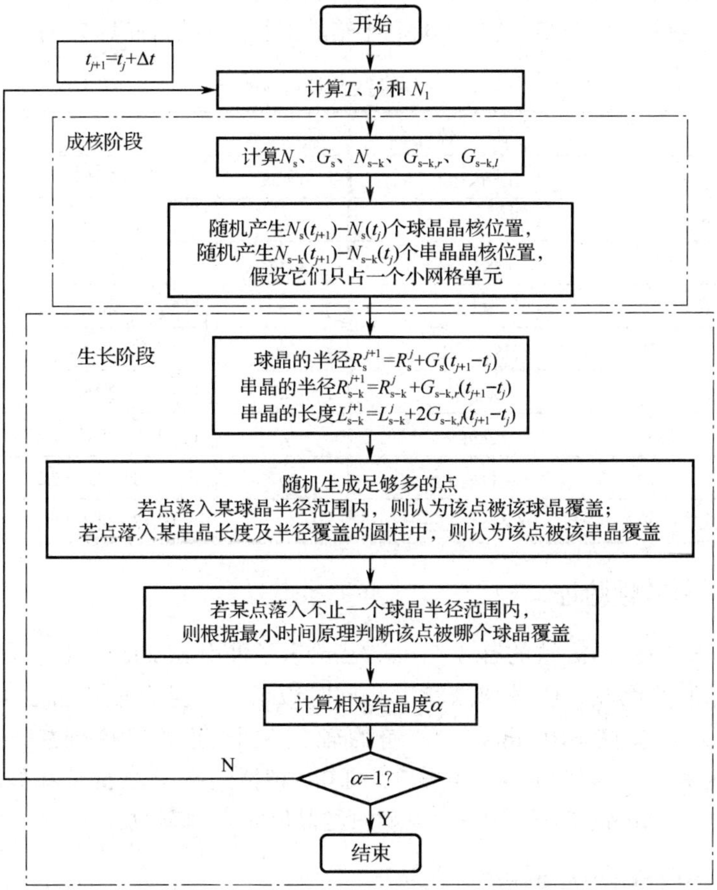

图 7.1　Monte Carlo 法的算法思想及流程图

7.1.2.2 有限差分法

本节采用有限差分法来计算无定形相和半结晶相的演化方程。式（7.14）和式（7.17）采用有限差分法来离散，用一阶向前差分法来离散时间项，得到

$$\frac{\boldsymbol{C}^{n+1}-\boldsymbol{C}^{n}}{\Delta t}=-\frac{1}{\lambda_{\mathrm{a}}(T)}\left(\frac{1}{1-\dfrac{\mathrm{tr}(\boldsymbol{C}^{n})}{b}}\boldsymbol{C}^{n}-\boldsymbol{I}\right)+(\nabla\boldsymbol{u})^{\mathrm{T}}\cdot\boldsymbol{C}^{n}+\boldsymbol{C}^{n}\cdot\nabla\boldsymbol{u} \tag{7.24}$$

$$\begin{aligned}\frac{<\boldsymbol{RR}>^{n+1}-<\boldsymbol{RR}>^{n}}{\Delta t}=&-\frac{1}{\lambda_{\mathrm{sc}}(\alpha,T)}\left(<\boldsymbol{RR}>^{n}-\frac{\boldsymbol{I}}{m}\right)-\dot{\gamma}:<\boldsymbol{RRRR}>\\&+(\nabla\boldsymbol{u})^{\mathrm{T}}\cdot<\boldsymbol{RR}>^{n}+<\boldsymbol{RR}>^{n}\cdot\nabla\boldsymbol{u}\end{aligned} \tag{7.25}$$

初始构型张量 $\boldsymbol{C}^0=\boldsymbol{I}/m$，初始取向张量 $<\boldsymbol{RR}>^0=\boldsymbol{I}/m$。

7.1.3 结果与讨论

7.1.3.1 模拟中采用的参数

结晶形态模拟采用的聚合物为聚乙烯。材料参数及其他物性参数如表 7.1 所示。结晶形态的相关参数可参见文献[106]，无定形相和半结晶相所用参数可参见文献[108]和文献[109]。

表 7.1 材料参数及其他物性参数

变　量	定　义	取　值	变　量	定　义	取　值
$\tilde{a}$	式（7.6）	1.56×10^{-1}	$\lambda_{\mathrm{a},0}$	式（7.15）	4.00×10^{-2}s
$\tilde{b}$	式（7.6）	1.51×10^{1}	T_0	式（7.15）	476.15K
G_0	式（7.7）	2.83×10^{2}m/s	$E_{\mathrm{a}}/R_{\mathrm{g}}$	式（7.15）	5.602×10^{3}K
U^*/R_{g}	式（7.7）	755K	b	式（7.14）和式（7.16）	5
K_{g}	式（7.7）	$5.5\times10^{5}\mathrm{K}^2$	n	式（7.16）	$1.26\times10^{26}\mathrm{m}^{-3}$
T_{m}^0	式（7.6）	483K	k	式（7.16）	1.38×10^{-23}
T_{g}	式（7.7）	269K	β	式（7.18）和式（7.21）	9.2
$g_l/\dot{\gamma}_l^2$	式（7.11）	2.69×10^{-8}	β_1	式（7.18）和式（7.21）	0.05
C	式（7.13）	$10^6\mathrm{Pa}^{-1}\cdot\mathrm{s}^{-1}\cdot\mathrm{m}^{-1}$	A	式（7.18）和式（7.21）	0.44

7.1.3.2 有效性验证

为了验证 Monte Carlo 法的有效性，图 7.2 给出了采用 Monte Carlo 法与 Avrami 模型所得相对结晶度的比较。假设球晶和串晶同时成核，并且有成核密度 N_{s} 和 $N_{\mathrm{s-k}}$ 均为 $10^7\mathrm{m}^{-3}$，生长速率 $G_{\mathrm{s}}=10^{-6}\mathrm{m/s}$，串晶的轴向生长速率和径向生长速率分别为 $G_{\mathrm{s-k},l}=10^{-5}\mathrm{m/s}$ 和 $G_{\mathrm{s-k},r}=10^{-6}\mathrm{m/s}$。由图 7.2 可知，模拟结果与 Avrami 模型所得预测结果吻合较好。因此，Monte Carlo 法在计算相对结晶度时合理有效。

7.1.3.3 剪切时间的影响

本节将讨论剪切时间对结晶和流场的影响。为了便于分析，假设剪切速率 $\dot{\gamma}=10\mathrm{s}^{-1}$，温度 $T=137℃$。

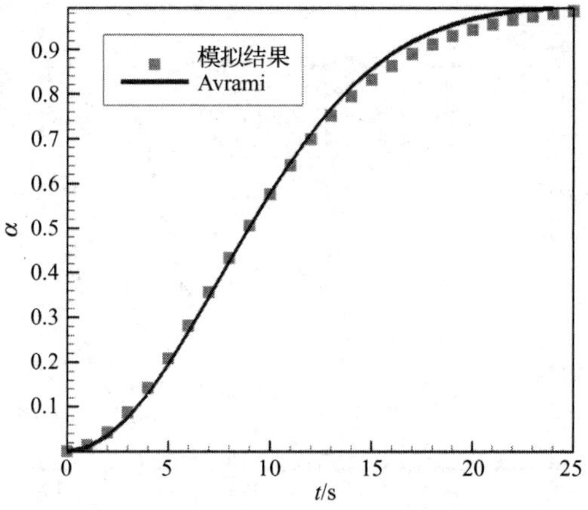

图 7.2　采用 Monte Carlo 法与 Avrami 模型所得相对结晶度的比较

1. 结晶速率及结晶形态的变化

图 7.3 给出了不同剪切时间下的串晶成核密度。其中，$t_s = 0s$ 代表不对聚合物进行剪切，即静态条件。在对聚合物进行剪切后，串晶成核密度将有所增大，且剪切时间越长，串晶成核密度越大。在对聚合物停止剪切后，串晶成核密度将不再随时间的变化而变化。

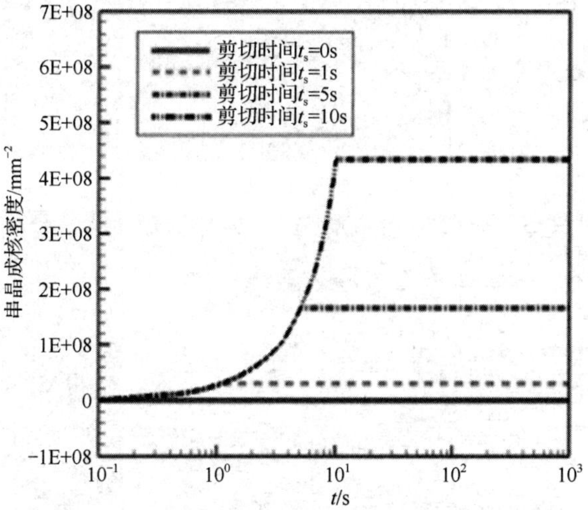

图 7.3　不同剪切时间下的串晶成核密度

图 7.4 给出了不同剪切时间下的相对结晶度。与静态条件（$t_s = 0s$）相比，剪切时间越长，结晶速率越快。结晶的加速主要由剪切诱导的串晶引起。流场的剪切作用促使串晶晶核产生，并提供轴向生长速率，使串晶生长，进而加速结晶过程。在剪切时间较短的情况下，流场提供的串晶晶核相对较少，其加速作用不甚明显。文献[109]也给出了较长剪切时间对结晶速率的加速作用。一些学者[128, 130]认为这种加速不是无限制的，当剪切时间达到某临界值时，加速作用会变得缓慢。

图 7.5 给出了不同剪切时间下结晶形态的比较。由图 7.5 可知，随着剪切时间的增加，结晶形态发生了较大变化：不仅提高了串晶成核密度，而且提高了串晶的各向异性。这种变化趋势与 Zhou 等学者[156]得到的实验结果是一致的。

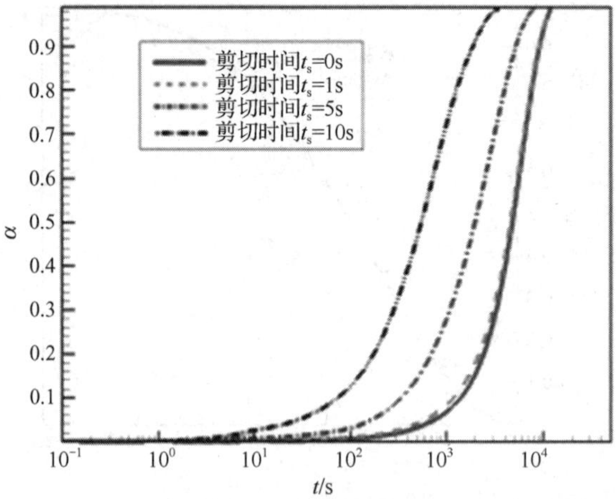

图 7.4　不同剪切时间下的相对结晶度

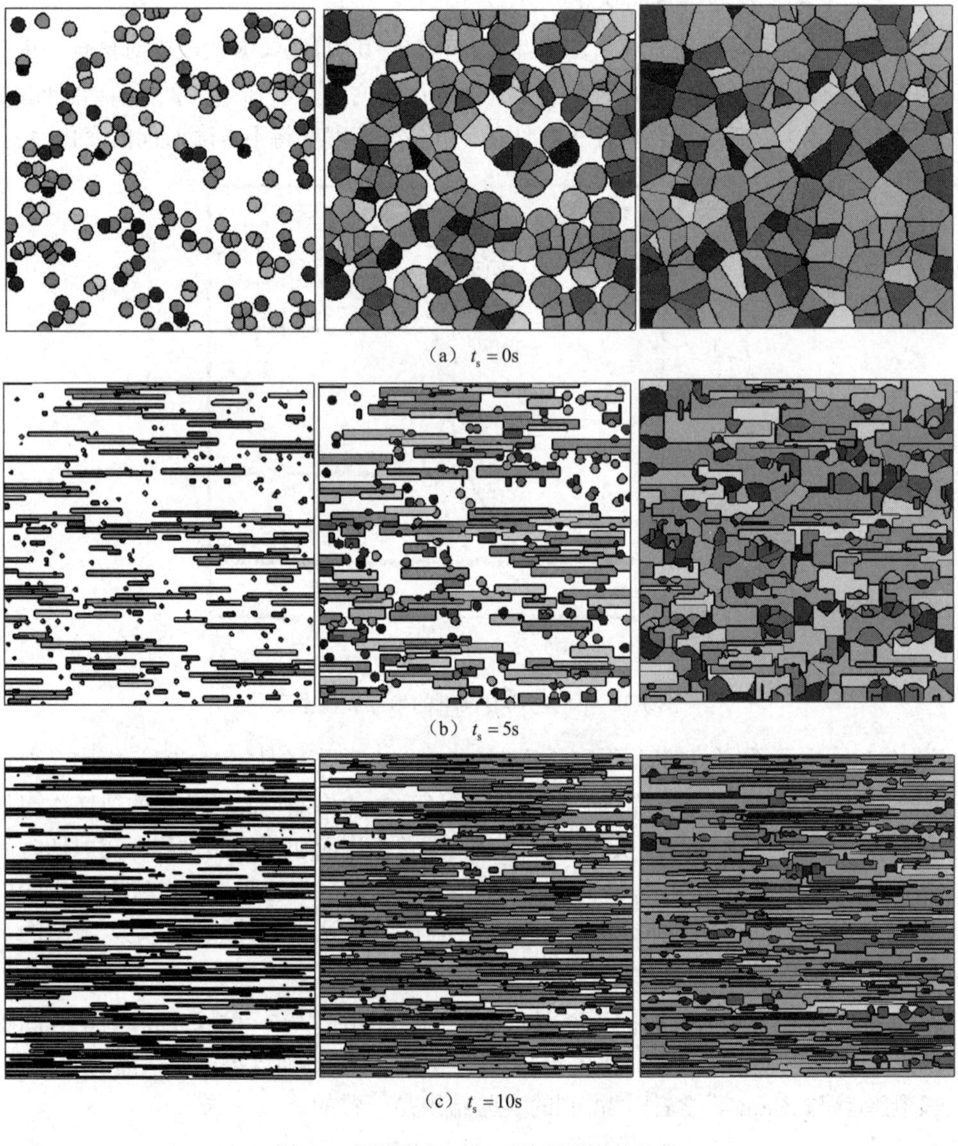

图 7.5　不同剪切时间下结晶形态的比较

2. 聚合物熔体黏度及应力的变化

图 7.6 给出了不同剪切时间下聚合物熔体黏度的变化。黏度随着时间的增加在某临界值时会发生突增。这是由相对结晶度引起的。由式（7.21）可知，$\eta_{sc}(x,T)=(\alpha/A)^{\beta_1}\eta_a(T)/(1-\alpha/A)^{\beta}$，当$\alpha$接近常数$A$时，$\eta_{sc}$将趋向无穷，故聚合物熔体黏度急剧变化。此外，剪切时间越长，聚合物熔体黏度越早发生突增。这与 Zheng 等学者[109]得到的实验结果一致。

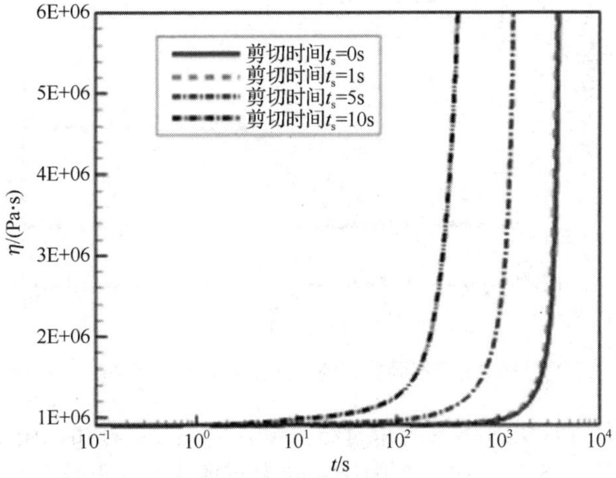

图 7.6　不同剪切时间下聚合物熔体黏度的变化

图 7.7 给出了剪切时间为 10s 时剪切应力和第一法向应力差。应力差值在前期变化较为缓慢，而到临界值附近变化剧烈，该临界值对应相对结晶度$\alpha\to A$。当结晶完成时，这些应力将被锁在材料内部，形成残余应力[166]。

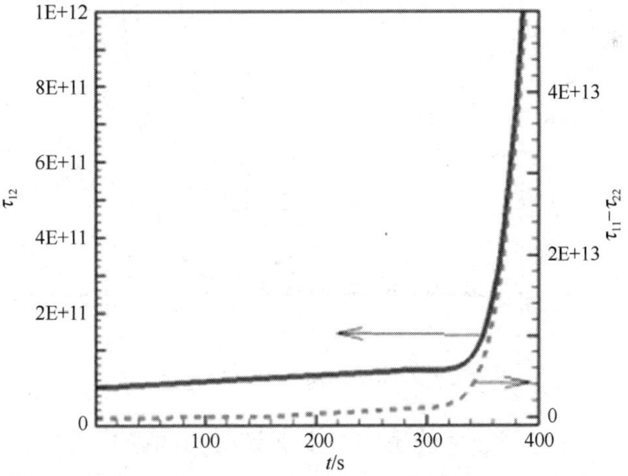

图 7.7　剪切时间为 10s 时剪切应力和第一法向应力差

7.1.3.4　剪切速率的影响

本节将讨论剪切速率对结晶和流场的影响。为了便于分析，假设剪切时间$t_s=10\text{s}$，温度$T=137℃$。

1. 结晶速率及形态的变化

图 7.8 给出了不同剪切速率下的串晶成核密度。其中，$\dot{\gamma}=0\text{s}^{-1}$代表不对聚合物进行

剪切，即静态条件。由图 7.8 可知，剪切速率越大，串晶成核密度越大。在对聚合物停止剪切后，串晶成核密度将不再随时间的变化而变化。

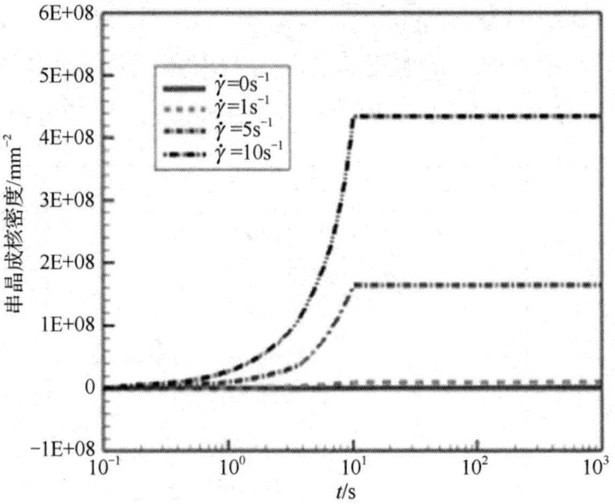

图 7.8　不同剪切速率下的串晶成核密度

图 7.9 给出了不同剪切速率下的相对结晶度。由图 7.9 可知，由于剪切作用的存在，结晶速率将比静态条件下（$\dot{\gamma}=0\text{s}^{-1}$）的结晶速率有所提高，但这种提高在小剪切速率下（$\dot{\gamma}=1\text{s}^{-1}$）较微弱。同样，结晶的加速也是由剪切诱导的串晶引起的。

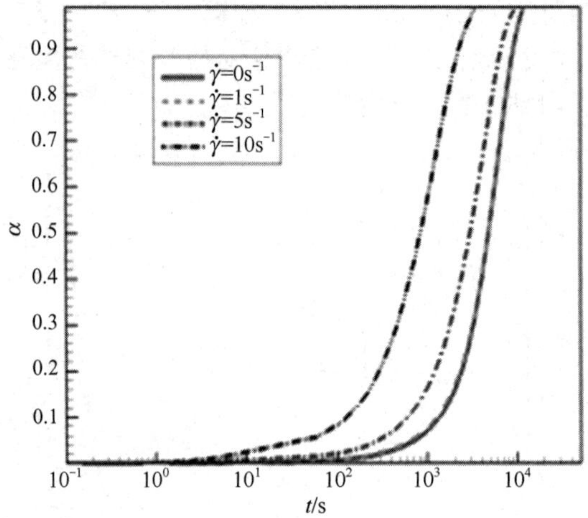

图 7.9　不同剪切速率下的相对结晶度

结晶形态的演化受剪切速率的影响与受剪切时间的影响类似。随着剪切速率的增大，串晶成核密度有所增大，并且串晶的各向异性也更为明显。此处不再作图显示，其图形与图 7.5 类似。

2. 聚合物熔体黏度的变化

图 7.10 给出了不同剪切速率下聚合物熔体黏度的变化。开始时聚合物熔体黏度随时间的变化较为缓慢，但到某临界值时发生突增，这是由结晶度引起的。此外，剪切速率越大，聚合物熔体黏度越早发生突增。这与 Zheng 等学者[109]得出的实验结果是一致的。

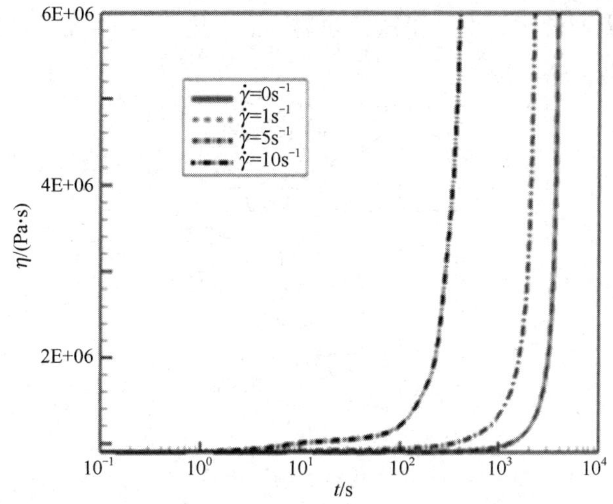

图 7.10 不同剪切速率下聚合物熔体黏度的变化

7.2 库埃特流场中聚合物结晶过程的建模与模拟

库埃特流场是模拟聚合物流动诱导结晶常用的流场之一。许多流动诱导结晶的数值实验都基于该流场。例如，Zinet 等学者[161]研究了库埃特流场中非等温条件下聚合物结晶的流动和热效应；Mu 等学者[167]研究了库埃特流场中热致和流动致结晶的现象；Rong 等学者[131]模拟了库埃特流场中的流动诱导结晶。

本节将以库埃特流场为例，通过考虑温度、流场与结晶的相互作用，构建耦合宏观流体流动传热与介观结晶形态演化的多尺度模型、宏观有限体积法与介观 Monte Carlo 法耦合的多尺度算法，实现库埃特流场中聚合物结晶过程的多尺度模拟。

7.2.1 多尺度模型

7.2.1.1 宏观流体流动传热模型

宏观流体的控制方程为连续性方程、动量方程和能量方程。而对于库埃特流场，速度场自动满足不可压缩流的连续性条件，因此，连续性方程可不用计算。考虑图 7.11 所示的一维库埃特流场，其动量方程为

$$\rho \frac{\partial u}{\partial t} = \eta_{\mathrm{s}} \frac{\partial^2 u}{\partial y^2} + \frac{\partial \tau_{xy}}{\partial y} \tag{7.26}$$

能量方程为

$$\rho c_p \frac{\partial T}{\partial t} = \kappa \frac{\partial^2 T}{\partial y^2} + \rho \Delta H X_{\infty} \frac{\partial \alpha}{\partial t} \tag{7.27}$$

其中，ρ 为聚合物熔体密度；u 为 x 方向的速度；η_{s} 为溶液黏度；τ_{xy} 为体系的复合偏应

力；T 为温度；c_p 为聚合物熔体的定压比热容；κ 为热传导率；α 为相对结晶度；ΔH 为结晶热焓；X_∞ 为最大结晶度。

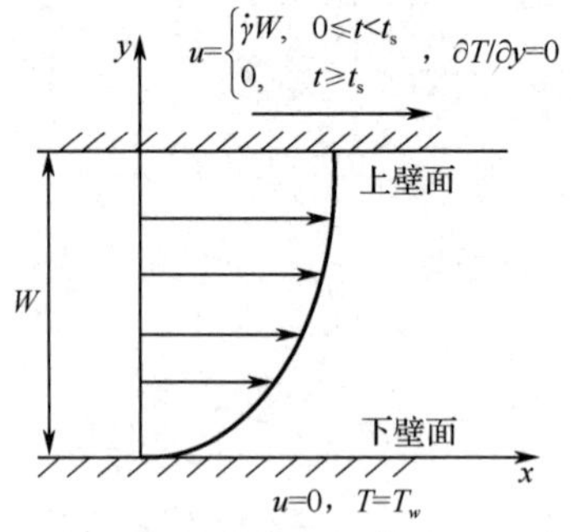

图 7.11　一维库埃特流场及边界条件示意图

在式（7.26）中，出现了体系的复合偏应力 τ_{xy}，因此有必要对体系的复合偏应力进行说明。本节采用 Zheng 等学者[109]的两相悬浮模型，认为半结晶相可以视为在无定形相中的分散相且伴随成长。因此，总黏弹偏应力张量 $\boldsymbol{\tau}$ 可表示为

$$\boldsymbol{\tau} = \boldsymbol{\tau}_{\mathrm{a}} + \boldsymbol{\tau}_{\mathrm{sc}} \tag{7.28}$$

式中，$\boldsymbol{\tau}_{\mathrm{a}}$ 为无定形相应力张量；$\boldsymbol{\tau}_{\mathrm{sc}}$ 为半结晶相应力张量。其中，无定形相采用 FENE-P 模型来描述，具体形式为式（7.14）～式（7.16）。半结晶相采用刚性棒哑铃模型来描述，一般认为这些链段只能取向，不能拉伸，具体形式为式（7.17）～式（7.21）。

7.2.1.2　介观球晶、串晶成核与生长演化模型

流场中的聚合物结晶由静态结晶和流动诱导结晶两部分组成。静态结晶产生球晶，其成核与生长由温度场驱动；流动诱导结晶产生串晶，其成核与生长由流场驱动。

Schneider 学者[162]将球晶视为不断长大的球，导出了球晶生长的微分方程。Eder 学者[42]将串晶视为不断长大的圆柱，导出了串晶生长的微分方程。7.1 节对其进行了简化，导出了二维条件下球晶和串晶的等价方程。由此得到，球晶的生长由成核密度 N_{s} 及生长速率 G_{s} 决定；串晶的生长由成核密度 $N_{\mathrm{s-k}}$、轴向生长速率 $G_{\mathrm{s-k},l}$ 及径向生长速率 $G_{\mathrm{s-k},r}$ 决定。

在本节中，球晶成核密度 N_{s} 由式（7.6）表示，生长速率 G_{s} 由式（7.7）表示；串晶成核密度 $N_{\mathrm{s-k}}$ 由式（7.13）表示，串晶轴向生长速率 $G_{\mathrm{s-k},l}$ 由式（7.11）表示，串晶径向生长速率 $G_{\mathrm{s-k},r}$ 由式（7.12）表示。

7.2.2　多尺度算法

本节构建了宏观方程计算的有限体积法和介观结晶形态捕捉的 Monte Carlo 法耦合的多尺度算法。其中，有限体积法用于聚合物熔体流动传热的计算，而 Monte Carlo 法则用于球晶和串晶的成核与生长。由于晶体生长的尺度与宏观聚合物制品间尺度相差若干个数量级，因此本节将采用图 7.12（a）所示的粗网格和细网格来体现空间尺度上的差异。由于库埃特流场是 y 方向的一维运动，因此假设 y 方向上的每个顶点都含有一个

控制体积，而晶体形态演化的模拟则被认为是二维的，在边长为 Δy 的正方形控制体中进行。在多尺度算法中，将制品用粗网格分成顶点和中心。每一个粗网格（控制体）又被细分成若干个细网格。在粗网格上实施宏观有限体积法以记录温度场、流场等信息，在细网格上实施介观 Monte Carlo 法以捕捉球晶、串晶的成核与生长。

图 7.12（b）给出了单个控制体上宏观变量和介观变量的相互影响。宏观变量有速度（剪切速率）、应力、温度和相对结晶度；介观变量有球晶和串晶的生长信息。应力、剪切速率和温度直接影响球晶和串晶的成核与生长，同时随着介观结晶过程的进行，相对结晶度发生改变，也会引起温度、应力和速度的改变。

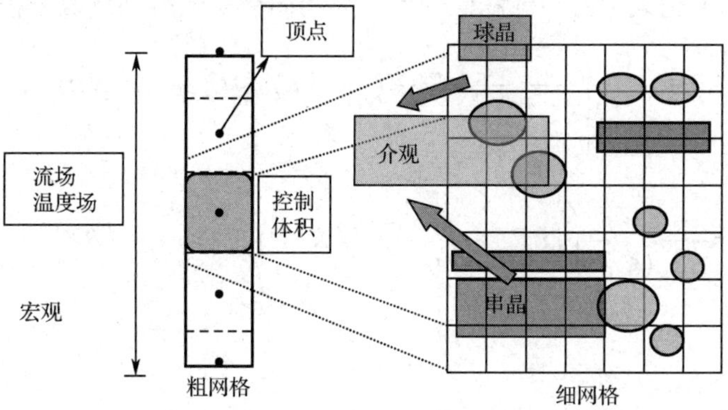

（a）粗网格和细网格

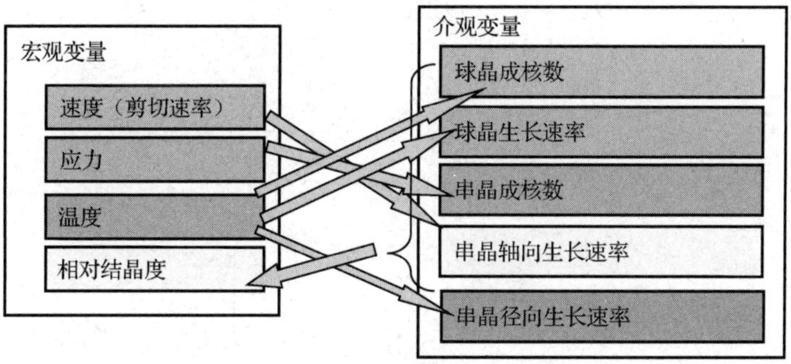

（b）单个控制体上宏观变量和介观变量的相互影响

图 7.12　多尺度算法示意图

7.2.2.1　宏观有限体积法

如图 7.12（a）所示，在粗网格上采用有限体积法来计算温度场和流场。边界的顶点含有半个控制体，而内部的顶点含有一个控制体。然而，在细网格上实施 Monte Carlo 法时，边界的顶点被设定为含有一个控制体。

采用有限体积法求解式（7.26）、式（7.27）时使用均匀网格，即假设将长度 W 等分成 N 个网格单元，则节点 $y_j = j\Delta y$（$j = 0,1,\cdots,N$），其中 $\Delta y = W/N$，为网格长度。节点 y_j 含有的控制体为 $[y_{j-1/2}, y_{j+1/2}]$（$j = 1,2,\cdots,N-1$）。

时间采用向前格式进行离散，控制表面上的通量采用中心格式进行离散，得到如下公式。

$$\rho\frac{u_j^{n+1}-u_j^n}{\Delta t}=\eta_s\frac{u_{j+1}^n-2u_j^n+u_{j-1}^n}{\Delta y^2}+\frac{(\tau_{xy})_{j+1}^n-(\tau_{xy})_{j-1}^n}{\Delta y} \tag{7.29}$$

$$\rho c_p\frac{T_j^{n+1}-T_j^n}{\Delta t}=\kappa\frac{T_{j+1}^n-2T_j^n+T_{j-1}^n}{\Delta y^2}+\rho\Delta HX_\infty\frac{\alpha_j^n-\alpha_j^{n-1}}{\Delta t} \tag{7.30}$$

其中，Δt 为时间步长，u_j^n 为节点 y_j 处时间 $t=n\Delta t$ 的速度，T_j^n 为节点 y_j 处时间 $t=n\Delta t$ 的温度。值得注意的是，这里没有连续性方程，所以不需要处理压力和速度的失耦问题。

无定形相中构型张量 $\boldsymbol{C}$ 的演化方程［式（7.14）］和半结晶相中取向张量 $\langle\boldsymbol{RR}\rangle$ 的演化方程［式（7.17）］也采用有限体积法求解，采用向前格式得到离散方程，即

$$\frac{\boldsymbol{C}_j^{n+1}-\boldsymbol{C}_j^n}{\Delta t}=-\frac{1}{\lambda_a(T)}\left(\frac{1}{1-\frac{\mathrm{tr}(\boldsymbol{C}_j^n)}{b}}\boldsymbol{C}_j^n-\boldsymbol{I}\right)+(\nabla\boldsymbol{u})_j^{\mathrm{T},n}\cdot\boldsymbol{C}_j^n+\boldsymbol{C}_j^n\cdot(\nabla\boldsymbol{u})_j^n \tag{7.31}$$

$$\frac{\langle\boldsymbol{RR}\rangle_j^{n+1}-\langle\boldsymbol{RR}\rangle_j^n}{\Delta t}=-\frac{1}{\lambda_{sc}(\alpha,T)}\left(\langle\boldsymbol{RR}\rangle_j^n-\frac{I}{m}\right)-\dot{\gamma}:\langle\boldsymbol{RRRR}\rangle_j^n+(\nabla\boldsymbol{u})_j^{\mathrm{T},n}\cdot\langle\boldsymbol{RR}\rangle_j^n+\langle\boldsymbol{RR}\rangle_j^n\cdot(\nabla\boldsymbol{u})_j^n \tag{7.32}$$

其中，

$$(\nabla\boldsymbol{u})_j^n\approx\begin{pmatrix}0 & \frac{u_{j+1}^n-u_{j-1}^n}{2\Delta y}\\ 0 & 0\end{pmatrix}(j=1,2,\cdots,N-1)$$

$$(\nabla\boldsymbol{u})_0^n\approx\begin{pmatrix}0 & \frac{u_1^n-u_0^n}{\Delta y}\\ 0 & 0\end{pmatrix}$$

$$(\nabla\boldsymbol{u})_N^n\approx\begin{pmatrix}0 & \frac{u_N^n-u_{N-1}^n}{\Delta y}\\ 0 & 0\end{pmatrix}$$

在求出构型张量 $\boldsymbol{C}$ 和取向张量 $\langle\boldsymbol{RR}\rangle$ 后，分别用式（7.16）和式（7.20）得到无定形相应力张量 $\boldsymbol{\tau}_a$ 和半结晶相应力张量 $\boldsymbol{\tau}_{sc}$。而这两者的和则是式（7.13）的右端项。

7.2.2.2 介观 Monte Carlo 法

采用 Monte Carlo 法的优势在于：不仅可以捕捉晶体的形态演化，还可以获得相对结晶度。这样就可以避免使用结晶动力学模型。

7.1 节对二维简单剪切流场中的聚合物流动诱导结晶进行了研究。本节采用的 Monte Carlo 法同 7.1 节，此处不再赘述。

7.2.2.3 多尺度算法

多尺度算法的步骤如下。

（1）初始化。在 $t=0$s 时，设置内部网格节点处的速度 $u_j^0=0$（$j=1,2,\cdots,N-1$）、温度 $T^0=T_0$（$j=1,2,\cdots,N-1$）、构型张量 $\boldsymbol{C}_j^0=\boldsymbol{I}/2$（$j=1,2,\cdots,N-1$）、取向张量 $\langle\boldsymbol{RR}\rangle_j^0=\boldsymbol{I}/2$

（$j=1,2,\cdots,N-1$）、相对结晶度 $\alpha_j^0=0$（$j=0,1,\cdots,N$）。

（2）用有限体积法结合边界条件 u_0、u_N、T_0、T_N 求解式（7.26）和式（7.27）。用有限体积法求解构型张量 $\boldsymbol{C}$ 的演化方程［式（7.31）］和取向张量 $\langle \boldsymbol{RR} \rangle$ 的演化方程［式（7.32）］，并用式（7.16）和式（7.20）求解相关应力张量。

（3）由 Monte Carlo 法捕捉球晶和串晶的生长前沿并计算相对结晶度。将（2）中获得的参数代入式（7.6）、式（7.7）分别计算球晶的成核密度及生长速率，用式（7.11）～式（7.13）分别计算串晶的轴向生长速率、径向生长速率和成核密度。用 Monte Carlo 法捕捉球晶和串晶的生长前沿，并用式（7.23）计算相对结晶度。

（4）返回（2）直到时间达到 t_{end}。

7.2.3　结果与讨论

本节采用的聚合物为 iPP。材料参数[143]：$\rho=900\text{kg/m}^3$，$c_p=2.14\times10^3\text{J/(kg}\cdot\text{K)}$，$\kappa=0.193\text{W/(m}\cdot\text{K)}$，$\Delta HX_\infty=107\times10^3\text{J}\cdot\text{kg}$；成核与生长速率参数[106]：$\tilde{a}=1.56\times10^{-1}\text{K}^{-1}\cdot\text{m}^{-3}$，$\tilde{b}=1.51\times10^1\text{m}^{-3}$，$G_0=2.83\times10^2\text{m/s}$，$U^*/R_\text{g}=755\text{K}$，$K_\text{g}=5.5\times10^5\text{K}^2$，$T_\text{m}^0=483\text{K}$，$T_\text{g}=269\text{K}$；串晶的参数[106]：$g_l/\dot{\gamma}_l^{\,2}=2.69\times10^{-7}$，$C=10^6\text{Pa}^{-1}\cdot\text{s}^{-1}\cdot\text{m}^{-1}$；两相悬浮模型的参数[110]：$\lambda_{\text{a},0}=4.00\times10^{-2}\text{s}$，$T_0=476.15\text{K}$，$E_\text{a}/R_\text{g}=5.602\times10^3\text{K}$，$b=5$，$n=1.26\times10^{26}\text{m}^{-3}$，$k=1.38\times10^{-23}$，$\beta=9.2$，$\beta_1=0.05$，$A=0.44$。

7.2.3.1　单尺度算法的有效性验证

1．宏观有限体积法有效性验证

为了验证宏观尺度上有限体积法的有效性，我们考虑等温情况的库埃特流场。速度与应力的演化如图 7.13 所示。当 $t=0\text{s}$ 时，上壁面以速度 $u=\dot{\gamma}W$ 向右移动，取 $\dot{\gamma}=1\text{s}^{-1}$，$W=1\text{mm}$，$T=100℃$，$y$ 方向上剖分 10 个单元。为了与其他数值结果比较，这里不考虑半结晶相对动量方程的影响，只求解式（7.26）、式（7.14）和式（7.16）。图 7.13 给出了不同 y 坐标处速度与中点处偏应力及第一法向应力差随时间的演化。速度和应力分别用 $U_0=\dot{\gamma}W$ 和 $\tau_0=\eta_0 U_0/W$ 进行约化。由图 7.13 可知，速度和应力的变化趋势及数值大小与文献[168]的数值结果吻合得很好。

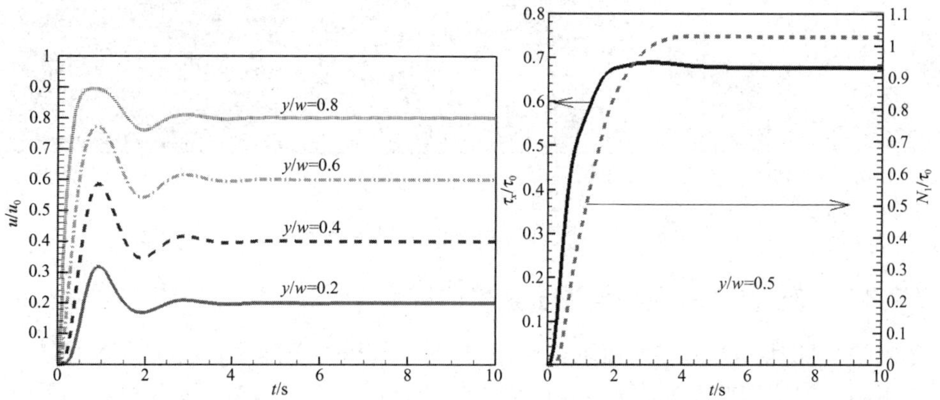

（a）速度　　（b）偏应力与第一法向应力差

图 7.13　速度与应力的演化

2. 介观 Monte Carlo 法有效性验证

为了验证介观尺度上 Monte Carlo 法的有效性，本节将考察一块尺寸为 0.5mm×0.5mm 聚合物的等温结晶过程。该模拟区域被划分成很细的网格，这里用两组网格：1000×1000 和 500×500。图 7.14 给出了剪切时间为 10s 时数值结果与 Koscher、Fulchiron 实验结果[106]的比较。Monte Carlo 法的结果是 5 次实验的平均值。由图 7.14 可知，采用 Monte Carlo 法获得的半结晶时间与剪切速率的数值关系与实验结果吻合得较好。因此，Monte Carlo 法在结晶速率的预测上是有效的。因为 Monte Carlo 法在两种网格下（1000×1000 和 500×500）的结果区别不是很大，所以采用 500×500 的网格来预测结晶速率也是有效的。图 7.15 给出了不同剪切速率下的结晶形态演化。其演化趋势与 Koscher 和 Fulchiron 的实验结果[106]也是一致的。由此可见，本章给出的 Monte Carlo 法能较为精确地预测结晶形态演化。

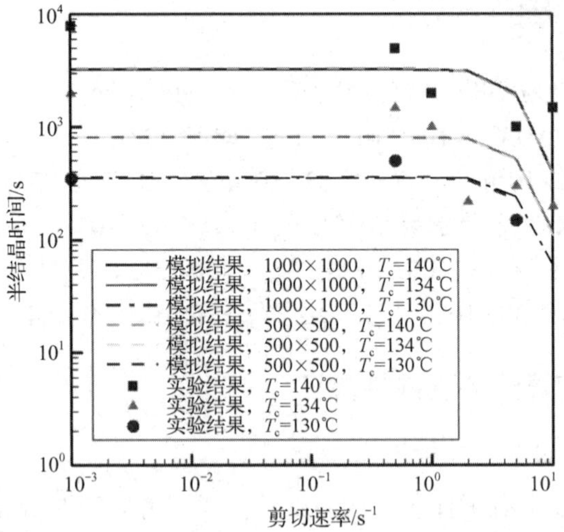

图 7.14　剪切时间为 10s 时数值结果与 Koscher、Fulchiron 实验结果[106]的比较

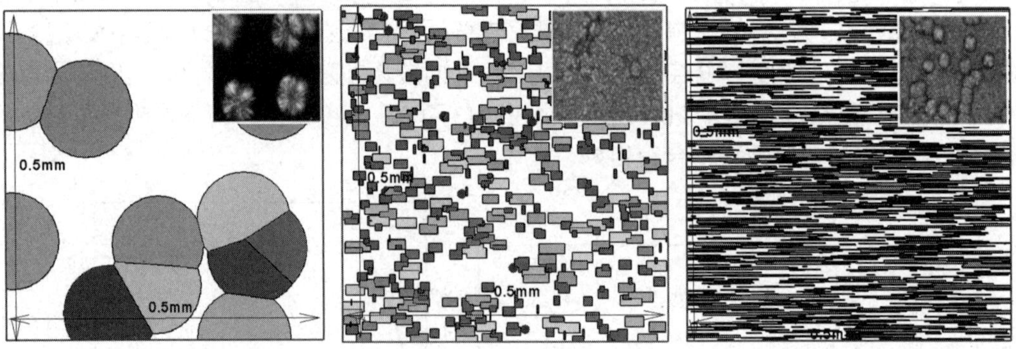

（a）无剪切　　（b）$\dot{\gamma}=5\text{s}^{-1}$，$t_s=10\text{s}$　　（c）$\dot{\gamma}=5\text{s}^{-1}$，$t_s=30\text{s}$

图 7.15　不同剪切速率下的结晶形态演化

7.2.3.2　宏观-介观模型与算法获得的结果

考虑图 7.11 所示的库埃特流场，当 $t=0\text{s}$ 时，上壁面以速度 $u=\dot{\gamma}W$ 向右移动，下壁面保持不动；在达到剪切时间 t_s 后，上壁面停止移动。为了与成型条件具有相似性，此处对上下壁面施加温度边界条件，即认为下壁面是边界，设边界温度为 T_w；假设上壁面

是聚合物中心部分，设定绝热边界条件 $\partial T/\partial y = 0$。值得一提的是，本节采用的库埃特流场与 Zinet 等学者[161]的数值例子是一致的。在本节的模拟中，取粗网格单元数为 4，细网格单元数为 500×500，初始温度场的平衡熔点为 T_{m}^{0}。若无特殊说明，取 $W = 2\mathrm{mm}$，$\dot{\gamma} = 10\mathrm{s}^{-1}$，$t_{\mathrm{s}} = 5\mathrm{s}$，$T_w = 60℃$，$\Delta y = 0.5\mathrm{mm}$，$\Delta t = 0.01\mathrm{s}$。

1. 宏介观结果分析

图 7.16 给出了不同 y 坐标处温度及相对结晶度随时间的演化。由图 7.16 可知，由于下壁面（$y = 0\mathrm{mm}$）有较低的边界温度，因此其能在极短的时间内完成结晶；由于下壁面的冷却作用，$y = 1\mathrm{mm}$ 处的温度冷却速率比芯层 $y = 2\mathrm{mm}$ 处大，同一时刻得到的温度更低，而较低的温度有利于结晶过程的进行，这也使 $y = 1\mathrm{mm}$ 处先于 $y = 2\mathrm{mm}$ 处完成结晶。此外，由温度的演化可知，芯层 $y = 2\mathrm{mm}$ 在 $t = 20\sim38\mathrm{s}$ 时产生了温度平台，而由相应的相对结晶度的演化可知，在此段时间内聚合物内部发生了结晶行为，由此可推测出温度平台的产生是由结晶释放的潜热引起的。相对结晶度的演化也将不同 y 坐标处流动诱导形成的串晶贡献（FIC）做了对比。当结晶完成时，下壁面 $y = 0\mathrm{mm}$ 处流动诱导串晶的贡献为 0%；$y = 1\mathrm{mm}$ 处流动诱导串晶的贡献为 47%；芯层 $y = 2\mathrm{mm}$ 处流动诱导串晶的贡献为 43%。这种变化趋势与 Zinet 等学者[161]得出的数值结果是相符的。

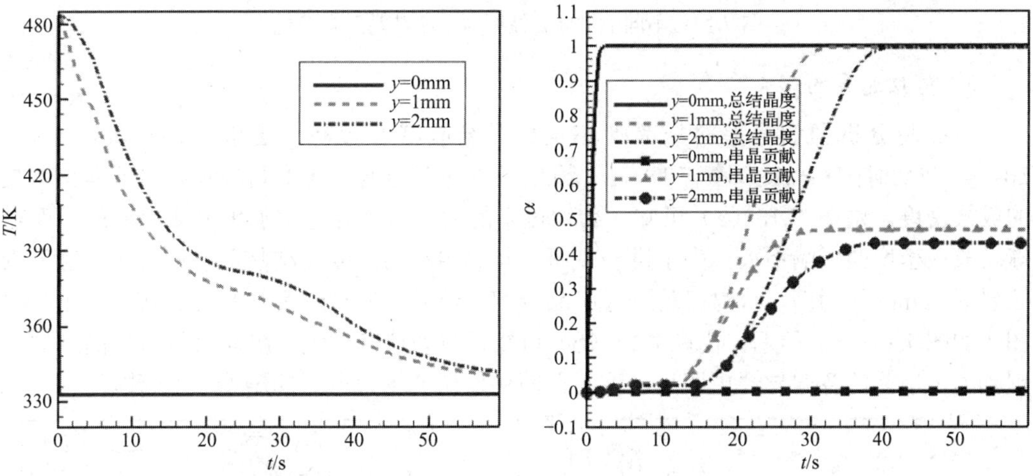

（a）温度的演化　　　　（b）相对结晶度的演化

图 7.16　不同 y 坐标处温度及相对结晶度随时间的演化

这里有必要说明一下：聚合物结晶过程的最终模拟结果与时间步长和粗网格数是相关的。当采用有限体积法求解宏观流场和温度时，时间采用向前格式、空间中心格式来离散动量方程、能量方程及无定形相和半结晶相的演化方程。该方法的误差为 $O(\Delta t) + O(\Delta y^2)$。显然，时间步长越小和粗网格数越多会使宏观变量产生一个越精确的解。然而，粗网格数不宜过多。当粗网格数增加时，控制体的边长减小。因此，控制体内的球晶和串晶成核数减少。为了获得可信的温度、流场和相对结晶度信息，介观尺度上的 Monte Carlo 法需要实施更多的次数。因此，较多的粗网格数或较小的控制体边长不但影响计算时间，而且影响计算精度。

多尺度模拟可以很好地展示介观信息。图 7.17 给出了不同 y 坐标处控制体上的结晶形态演化。在 $y = 0\mathrm{mm}$ 处，较低的边界温度为产生大密度的球晶晶核提供了条件，但是由于结晶过程完成得极快，上壁面的剪切作用尚未传递到下壁面，因此在该处没有形成有效的串晶晶核。而从 $y=1\text{mm}$ 处和 $y=2\text{mm}$ 处控制体上的结晶形态来看，由于剪切作用的存在，都诱导出了一定数量的串晶晶核，并得以成长，因此这两处球晶和串晶都将对相对结晶度做出贡献。

介观尺度的结晶形态受细网格数的影响很大。广义而言，细网格数越大，所得到的结晶形态和相对结晶度越精确。然而，更大的细网格数会导致更长的计算时间。因此，在模拟时需要注意精度与计算量间的平衡。

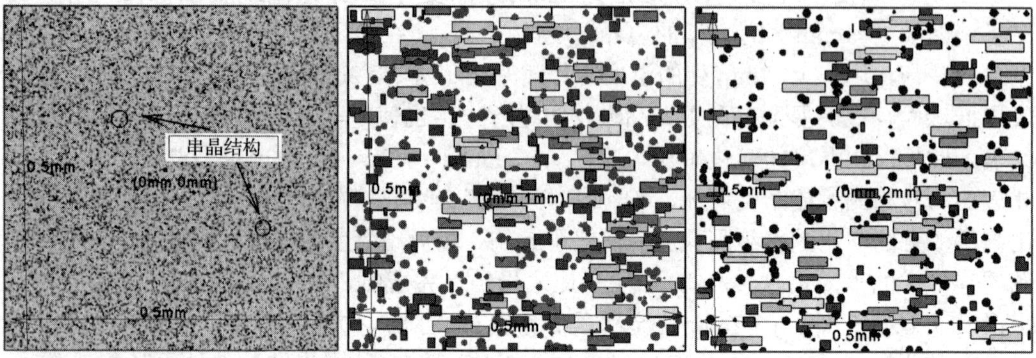

（a）y=0mm　　（b）y=1mm　　（c）y=2mm

图 7.17　不同 y 坐标处控制体上的结晶形态演化

2. 剪切速率的影响

下面将分析剪切速率对结晶形态及相对结晶度的影响，这里假设 $\dot{\gamma}=0\text{s}^{-1}$、$5\text{s}^{-1}$、$10\text{s}^{-1}$，剪切时间 $t_s=5\text{s}$。图 7.18（a）给出了不同剪切速率下不同控制体内球晶与串晶的成核密度。由图 7.18（a）可知，剪切速率的增大将大幅度增加串晶成核密度，而对球晶成核密度的影响不大。为了进一步研究其对相对结晶度及结晶形态的影响，这里以芯层 $y=2\text{mm}$ 处为例，给出流动诱导串晶对相对结晶度的贡献及结晶形态演化，相应的图形如图 7.18（b）所示。由图 7.18（b）可知，剪切速率越大，串晶对相对结晶度的贡献越大，串晶的各向异性更明显。这与在简单剪切流场中得到的结论[148]一致。

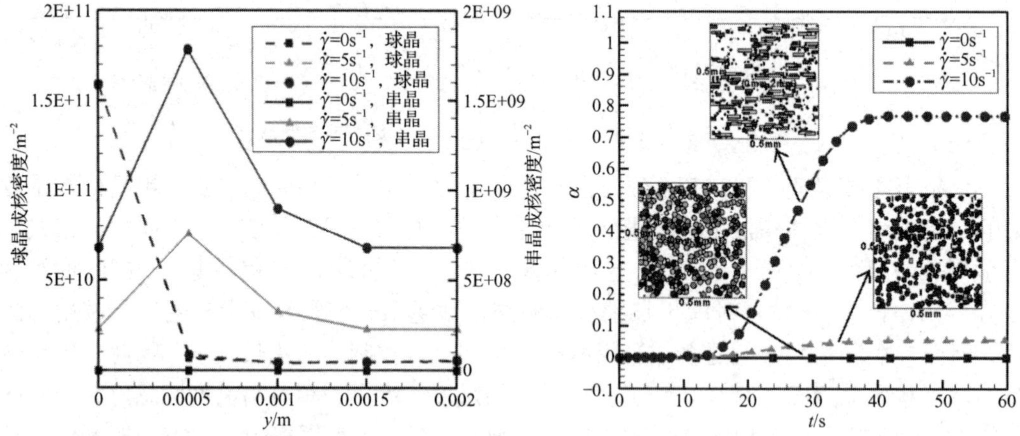

（a）不同剪切速率下不同控制体内球晶与串晶的成核密度　　（b）不同剪切速率下芯层控制体内串晶对相对结晶度的贡献及结晶形态

图 7.18　剪切速率对成核密度及相对结晶度的影响

3. 剪切时间的影响

下面将分析剪切时间对结晶形态及相对结晶度的影响。这里假设 $t_s=0\text{s}$、5s、10s，

剪切速率 $\dot{\gamma}=10\text{s}^{-1}$。图 7.19（a）给出了不同剪切时间下不同控制体内球晶与串晶的成核密度。由图 7.19（a）可知，剪切时间主要对串晶成核密度产生影响，剪切时间越长，串晶成核密度越大。图 7.19（b）给出了芯层 $y=2\text{mm}$ 处流动诱导串晶对相对结晶度的贡献及结晶形态演化。由图 7.19（b）可知，剪切时间越长，串晶对相对结晶度的贡献越大，其各向异性也更明显。同样，这与 Kumaraswamy 等学者[169]的实验结果及我们之前得到的结论[148]是一致的。

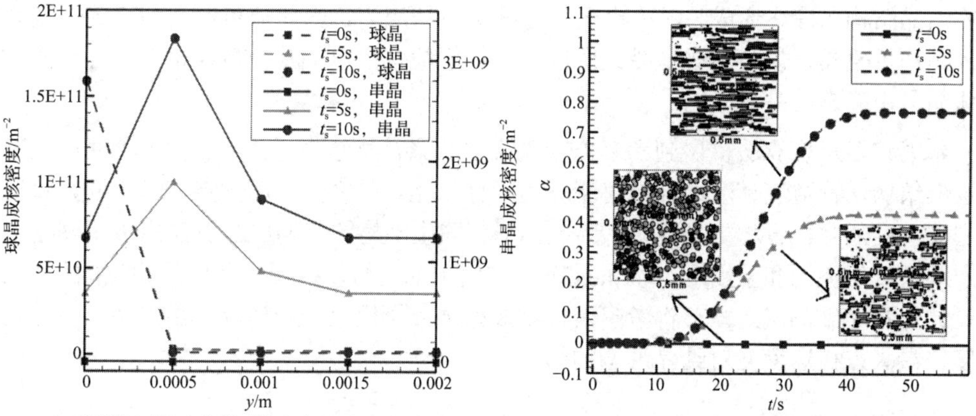

（a）不同剪切时间下不同控制体内球晶与串晶的成核密度

（b）不同剪切时间下芯层y=2mm处流动诱导串晶对相对结晶度的贡献及结晶形态演化

图 7.19　剪切时间对成核密度及相对结晶度的影响

4. 边界温度的影响

边界温度也是很重要的一个成型条件。这里给出边界温度 $T_w=50℃$、60℃、70℃时结晶形态及相对结晶度的模拟结果，并保持剪切速率 $\dot{\gamma}=10\text{s}^{-1}$ 及剪切时间 $t_s=5\text{s}$。图 7.20（a）给出了不同 y 坐标处球晶与串晶的成核密度。由于边界温度的改变，球晶成核密度发生了较大变化，边界温度越低，聚合物内部温度的冷却速率越大，因此球晶成核密度越大；相比较而言，边界温度的改变对串晶成核密度的影响较小。图 7.20（b）给出了芯层 $y=2\text{mm}$ 处流动诱导串晶对相对结晶度的贡献及结晶形态演化。由图 7.20 可知，边界温度越低，串晶对相对结晶度的贡献越小，而由于相对结晶度是由球晶和串晶共同影响的，这也意味着，边界温度越低，球晶对相对结晶度的贡献越大。

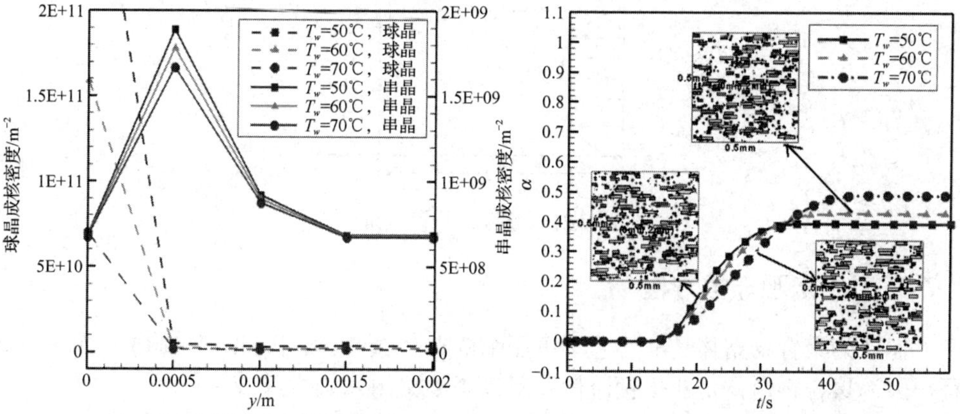

（a）不同y坐标处球晶与串晶的成核密度

（b）芯层y=2mm处流动诱导串晶对相对结晶度的贡献及结晶形态演化

图 7.20　边界温度对成核密度及相对结晶度的影响

7.3 “表层-芯层-表层”结晶结构的多尺度建模与模拟

注塑聚合物制品呈现出典型的“表层-芯层-表层”结构，即表层以各向异性的串晶为主，而芯层则以各向同性的球晶为主。图 1.1 给出了注塑聚合物制品模截面处的串晶和球晶结构示意图[4]。由于表层有较大的剪切应力和应变，因此高分子链被拉伸形成取向的结晶结构，最终形成串晶；由于芯层缺少剪切应力，因此随机取向的高分子链会形成片晶和折叠晶，最终形成球晶。所以，人们一般认为串晶是由流动诱导结晶形成的，而球晶是由静态结晶形成的。

本书将多尺度算法扩展到了模拟管道流中的聚合物结晶，并用于预测“表层-芯层-表层”结构。管道流是注塑管道内流场的一种简化。与之前的库埃特流场不同，管道流在宏观尺度的守恒方程更加复杂。因此，基于同位网格的 SIMPLE 算法用于粗网格以计算宏观尺度的流场和温度场，Monte Carlo 法用于细网格以捕捉介观球晶、串晶的生长前沿及计算相对结晶度。本节将考察聚合物成型中外场因素（如边界降温速率、熔体初始温度、最大入口速度）对结晶形态的影响。

7.3.1 多尺度模型

在注塑成型中，聚合物熔体被注入模具，形成不同形状的制品。因此，准确模拟聚合物结晶应考虑聚合物熔体前沿到移动边界的注塑阶段。有些软件（如 C-mold、Moldflow）均能模拟聚合物注塑成型的不同阶段。在本节的模拟中，模具可以被看作管道。模拟中的管道模型如图 7.21 所示。事实上，模具被假设为在 y 方向上具有一定厚度、在 x 方向上具有相对较长的长度（$L>>W$）的薄制品。本节将模拟聚合物受到剪切作用后的结晶情况，对应于注塑成型的注塑和冷却阶段。假设聚合物在某段时间内受到剪切作用，在入口用抛物型的速度场表示，且持续 t_s（对应于注塑阶段）。此外，假设聚合物受到剪切作用后，模具经历了较大的温度变化（对应于冷却阶段）。因此，宏观的数学模型分为上述两种情况。

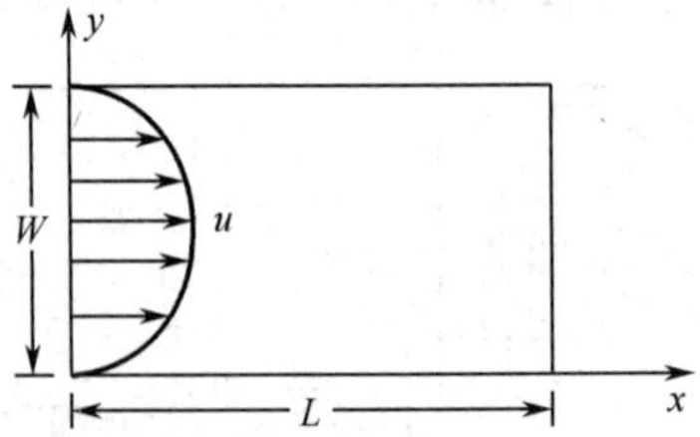

图 7.21 模拟中的管道模型

7.3.1.1 宏观守恒方程

人们认为聚合物熔体是非等温不可压缩的非牛顿流体。因此，控制方程为三大守恒方程。因为聚合物熔体是非牛顿流体，所以需要采用本构方程。

1）宏观尺度上剪切过程的守恒方程（注塑阶段）

连续性方程为

$$\nabla \cdot \boldsymbol{u} = 0 \tag{7.33}$$

动量方程为

$$\frac{\partial}{\partial t}(\rho \boldsymbol{u}) + \nabla \cdot (\rho \boldsymbol{u}\boldsymbol{u}) = -\nabla p + \nabla \cdot \boldsymbol{\tau} \tag{7.34}$$

能量方程为

$$\frac{\partial}{\partial t}(\rho c_p T) + \nabla \cdot (\rho c_p \boldsymbol{u} T) = \nabla \cdot (\kappa \nabla T) + \rho \Delta H \frac{\partial \alpha}{\partial t} + (-p\boldsymbol{I} + \boldsymbol{\tau}) : \nabla \boldsymbol{u} \tag{7.35}$$

式中，ρ 为聚合物熔体密度；$\boldsymbol{u}$ 为速度；p 为压力；c_p 为聚合物熔体定压比热容；κ 为热传导率；T 为温度；α 为相对结晶度；ΔH 为结晶热焓；$\boldsymbol{I}$ 为单位张量；$\boldsymbol{\tau} = \boldsymbol{\tau}_{\mathrm{a}} + \boldsymbol{\tau}_{\mathrm{sc}}$，为总黏弹偏应力张量，$\boldsymbol{\tau}_{\mathrm{a}}$、$\boldsymbol{\tau}_{\mathrm{sc}}$ 分别为无定形相和半结晶相的应力张量，由本构方程确定。

本书采用 Zheng 等学者[109]的思想，认为半结晶相悬浮于无定形相组成的溶液中。其中，半结晶相用刚性棒哑铃模型来描述，无定形相用 FENE-P 模型来描述。具体的表达式见 7.1.1.2 节。

2）剪切流后的结晶宏观模型

在结晶后期，聚合物熔体黏度突增，熔体静止。事实上，在聚合物的注塑成型过程中，充模过程是较快的过程，聚合物熔体在发生黏度突增之前，充模过程已经完成了，即聚合物熔体已注满型腔。聚合物受到剪切作用后的数学模型可用能量方程来描述，此时不考虑聚合物熔体的可流动性，聚合物熔体在发生黏度突增时式（7.35）可化简为

$$\rho c_p \frac{\partial T}{\partial t} = \nabla \cdot \left(\kappa \nabla T\right) + \rho \Delta H \frac{\partial \alpha}{\partial t} \tag{7.36}$$

事实上，为了精确模拟，材料的物性参数的改变可以采用混合定理，如 $\rho = \alpha \rho_{\mathrm{sc}} + (1-\alpha)\rho_{\mathrm{a}}$，其中，$\rho_{\mathrm{sc}}$ 为半结晶相的密度，ρ_{a} 为无定形相的密度。

7.3.1.2　介观结晶形态演化模型

在聚合物的注塑成型过程中，结晶由静态结晶和流动诱导结晶两部分组成。静态结晶产生球晶，其成核与生长由温度场驱动；流动诱导结晶产生串晶，其成核与生长由流场驱动。

在形态学模拟中，结晶按照成核—生长—碰撞阶段发生。因此，建立球晶和串晶的成核、生长模型相当重要。由于 7.1.1.1 节已经给出了基于 Eder 模型[42]和 Schneider 模型[162]的球晶和串晶的演化方程，因此球晶成核密度 N_{s} 由式（7.6）表示，球晶生长速率 G_{s} 由式（7.7）表示；串晶成核密度 $N_{\mathrm{s-k}}$ 由式（7.13）表示，串晶轴向生长速率 $G_{\mathrm{s-k},l}$ 由式（7.11）表示，串晶径向生长速率 $G_{\mathrm{s-k},r}$ 由式（7.12）表示。

7.3.2　多尺度算法

本节采用的多尺度算法构造思路与在库埃特流场中多尺度算法的构造思路是一致的，即分别构建宏观尺度和介观尺度上不同的数值算法，并将其耦合起来。

宏观上采用有限体积法求解速度、压力、温度、应力等。介观上采用 Monte Carlo

法捕捉球晶和串晶的生长前沿。有限体积法和 Monte Carlo 法分别在不同的网格上实施，即在粗网格上用有限体积法求解式（7.14）、式（7.17）、式（7.33）～式（7.35），以获得速度、应力、温度；在细网格上用 Monte Carlo 法求解式（7.6）、式（7.7）、式（7.11）～式（7.13），以获得球晶和串晶的生长前沿。关于粗网格和细网格的布置可参看 7.2 节的内容。

在建模部分，本节给出了注塑阶段含剪切的完全耦合的质量、动量、能量守恒方程及无定形相和半结晶相的本构方程。然而，在有限体积法中，本节给出的是一种解耦的方法，先求解非等温牛顿流体来获得速度和温度；然后通过速度和温度求解无定形相和半结晶相的本构方程。换句话说，速度和温度是耦合的，而应力是解耦的。这是因为由无定形相和半结晶相引起的应力受相对结晶度的影响很大：轻微的相对结晶度的升高就能引起聚合物熔体黏度的剧烈升高，从而导致应力的巨大变化。如果将应力引入动量方程，由于大应力的源项，很可能得不到收敛的解，因此在本节模拟中，式（7.14）、式（7.17）、式（7.33）～式（7.35）并非同时求解。事实上，当求解式（7.33）～式（7.35）时，人们可以采用 SIMPLE 算法[140]。假定聚合物熔体为非等温不可压缩牛顿流体，采用同位网格有限体积法来计算。同位网格有限体积法的基本实施步骤如下。

式（7.14）、式（7.17）和式（7.33）～式（7.35）可写为如下的通式。

$$\frac{\partial(\delta\varphi)}{\partial t}+\nabla\cdot(m\boldsymbol{u}\varphi)=\nabla\cdot(\Gamma\,\nabla\varphi)+S_{\varphi} \tag{7.37}$$

式中，δ、m、Γ 为常量；φ 和 S_{φ} 为表 7.2 所列的函数。式（7.37）中所列的各项分别是瞬时项、对流项、扩散项和源项。

表 7.2　通式中各常量及函数的定义

方程	δ	m	φ	Γ	S_{φ}
连续性方程	0	1	1	0	0
动量方程	ρ	ρ	$\boldsymbol{u}$	η	$-\nabla p$
能量方程	ρc_p	ρc_p	T	κ	$\rho\Delta H\frac{\partial\alpha}{\partial t}$
FENE-P 模型	1	1	$\boldsymbol{C}$	0	$-\frac{1}{\lambda_{\mathrm{a}}(T)}\left(\frac{\boldsymbol{C}}{1-\frac{\mathrm{tr}(\boldsymbol{C})}{b}}-\boldsymbol{I}\right)+(\nabla\boldsymbol{u})^{\mathrm{T}}\cdot\boldsymbol{C}+\boldsymbol{C}\cdot\nabla\boldsymbol{u}$
刚性棒哑铃模型	1	1	$<\boldsymbol{RR}>$	0	$-\frac{1}{\lambda_{\mathrm{sc}}(T)}\left(<\boldsymbol{RR}>-\frac{\boldsymbol{I}}{2}\right)-\dot{\gamma}:<\boldsymbol{RRRR}>$ $+(\nabla\mathrm{u})^{\mathrm{T}}\cdot<\boldsymbol{RR}>+<\boldsymbol{RR}>\cdot\nabla\boldsymbol{u}$

将式（7.37）在图 7.22 所示的控制体上积分，运用散度定理，得到

$$\begin{aligned}&\int_V\frac{\partial\delta\varphi}{\partial t}\mathrm{d}V+\int_s^n[(m\boldsymbol{u}\varphi-\Gamma\nabla\varphi)_e-(m\boldsymbol{u}\varphi-\Gamma\nabla\varphi)_w]\mathrm{d}y\\&\qquad+\int_w^e[(m\boldsymbol{u}\varphi-\Gamma\nabla\varphi)_n-(m\boldsymbol{u}\varphi-\Gamma\nabla\varphi)_s]\mathrm{d}x=\int_s^n\int_w^e S_{\varphi}\mathrm{d}x\mathrm{d}y\end{aligned} \tag{7.38}$$

将式（7.38）在时间上进行积分并除以 Δt，采用线性近似法，得到如下公式。

$$\frac{1}{\Delta t}\int_t\delta\int_V\frac{\partial\varphi}{\partial t}\,\mathrm{d}V\mathrm{d}t\approx\frac{\delta V(\varphi_P-\varphi_P^0)}{\Delta t} \tag{7.39}$$

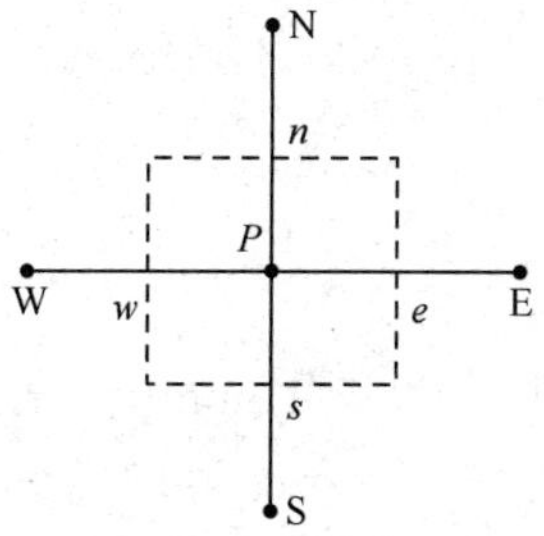

图 7.22　控制体示意图

式中，0 为上一时间步的值。采用迎风格式和中心差分格式近似对流项和扩散项中的各面上通量，导出如下的离散格式。

$$A_P\varphi_P = A_E\varphi_E + A_W\varphi_W + A_N\varphi_N + A_S\varphi_S + Q_P \tag{7.40}$$

式中，A_P、A_E、A_W、A_N 和 A_S 为 φ_P、φ_E、φ_W、φ_N 和 φ_S 的系数；Q_P 为源项。运用 Gauss-Seidel 迭代来求解上述线性方程组。在对连续性方程和动量方程求解时，为了克服压力和过度失耦问题需要采用 Rhie-Chow 型[170]插值。具体实施步骤可参见 Oliveira 等学者[171]的工作和 Ruan 等学者[172]的工作。

Monte Carlo 法可用于捕捉球晶和串晶的生长前沿。此处不再给出 Monte Carlo 法实施的详细步骤，感兴趣的读者可以参考 7.1.2.1 节。

图 7.23 给出了多尺度算法实施的流程图。

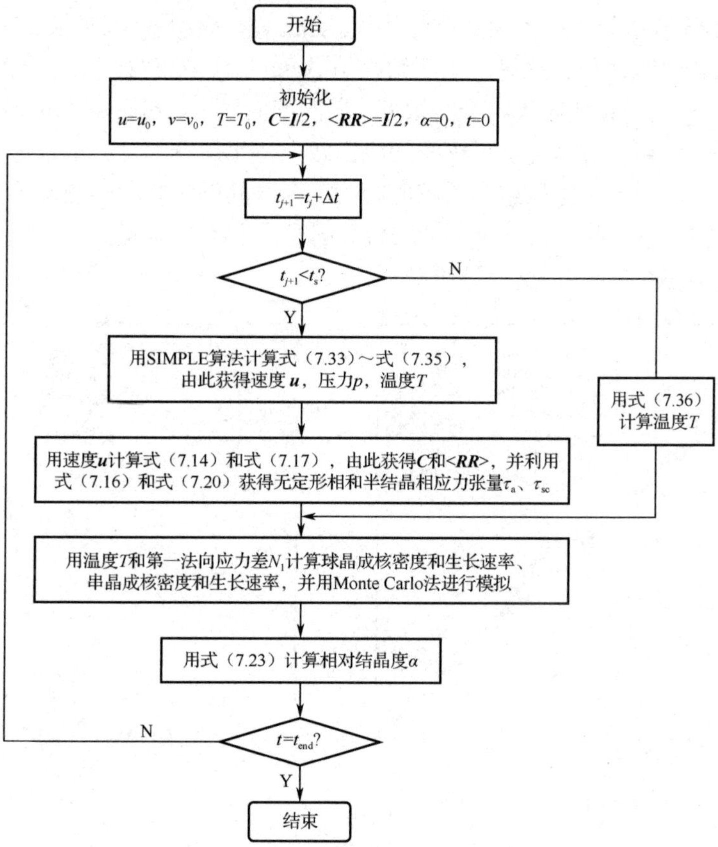

图 7.23　多尺度算法实施的流程图

7.3.3 结果与讨论

7.3.3.1 问题描述

考虑图 7.21 所示的管道模型，长度 L=16mm，宽度 W=8mm。在 $y=0$mm 及 $y=8$mm 两个边界上施加等速降温操作：$T=T_0-ct$，其中 T_0 为初始温度，c 为冷却速率。其余边界处采用绝热边界条件：$\partial T/\partial \boldsymbol{n}=0$，$\boldsymbol{n}$ 为单位法向。易得本节实际考察的是一个薄壁制品（y 方向很薄），虽然理论上 x 方向的长度应该远大于 y 方向的长度，但考虑到算法实施的复杂性，本节取定长度是厚度的两倍，并通过边界条件的施加（绝热边界）使其与工业上的薄壁制品具有相似性。另外，为了与注塑聚合物制品充模阶段聚合物熔体所受剪切作用相对应，本节假定区域内部聚合物熔体是充分发展的牛顿流体，并有速度场 $u=Uy(0.008-y)$，U 为聚合物熔体最大入口速度，并固定剪切时间为 t_s s。一旦时间超过剪切时间，流场消失。本节假设剪切时间 $t_s=10$s 并且不再讨论剪切时间的影响。

模拟所用的材料为 iPP，材料物性参数同 7.2 节。在算法实施过程中，粗网格单元数为16×8，细网格单元数为500×500。

7.3.3.2 温度、相对结晶度及“表层-芯层-表层”结晶结构

图 7.24 给出了剖面 $x=8$mm 处温度与相对结晶度的演化。所得的结果与 Avrami 模型预测结果进行了比较。这里，Avrami 模型 $\alpha=1-\exp(-\alpha_f)$，其中，$\alpha_f=V_{sp}+V_{sh}$，V_{sp} 与 V_{sh} 分别为不计碰撞的球晶体积和串晶体积。Schneider 模型[162]用于求解球晶体积，Eder 模型[42]用于求解串晶体积。这里，预测结果由 Avrami 模型获得。由图 7.24 可知，模拟结果与 Avrami 模型的预测结果吻合得很好。在温度曲线上，芯层在 2000～2600s 时存在一个温度平台，而相对结晶度也在该时间段由较小值迅速变为 1。不难得出，这段时间正是聚合物熔体进行了大面积结晶对应的时间，由结晶引起的潜热释放导致温度的暂时升高，在聚合物熔体内部形成一个温度平台。同时，由图 7.24 可知，表层要先于芯层完成结晶。这与静态结晶时[143]所得结论类似。

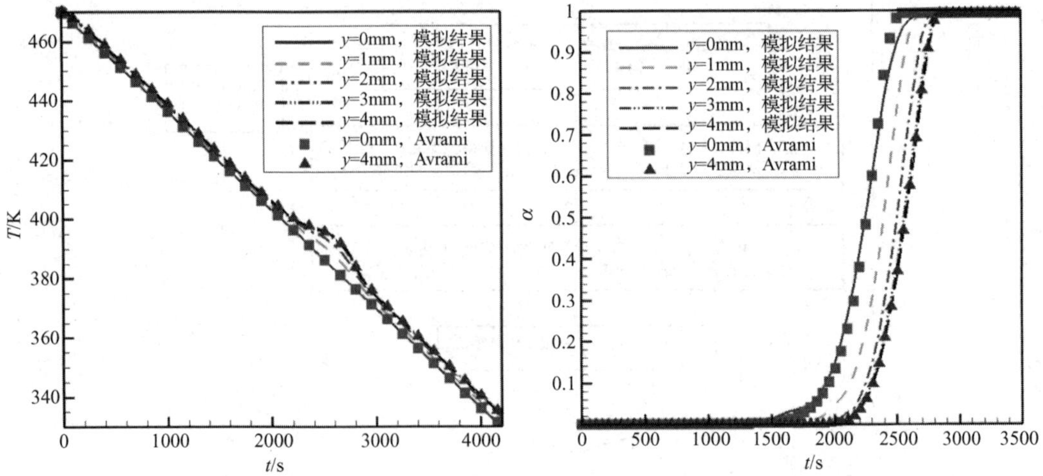

（a）温度　　（b）相对结晶度

图 7.24　剖面 x=8mm 处温度与相对结晶度的演化

图 7.25 给出了剖面 x=8mm 处不同厚度上温度与相对结晶度的演化。由图 7.25 可知，结晶发生在 400～380K，而且表层结晶要快于芯层结晶，这是因为表层温度较低。

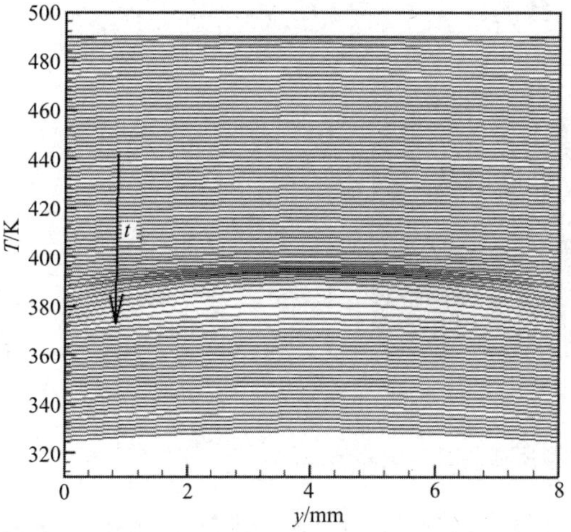

（a）温度

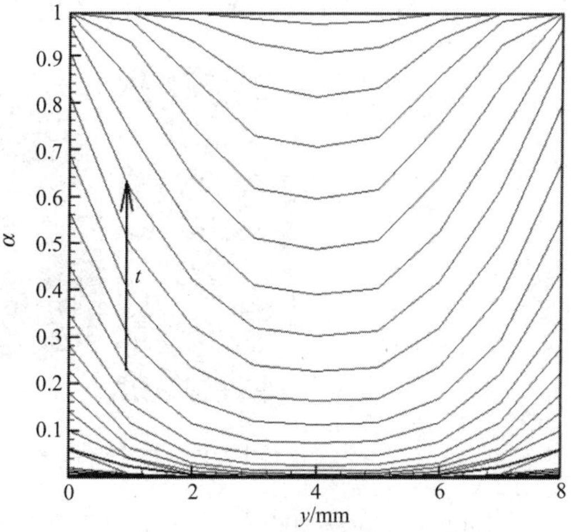

（b）相对结晶度

图 7.25　剖面 x=8mm 处不同厚度上温度与相对结晶度的演化

图 7.26 给出了不同控制体上的结晶形态演化。表层以串晶为主，串晶的生长由轴向和径向组成，轴向由流场驱动，而径向则由温度场驱动；芯层以球晶为主，球晶的生长由温度场驱动；球晶和串晶不断成核与生长，发生碰撞，并把空间填满。事实上，表层的剪切速率较大，有利于串晶的成核与生长；芯层的剪切速率很小或为零，不足以提供串晶晶核，并且较低的温度有利于球晶的成核与生长。这些结晶形态的演化与 Koscher 等学者[106]的实验结果是一致的。

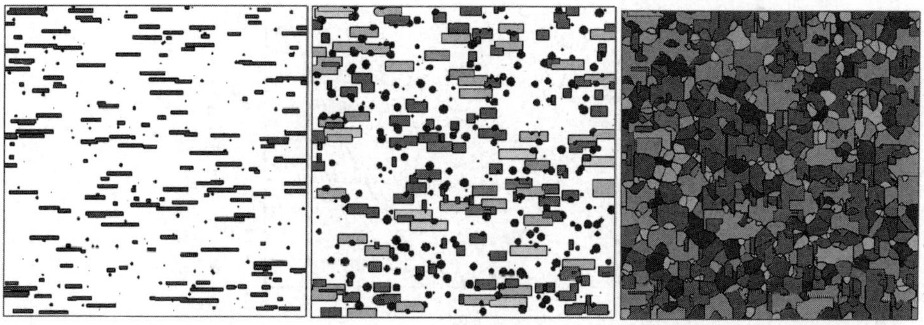

（a）表层控制体

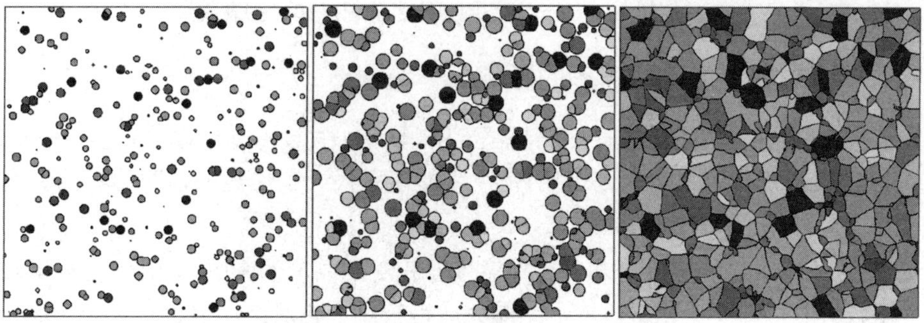

（b）芯层控制体

图 7.26　不同控制体上的结晶形态演化

图 7.27 给出了整个管道模型模拟所得的最终结晶形态。本节提出的算法成功捕捉了制品的“表层-芯层-表层”结构，即表层以各向异性的串晶为主，芯层以各向同性的球晶为主。这与图 1.1 所示的结晶形态[5, 173]是一致的。

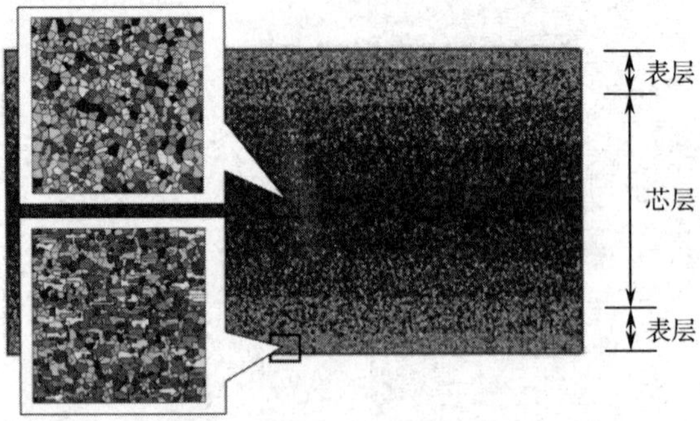

图 7.27　整个管道模型模拟所得的最终结晶形态

Monte Carlo 法可以展示球晶和串晶的具体细节。图 7.28 给出了剖面 x=8mm 处不同厚度上的球晶和串晶成核数。由图 7.28 可知，串晶成核数从表层到芯层下降得很快；球晶成核数从表层到芯层呈现上升趋势。串晶成核数是由剪切速率决定的，表层由于剪切速率较大，诱导产生了较多的串晶晶核；而芯层由于剪切速率较小或为零，几乎不能诱导产生串晶晶核。球晶成核数的变化趋势与静态条件下的相反。在静态条件下，由于表层具有最大的冷却速率，因此球晶成核数最多，表层的晶粒最小。在流动诱导结晶的情况下，虽然表层具有最大的冷却速率，但是由于串晶的存在，限制了有效球晶的成核数。

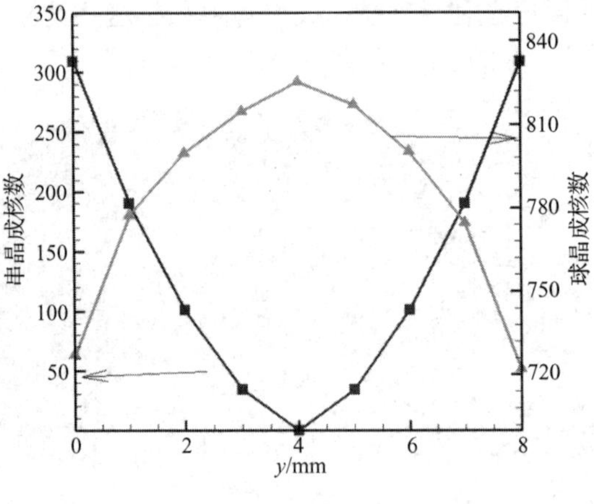

图 7.28　剖面 x=8mm 处不同厚度上的球晶和串晶成核数

7.3.3.3　边界温度冷却速率的影响

本节将考察边界温度冷却速率对结晶行为的影响。假设冷却速率分别为 $c = 1\text{K/min}$，$c = 2\text{K/min}$，$c = 5\text{K/min}$。需要说明的是，冷却速率代表了注塑成型时边界的温度，较大的冷却速率对应了较低的边界温度。

图 7.29 给出了边界温度冷却速率对温度及相对结晶度的影响。由图 7.29 可知，当冷却速率较大时，温度变化得较快，结晶完成得较早，相对结晶度也较大。

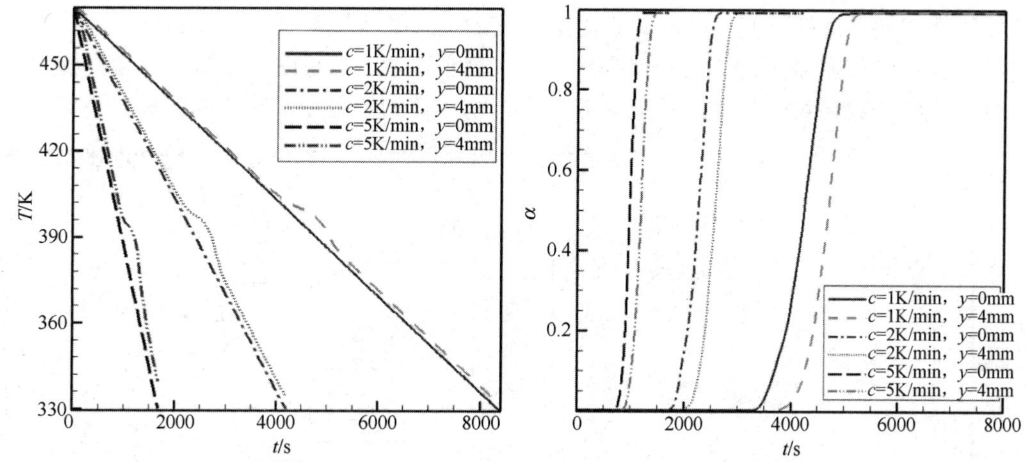

（a）温度　　（b）相对结晶度

图 7.29　边界温度冷却速率对温度及相对结晶度的影响

图 7.30 给出了边界温度冷却速率对球晶-串晶的影响。图 7.30 中包含与介观结晶相关的参数，即球晶、串晶成核数、串晶对相对结晶度的贡献。由图 7.30（a）可知，在较大的冷却速率下，球晶成核数有所增加；而串晶成核数受冷却速率的影响较小。由图 7.30（b）可知，当冷却速率增大时，串晶对相对结晶度的贡献减小。由此可见：边界温度冷却速率主要对球晶的成核与生长产生影响。

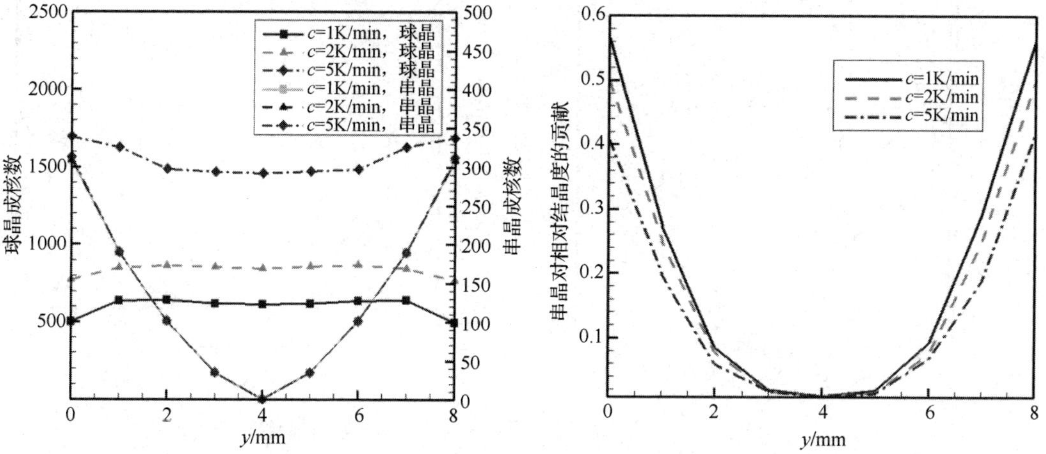

（a）球晶-串晶的成核数　　（b）串晶对相对结晶度的贡献

图 7.30　边界温度冷却速率对球晶-串晶的影响

7.3.3.4　聚合物熔体初始温度的影响

本节将考察聚合物熔体初始温度对结晶行为的影响，并给出初始温度分别为 $T_0 = 470\text{K}$，$T_0 = 480\text{K}$，$T_0 = 490\text{K}$ 的模拟结果。图 7.31 给出了聚合物熔体初始温度对温度及结晶速率的影响。由图 7.31 可知，聚合物熔体初始温度越高，温度平台出现及大面积结晶过程发生的时间越晚。然而，温度及相对结晶度曲线只是发生了“平移”，性态上没有大的变化。

图 7.32 给出了聚合物熔体初始温度对球晶-串晶的影响。图 7.32 中包含的与介观结构相关的参数为球晶、串晶成核数、串晶对相对结晶度的贡献。由图 7.32 可知，随着聚

合物熔体初始温度的升高，串晶对相对结晶度的贡献及成核数都呈下降趋势。这是由于高的聚合物熔体温度引起了第一法向应力差的降低，由式（7.13）可知，串晶成核数减少会导致串晶对相对结晶度的贡献降低。聚合物熔体初始温度对球晶的影响较小。

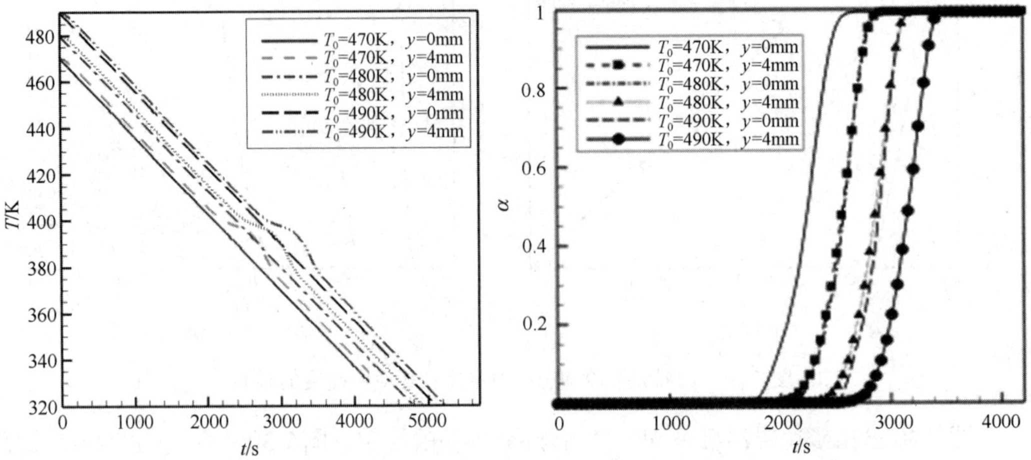

（a）温度　　（b）相对结晶度

图 7.31　聚合物熔体初始温度对温度及结晶速率的影响

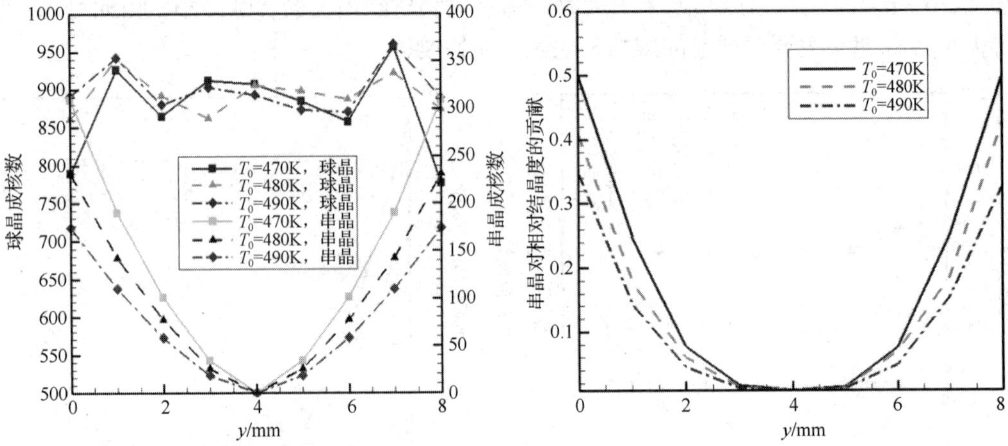

（a）球晶、串晶成核数　　（b）串晶对相对结晶度的贡献

图 7.32　聚合物熔体初始温度对球晶-串晶的影响

7.3.3.5　聚合物熔体最大入口速度的影响

本节将考察聚合物熔体最大入口速度对结晶行为的影响。本节将通过改变U（从 125 变到 1250）改变入口速度。最大入口速度会改变最大剪切速率。剪切速率的计算方法：$\dot{\gamma}=\left|\partial u/\partial y\right|$。图 7.33 给出了不同聚合物熔体最大入口速度下 $x=8$mm 控制体上的结晶形态。当聚合物熔体最大入口速度较小时，表层的串晶不明显；随着聚合物熔体最大入口速度的增大，表层的串晶变得明显，并且厚度也有所增加。因此，聚合物熔体最大入口速度对结晶形态的影响是显著的。

图 7.34 和图 7.35 分别给出了不同聚合物熔体最大入口速度下表层和芯层控制体上的结晶形态。由图 7.34 可知，增大聚合物熔体最大入口速度，将提高表层串晶的成核数，同时，提高串晶的各向异性；由图 7.35 可知，其对芯层球晶的影响是微弱的。

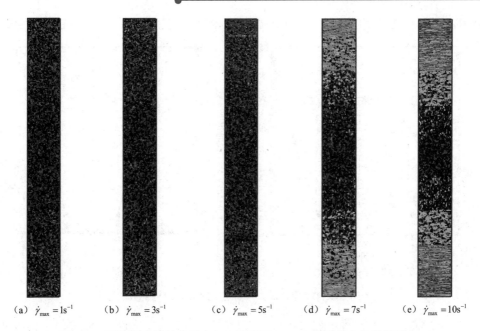

（a）$\dot{\gamma}_{max}=1s^{-1}$　（b）$\dot{\gamma}_{max}=3s^{-1}$　（c）$\dot{\gamma}_{max}=5s^{-1}$　（d）$\dot{\gamma}_{max}=7s^{-1}$　（e）$\dot{\gamma}_{max}=10s^{-1}$

图 7.33　不同聚合物熔体最大入口速度下 x=8mm 控制体上的结晶形态

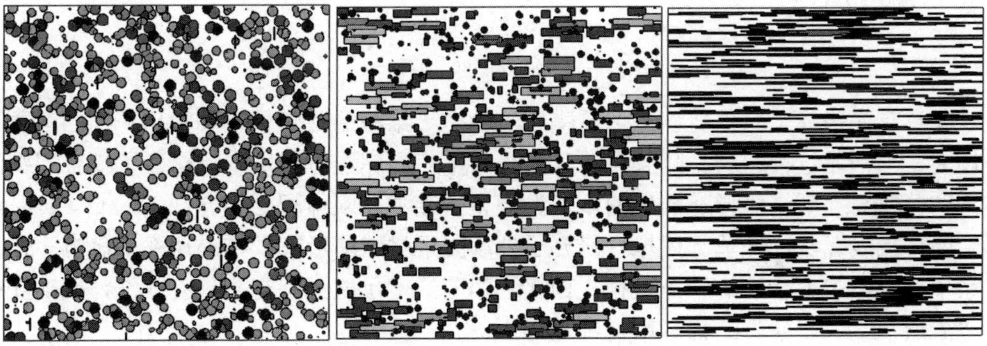

（a）$\dot{\gamma}_{max}=1s^{-1}$　（b）$\dot{\gamma}_{max}=5s^{-1}$　（c）$\dot{\gamma}_{max}=10s^{-1}$

图 7.34　不同聚合物熔体最大入口速度下表层控制体上的结晶形态

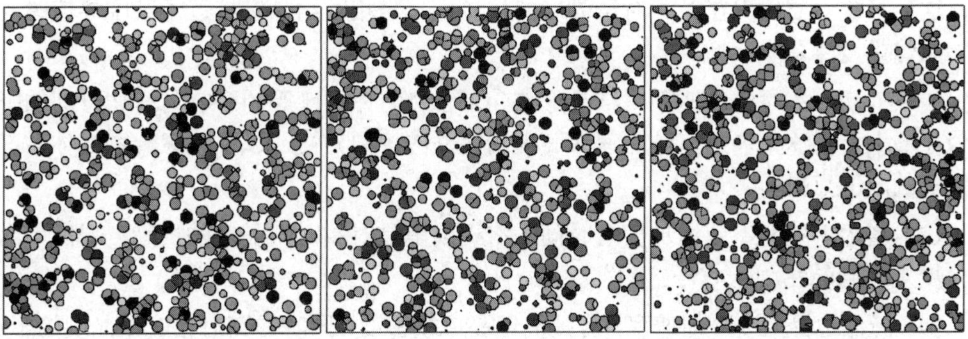

（a）$\dot{\gamma}_{max}=1s^{-1}$　（b）$\dot{\gamma}_{max}=5s^{-1}$　（c）$\dot{\gamma}_{max}=10s^{-1}$

图 7.35　不同聚合物熔体最大入口速度下芯层控制体上的结晶形态

图 7.36 给出了聚合物熔体最大入口速度对介观结构参数的影响。介观结构参数包括球晶、串晶成核数、串晶对相对结晶度的贡献。由图 7.36 可知，聚合物熔体对串晶成核

数及串晶对相对结晶度的贡献有一定影响，这种影响在表层较为显著，在芯层较为微弱。

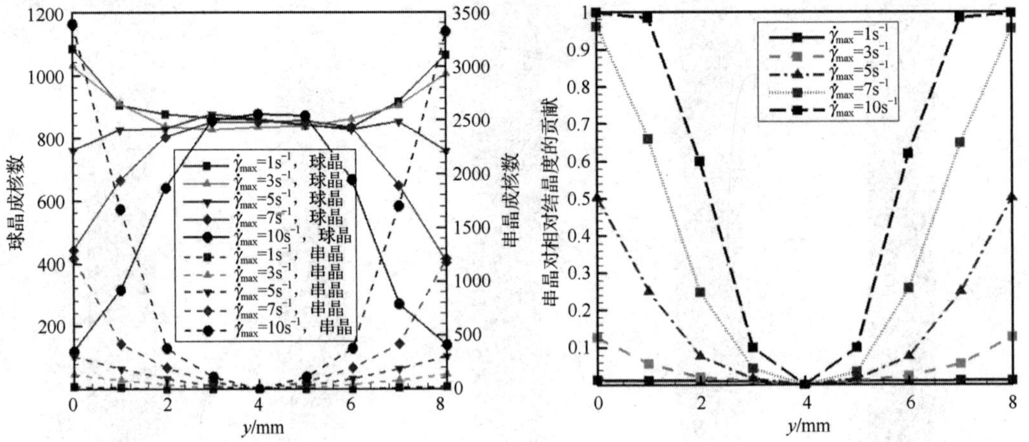

（a）球晶、串晶的成核数　　　　（b）串晶对相对结晶度的贡献

图 7.36　聚合物熔体最大入口速度对介观结构参数的影响

7.4　本章小结

本章首先构建了简单剪切流场下耦合流动诱导结晶的数学模型和数值算法，考察了外场因素与结晶过程间的影响关系；其次将其推广到库埃特流场中，构建了耦合宏观流体流动传热与介观结晶形态演化的多尺度模型、宏观有限体积法与介观 Monte Carlo 法耦合的多尺度算法，并基于模拟，研究了外场因素对结晶形态及结晶速率的影响；最后考察了管道流中聚合物的结晶过程，构建了相应的多尺度模型与多尺度算法，成功获得了“表层-芯层-表层”结构。所得结论如下。

（1）剪切时间对结晶速率、结晶形态影响重大；剪切时间越长结晶速率越快，串晶对结晶形态的影响越明显，各向异性更为显著。剪切时间对聚合物熔体黏度也有显著影响，这种影响主要体现在对相对结晶度的依赖上，当相对结晶度接近于某临界值时，聚合物熔体黏度将发生突增。

（2）剪切速率对结晶速率、结晶形态、聚合物熔体黏度等的影响与剪切时间的影响类似；增大剪切速率能提高结晶速率、提高串晶的各向异性，以及使聚合物熔体黏度发生突增的时间点提前。

（3）增大剪切速率或增加剪切时间，将提高串晶对相对结晶度的贡献，提高串晶成核密度及各向异性。

（4）降低边界温度冷却速率，将提高球晶成核密度，同时提高对相对结晶度的影响。

（5）聚合物熔体初始温度、聚合物熔体最大入口速度主要对串晶形态产生影响。

参 考 文 献

[1] 杨鸣波. 聚合物成型加工基础[M]. 北京，化学工业出版社: 2009.

[2] Swaminarayan S, Charbon C. A multiscale model for polymer crystallization. Ⅰ: growth of individual spherulites [J]. Polymer Engineering and Science, 1998, 38(4): 634-643.

[3] Kennedy P K, Zheng R. Flow Analysis of Injection Molds [M]. MunichCarl Hanser Verlag: Munich, 2013.

[4] Zuidema H. Flow induced crystallization of polymers [D]. Eindhoven: Eindhoven Technische University, 2001.

[5] Pantanin R, Coccorullo I, Speranza V, et al. Modeling of morphology evolution in the injection molding process of thermoplastic polymers [J]. Progress in Polymer Science, 2005, 30(12): 1185-1222.

[6] 周应国. 聚合物加工中结晶过程的建模及数值模拟[D]. 郑州: 郑州大学, 2009.

[7] 张秀斌. 聚乙烯类物质结晶的分子动力学模拟[D]. 长春: 吉林大学, 2002.

[8] Huang T, Kamal M R. Morphological modeling of polymer solidification [J].Polymer Engineering and Science, 2000, 40(8): 1796-1808.

[9] Zuidema H, Peters G W M, Meijer H E H. Development and validation of a recoverable strain-based model for flow induced crystallization of polymers [J]. Macromolecular Theory and Simulations, 2001, 10(5): 447-460.

[10] Quan H, Li Z M, Yang M B, et al. On transcrystallinity in semi-crystalline polymer composites [J]. Composites Science and Technology, 2005, 65(7,8): 999-1021.

[11] 权慧, 李忠明, 杨鸣波, 等. 半晶聚合物复合材料中的横晶[J]. 高分子通报, 2005, 3: 9-20.

[12] Billon N, Haudin J M. Influence of transcrystallinity on DSC analysis of polymers-experimental and theoretical aspects [J]. Journal of Thermal Analysis and Calorimetry,1994, 42(4): 679- 696.

[13] Thomason J L, Rooyen A A V. Transcrystallized interphase in thermoplastic composites. 1. Influence of fiber type and crystallization temperature [J]. Journal of Materials Science,1992, 27(4): 889-896.

[14] 杨海, 刘天西. 聚合物结晶动力学[J]. 南阳师范学院学报, 2007, 6(12): 37-40.

[15] Avrami M. Kinetics of phase change. I General theory [J]. the Journal of Chemical Physics,1939, 7: 1103-1112.

[16] Avrami M. Kinetics of phase change. Ⅱ Transformation-time relations for random distribution of nuclei [J]. the Journal of Chemical Physics, 1940, 8: 212-224.

[17] Avrami M. Kinetics of phase change. Ⅲ Granulation, phase change and microstructure [J]. the Journal of Chemical Physics, 1941, 9: 177-184.

[18] Evans U R. The laws of expanding circles and spheres in relation to the lateral growth of surface films and the grain-size of metals [J]. Transactions of The Faraday Society, 1945, 41: 365-371.

[19] 孙辉. 高聚物在有限体积元中的等温结晶动力学过程研究[D]. 天津: 天津工业大学, 2003.

[20] 张志英. 聚合物结晶动力学理论和方法研究[D]. 天津: 天津工业大学, 2006.

[21] 任敏巧, 张志英, 莫志深, 等.高聚物结晶后期动力学过程的研究进展[J]. 高分子通报, 2003, 3: 15-22.

[22] 周卫华, 林芳, 何丽娟. 高聚物结晶后期的动力学过程[J]. 合成纤维工业, 1988, 11(2): 37-42.

[23] Qian B G, Xu Y, Zhou E L, et al. The solid state reactions and transitions in high polymeric systems Ⅲ. The bulk crystallization of lanthanide-catalytically polymerized polydienes [J]. Materials Science,1988, 6(2): 97-116.

[24] Cheng S Z D, Wunderlich B. Modification of the Avrami treatment of crystallization to account for nucleus and interface [J]. Macromolecules, 1988, 21: 3327-3328.

[25] Kim S, Kim S C. Crystallization kinetics of poly(ethylene terephthalate). Part Ⅰ: Kinetics equation with variable growth rate [J].Polymer Engineering and Science, 1991, 31(2): 110-115.

[26] Price F P. A phenomenological theory of spherulitic crystallization: primary and secondary crystallization processes [J]. Journal of Polymer Science Part A General Papers ,1965, 3(9): 3079-3086.

[27] Fernando F, Perez-Cardenas C, Castillo L, et al. Modified Avrami expression for polymer crystallization kinetics [J]. Journal of Applied Polymer Science, 1991, 43(4): 779-782.

[28] Velisaris C, Seferis J. Crystallization kinetics of Polyetheretherketone (PEEK) matrices [J]. Polymer Engineering and Science, 1986, 26(22): 1574-1581.

[29] Wunderlich B. Macromolecular physics [M]. New York: Academic Press, 1976.

[30] 陶四平, 付晓蓉, 杨鸣波, 等. 结晶型聚合物注塑过程冷却模型的数值模拟[J]. 高分子学报, 2005, (1): 8-13.

[31] Ozawa T. Kinetics of non-isothermal crystallization [J]. Polymer, 1971, 12(3): 150-158.

[32] Ziabicki A, Jarecki L. Theoretical analysis of oriented and non-isothermal crystallization Ⅲ. Kinetics of crystal orientation [J]. Colloid and Polymer Science, 1978, 256: 332-342.

[33] Jeziorny A. Parameters characterizing the kinetics of the non-isothermal crystallization of poly (ethylene terephthalate) determined by DSC [J]. Polymer, 1978, 19(10): 1142-1144.

[34] Nakamura K, Watanabe T, Katayama K, et al. Some aspects of nonisothermal crystallization of polymers. Ⅰ. Relationship between crystallization temperature, crystallinity, and cooling conditions [J]. Journal of Applied Polymer Science, 1972, 16: 1077-1091.

[35] Kolmogorov A N. On the statistic of crystallization development in metals [J]. Bull. Akad. Sci. USSR, Class Sci, Math. Nat. 1937, 1: 355-359.

[36] Hoffman J D, Miller R L. Kinetic of crystallization from the melt and chain folding in

polyethylene fractions revisited: theory and experiment [J]. Polymer, 1997, 38(13): 3151-3212.

[37] Eder G. Crystallization kinetic equations incorporating surface and bulk nucleation processes [J]. ZAMM, 1996, 76(S4): 489-492.

[38] Angello C, Fulchiron R, Douilard A, et al. Crystallization of isotactic polypropylene under high pressure (gamma phase) [J]. Macromolecules, 2000, 33(11): 4138-4145.

[39] Ito H, Minagawa K, Takimoto J, et al. Effect of pressure and shear stress on crystallization behaviors in injection molding [J]. International Polymer Processing,1996, 11(4): 363-368.

[40] Guo J, Narh K A. Computer simulation of stress-induced crystallization in injection molded thermoplastics [J].Polymer Engineering and Science, 2001, 41(11): 1996-2012.

[41] 沈俊芳. 聚合物结晶形态演化的计算机模拟[D]. 郑州: 郑州大学, 2006.

[42] Eder G, Janeschitz-Kriegl H, Meijer H E H. Materials science and technology [M]. Weinheim: VCH A Wiley Company, 1997.

[43] Billon N, Escleine J M, Haudin J M. Isothermal crystallization kinetics in a limited volume, a geometrical approach based on Evans' theory [J]. Colloid and Polymer Science,1989, 267: 668-680.

[44] Piorkowska E. Modeling of crystallization kinetics in fiber reinforced composites [J]. Macromolecular Symposia,2001, 169(1): 143-148.

[45] Ziabicki A. Crystallization of polymers in variable external conditions Ⅰ. General Equations [J]. Colloid and Polymer Science, 1996, 274: 209-217.

[46] Charbon C, Swaminarayar S. A multiscale model for polymer crystallization. Ⅱ: Solidification of a macroscopic part [J].Polymer Engineering and Science, 1998, 38(4): 644-656.

[47] Raabe D. Mesoscale simulation of spherulite growth during polymer crystallization by use of a cellular automaton [J]. Acta Materialia, 2004, 52(9): 2653-2664.

[48] Raabe D, Godara A. Mesoscale simulation of the kinetics and topology of spherulite growth during crystallization of isotactic polypropylene (iPP) by using a cellular automaton [J]. Modelling & Simulation in Materials Science & Engineering, 2005, 13(5): 733.

[49] Lin J X, Wang C Y, Zheng Y Y. Prediction of isothermal crystallization parameters in monomer cast nylon 6 [J]. Computers & Chemical Engineering, 2008, 32(12): 3023-3029.

[50] Capasso V. Mathematical modeling for polymer processing [M]. Berlin:Springer , 2002.

[51] Micheletti A, Burger M. Stochastic and deterministic simulation of nonisothermal crystallization of polymers [J]. Journal of Mathematical Chemistry, 2001, 30(2): 169-193.

[52] Ketdee S. Anantawaraskul S. Simulation of crystallization kinetics and morphological development during isothermal crystallization of polymers: effect of number of nuclei and growth rate [J]. Chemical Engineering Communications,2008, 195: 1315-1327.

[53] Anantawaraskul S, Ketdee S, Supaphol P. Stochastic simulation for morphological development during the isothermal crystallization of semicrystalline polymers: a case study of syndiotactic polypropylene [J]. Journal of Applied Polymer Science, 2009, 111(5): 2260-2268.

[54] 阮春蕾. 聚合物及其复合体系流动与结晶的多尺度模拟[D]. 西安: 西北工业大学, 2011.

[55] Ruan C L, Ouyang J, Liu S Q, et al. Computer modeling of isothermal crystallization in short fiber reinforced composites [J]. Computers & Chemical Engineering, 2011, 35: 2306-2317.

[56] Ruan C L, Ouyang J, Liu S Q. Multi-scale modeling and simulation of crystallization during cooling in short fiber reinforced composites [J]. International Journal of Heat and Mass Transfer, 2012, 55(7-8): 1911-1921.

[57] Ruan C L, Ouyang J. Simulation of crystallization kinetics and morphology during non-isothermal crystallization in short fiber reinforced composites [J]. Journal of Applied Polymer Science, 2012, 123(3): 1584-1596.

[58] 杨玉良, 张红东. 高分子科学中的 Monte Carlo 方法[M]. 上海: 复旦大学出版社, 1993.

[59] Shen C, Zhou Y F, Chen J, et al. Numerical simulation of crystallization morphological evolution under nonisothermal conditions [J]. Polymer-Plastics Technology and Engineering, 2008, 47(7): 708-715.

[60] Wang X D, Ouyang J, Su J. et al, A phase-field model for simulating various spherulite morphologies of semi-crystalline polymers [J]. Chinese Physics B, 2013, 22(10).

[61] Wang X D, Ouyang J, Su J, et al. Phase field modeling of the ring-banded spherulites of crystalline polymers: the role of thermal diffusion [J]. Chinese Physics B, 2014, 23(12).

[62] Wang X D, Zhang H X, Zhou W, et al. A 3D phase-field model for simulating the crystal growth of semi-crystalline polymers [J]. International Journal of Heat and Mass Transfer,2017, 115: 194-205.

[63] Wang X D, Ouyang J, Liu Y. Prediction of flow effect on crystal growth of semi-crystalline polymers using a multi-scale phase-field approach [J]. Polymers, 2017, 9(12): 634.

[64] Wang X D, Ouyang J, Zhou W, et al. A phase field technique for modeling and predicting flow induced crystallization morphology of semi-crystalline polymers [J]. Polymers, 2016, 8(6): 230.

[65] 张晨辉. 聚合物结晶的相场方法数值模拟研究[D]. 太原: 太原科技大学, 2016.

[66] 王志凤, 杨斌鑫. 改进的聚合物结晶相场模型及数值模拟[J]. 太原科技大学学报, 2023, 44(1): 74-78.

[67] Fan M, He W H, Li Q Z, et al. PTFE crystal growth in composites: a phase-field model simulation study [J]. Materials,2022, 15(18): 6286.

[68] Kim Y T, Goldenfeld N, Dantzig J. Computation of dendritic microstructures using a level set method [J]. Physical Review E,2000, 62(2): 2471-2474.

[69] Liu Z J, Ouyang J, Ruan C, et al. Simulation of polymer crystallization under isothermal and temperature gradient condtions using praticle level set method [J]. Crystals,2016, 6(8):90.

[70] Liu Z J, Ouyang J, Zhou W, et al. Numerical simulation of the polymer crystallization during cooling stage by using level set method [J]. Computational Materials Science, 2015, 97: 245-253.

[71] Le Goff R, Poutot G, Delaunay D, et al. Study and modeling of heat transfer during the solidification of semi-crystalline polymers [J]. International Journal of Heat and Mass Transfer,

2005, 48(25,26): 5417-5430.

[72] Yang B, Fu X R, Yang W, et al. Effects of melt and mold temperatures on the solidification behavior of HDPE during Gas-assisted injection molding: an enthalpy transformation approach [J]. Macromolecular Materials and Engineering, 2009, 294(5): 336-344.

[73] 韩志超，严大东，董建华. 聚合物凝聚态的多尺度连贯研究[J]. 中国基础科学，2003, (6): 25-29.

[74] Isayev A I, Catignani B F. Crystallization and microstructure in quenched slabs of various Molecular Weight Polypropylenes [J].Polymer Engineering and Science, 1997, 37(9): 1526-1539.

[75] Yan D Y, Jiang H, Li H X. FEM simulation of nonisothermal crystallization, 1 crystallinity distribution on 2D space [J]. Macromolecular Theory and Simulations, 2000, 9(3): 166-175.

[76] Yang B, Fu X R, Yang W, et al. Numerical prediction of phase-change heat conduction of injection-molded high density polyethylene thick-walled parts via the enthalpy transforming model with mushy zone [J].Polymer Engineering and Science, 2008,48(9): 1707-1717.

[77] Hu W B, Frenkel D, Mathot V B F. Intramolecular nucleation model for polymer crystallization [J]. Macromolecules, 2003, 36(21): 8178-8183.

[78] Hu W B. Intramolecular crystal nucleation [J]. Lecture Notes in Physics, 2007, 714: 47-63.

[79] Hu W B, Frenkel D, Mathot V B F. Phase transitions of bulk statistical copolymers studied by dynamic Monte Carlo simulations [J]. Macromolecules, 2003, 36(6): 2165-2175.

[80] Hu W B, Frenkel D, Mathot V B F. Free energy barrier to melting of single-chain polymer crystallite [J]. the Journal of Chemical Physics, 2003, 118(8): 3455-3457.

[81] Hu W B, Frenkel D, Mathot V B F. Crystallization driven by anisotropic interaction [J]. Advances in Polymer Science, 2005,191(1): 1-35.

[82] 陈彦，杨小震，徐翔，等. 分子动力学方法模拟单链聚乙烯的结晶过程[J]. 计算机与应用化学, 1999, 16(2): 81-88.

[83] 杨小震. 分子模拟与高分子材料[M]. 北京：科学出版社, 2003.

[84] Amitay-Sadovsky E, Cohen S R, Wagner H D. Nanoscale shear and indentation measurements in transcrystalline alpha-isotactic polypropylene [J]. Macromolecules, 2001, 34(5): 1252-1257.

[85] Cho K, Kim D, Yoon S. Effect of substrate surface energy on transcrystalline polymers [J]. Macromolecules, 2003, 36(20): 7652-7650.

[86] Mader E, Pisanova E. Interfacial design in fiber reinforced polymers [J]. Macromolecular Symposia,2001, 163(1): 189-212.

[87] Gati A, Wagner H D. Stress transfer efficiency in semicrystalline-based composites comprising transcrystalline interlayers [J]. Macromolecules, 1997, 30(13): 3933-3935.

[88] Moon C K. The effect of interfacial microstructure on the interfacial strength of glass-fiber polypropylene resin composites [J]. Journal of Applied Polymer Science, 1994, 54(1): 73-82.

[89] Yue C Y, Cheung W L. Some observations on the role of transcrystalline interphase on the interfacial strength of thermoplastic composites [J]. Journal of Materials Science Letters, 1993,

12(14): 1092-1094.

[90] Joseph P V, Joseph K, Thomas S, et al. The thermal and crystallization studies of short sisal fiber reinforced polypropylene composites [J]. Composites Part A, 2003, 34(3): 253-266.

[91] Wu C M, Chen M, Karger-Kocsis J. The role of metastability in the micromorphologic features of sheared isotactic polypropylene melts [J]. Polymer, 1999, 40(15): 4195-4203.

[92] Nagae S, Otsuka Y, Nishid A M, et al. Transcrystallization at glass-fiber polypropylene interface and its effect on the improvement of mechanical properties of the composites [J]. Journal of Materials Science Letters, 1995, 14(17): 1234-1236.

[93] Nakamura K, Katayama K, Amano T. Some aspects of nonisothermal crystallization of polymers. Ⅱ. Consideration of the isokinetic condition [J]. Journal of Applied Polymer Science, 1973, 17(14): 1031-1041.

[94] Janevski A, Bogoeva-Gaceva G. Isothermal crystallization of iPP in model glass-fiber composites [J]. Journal of Applied Polymer Science, 1998, 69(2): 381-389.

[95] Run M T, Song H Z, Yao C G, et al. Crystal morphology and nonisothermal crystallization kinetics of short carbon fiber/poly(trimethylene terephthalate) composites [J]. Journal of Applied Polymer Science, 2007, 106(2): 868-877.

[96] Zheng L J, Qi J G, Zhang Q H, et al. Crystal morphology and isothermal crystallization kinetics of short carbon fiber/poly(ethylene 2,6-naphthalate) composites [J]. Journal of Applied Polymer Science, 2008, 108(1): 650-658.

[97] Benard A, Advani S G. An analytical model for spherulitic growth in fiber-reinforced polymers [J]. Journal of Applied Polymer Science, 1998, 70(9): 1677-1687.

[98] Mehl N A, Rebenfeld L. Computer simulation of crystallization kinetics and morphology in fiber-reinforced thermoplastic composites. Ⅲ. Thermal Nucleation [J]. Journal of Polymer Science, Part B: Polymer Physics,1995, 33(8): 1249-1257.

[99] Mehl N A, Rebenfeld L. Computer simulation of crystallization kinetics and morphology in fiber-reinforced thermoplastic composites. I. Two-dimensional case [J]. Journal of Polymer Science, Part B: Polymer Physics,1993, 31(12): 1677-1686.

[100] Mehl N A, Rebenfeld L. Computer simulation of crystallization kinetics and morphology in fiber-reinforced thermoplastic composites. II. Three-dimensional case [J]. Journal of Polymer Science, Part B: Polymer Physics,1993, 31(12): 1687-1693.

[101] Krause T H, Kalinka G, Auer C, et al. Computer simulation of crystallization kinetics in fiber-reinforced composites [J]. Journal of Applied Polymer Science, 1994, 51(3): 399-406.

[102] 孙雅杰，杨其，李光宪，等. 流动致结晶建模方法的研究进展[J]. 高分子通报，2006, (4): 42-46.

[103] Keller A, Kolnaar H W H. Materials science and technology polymer processing [M], Weinheim: Wiley, 1998.

[104] Doufas A K, Mchugh A J, Miller C. Simulation of melt spinning including flow-induced crystallization. Part Ⅰ. Model development and predictions [J]. Journal of Non-Newtonian Fluid

Mechanics, 2000, 92(1): 27-66.

[105] Ziabicki A, Janecki L, Sorrentino A. The role of flow-induced crystallization in melt spinning [J]. e-Ploymers, 2004, 4(1): 72.

[106] Koscher E, Fulchiron R. Influence of shear on polypropylene crystallization: Morphology development and kinetics [J]. Polymer, 2002, 43(25): 6931-6942.

[107] Janeschitz-Kriegl H. How to understand nucleation in crystallizing polymer melts under real processing conditions [J]. Colloid and Polymer Science, 2003, 281(12): 1157-1171.

[108] Tanner R I, Qi F Z. A comparison of some models for describing polymer crystallization at low deformation rates [J]. Journal of Non-Newtonian Fluid Mechanics, 2005, 127(2,3): 131-141.

[109] Zheng R, Kennedy P K. A model for post-flow induced crystallization: general equations and predictions [J].Journal of Rheology,2004, 48(4): 823-842.

[110] Coppola S, Grizzuti N,Maffettone P L. Microrheological modeling of flow-induced crystallization [J]. Macromolecules, 2001, 34(14): 5030-5036.

[111] Boutaous K, Carror C, Guillet J. Polypropylene during crystallization from the melt as a model for the rheology of molten-filled polymers [J]. Journal of Applied Polymer Science, 1996, 60(1): 103-117.

[112] Kulkarni J A, Beris A N. Lattice-based simulations of chain conformations in semi-crystalline polymers with application to flow-induced crystallization [J]. Journal of Non-Newtonian Fluid Mechanics, 1999, 82(2,3): 331-366.

[113] Hass T W, Maxwell B. Effects of shear stress on the crystallization of linear polyethylene and poly-1-butene [J].Polymer Engineering and Science, 1969, 9(4): 225-241.

[114] Titomanlio G, Lamberti G. Modeling flow induced crystallization in film casting of polypropylene [J]. Rheologica Acta,2004,43:146-158.

[115] Kim K H, Isayev A I, Kwon K. Flow induced crystallization in the injection molding of polymers: a thermodynamics approach [J]. Journal of Applied Polymer Science, 2005, 95(3): 502-523.

[116] Eder G, Janeschitz-Kriegl H, Liedauer S. Crystallization processes in quiescent and moving polymer melts under heat transfer conditions [J]. Progress in Polymer Science, 1990, 15(4): 629-714.

[117] Acierno S, Palomba B, Winter H H, et al. Effect of molecular weight on the flow-induced crystallization of isotactic poly(1-butene) [J]. Rheologica Acta, 2003, 42: 243-250.

[118] Guo X, Isayev A I, Demiray M. Crystallinity and microstructure in injection moldlings of Isotactic Polypropylenes. Part Ⅱ: Simulation and experiment [J].Polymer Engineering and Science, 1999, 39(11): 2132-2149.

[119] Ziabicki A. The mechanisms of 'neck-like' deformation in high-speed melt spinning. 2. Effects of polymer crystallization [J]. Journal of Non-Newtonian Fluid Mechanics, 1988, 30(2-3): 157-168.

[120] Han S, Wang K K. Shrinkage prediction for slowly crystallizing thermoplastic polymers in

injection molding [J]. International Polymer Processing,1997, 12(3): 228-237.

[121] Tanner R I. On the flow of crystallizing polymers: Ⅰ. Linear regime [J]. Journal of Non-Newtonian Fluid Mechanics, 2003, 112(2-3): 251-268.

[122] Katayama K, Yoon M. Polymer crystallization in melt spinning: mathematical simulation[J]. High-speed fiber spinning, 1985: 207-223.

[123] Guo X, Isayev A I, Guo L. Crystallinity and microstructure in injection moldlings of isotactic polypropylenes. Part 1: a new approach to modeling and model parameters [J].Polymer Engineering and Science, 1999, 39(10): 2096-2114.

[124] Owens R G, Phillips T N. Computational Rheology [M]. London:Imperial College Press, 2002.

[125] Bird R B, Curtiss C, Armstrong R. Dynamics of polymeric liquids [M].New York:Wiley, 1987.

[126] 郑泓. 聚合物挤出成型过程计算机模拟与流场中大分子链形态流变学的研究[D]. 上海: 上海交通大学, 2007.

[127] Meerveld J V. Model development and validation of rheological and flow induced crystallization models for entangled polymer melts [D]. Eindhoven: Eindhoven Technische University, 2005.

[128] 王锦燕, 陈静波, 刘春太, 等. 聚合物流动诱导结晶数值模拟[J]. 化工学报, 2011, 62(4): 1150-1156.

[129] 王锦燕. 注塑成型中结晶形态演化的数值模拟[D]. 郑州: 郑州大学, 2012.

[130] 荣彦, 贺惠萍, 曹伟, 等. 基于两相模型的聚合物流动诱导结晶数值模拟[J]. 化工学报, 2012, 63(7): 2252-2257.

[131] Rong Y, He H P, Cao W, et al. Multi-scale molding and numerical simulation of the flow-induced crystallization [J]. Computational Materials Science, 2013, 67: 35-39.

[132] Boutaous M, Bourgin P, Zinet M. Thermally and flow induced crystallization of polymers at low shear rate [J]. Journal of Non-Newtonian Fluid Mechanics, 2010, 165(5-6): 227-237.

[133] 聂仪晶. 拉伸和流动诱导聚合物结晶的分子模拟[D]. 南京: 南京大学, 2013.

[134] Samuels R J. 结晶高聚物的性质: 结构的识别、解释和应用[M]. 徐振淼, 译. 北京: 科学出版社, 1984.

[135] Pantanin R, Coccorullo I, Speranza V, et al. Morphology evolution during injection molding: effect of packing pressure [J]. Polymer,2007, 48(9): 2778-2790.

[136] Ruan C L, Guo L M, Liang K F, et al. Computer modeling and simulation for 3D crystallization of polymers. Ⅰ. Isothermal case [J]. Polymer-Plastics Technology and Engineering, 2012, 51(8): 810-815.

[137] Ruan C L, Guo L M, Liang K F, et al. Computer modeling and simulation for 3D crystallization of polymers. Ⅱ. Non-isothermal case [J]. Polymer-Plastics Technology and Engineering, 2012, 51(8): 816-822.

[138] Johnson W A, Mehl R F. Reaction kinetics in processes of nucleation and growth [J]. Transactions of American Institute of Mining Metallurgical,and Petroleum Engineers,1939, 135: 416-458.

[139] Prabhu N, Schultz J, Advani S G,et al. Role of coupling microscopic and macroscopic phenomena during the crystallization of semicrystalline polymers [J].Polymer Engineering and Science, 2001, 41(11): 1871-1885.

[140] 陶文铨. 数值传热学[M]. 2 版. 西安: 西安交通大学出版社, 2000.

[141] Charbon C H, Rappaz M. Shape of grain boundaries during phase transformations [J]. Acta Materialia, 1996, 44(7): 2663-2668.

[142] 陶四平. 高密度聚乙烯注塑成型冷却过程中温度分布及结晶行为的研究[D]. 成都: 四川大学, 2004.

[143] Ruan C L. Multiscale numerical study of 3D polymer crystallization during cooling stage [J]. Mathematical Problems in Engineering,2012.

[144] Zheng R, Tanner R I, Fan X J. Injection Molding: Integration of Theory and Modeling Methods [M]. Berlin:Springer, 2011.

[145] Allen M P, Tildesley D J. Computer simulation of liquids [M]. New York:Oxford university press, 2017.

[146] Ruan C L, Liang K F, Liu E L. Macro-micro simulation for polymer crystallization in Couette flow[J]. Polymers, 2017, 9(699): 1-16.

[147] Ruan C, Liu C T, Zheng G Q. Monte carlo simulation for the morphology and kinetics of spherulites and shish-kebabs in isothermal polymer crystallization[J]. Mathematical Problems in Engineering, 2015, 1-10.

[148] Ruan C L. Kinetics and morphology of flow induced polymer crystallization in 3D shear flow investigated by Monte Carlo simulation [J]. Crystals, 2017, 7(51): 1-16.

[149] 阮春蕾, 刘春太. 剪切流场中聚乙烯结晶过程的建模与模拟[J]. 化工学报, 2016, 67(5): 2144-2151.

[150] Thananchai L. Mathematical modeling of solidification of semi-crystalline polymers under quiescent non-isothermal crystallization: determination of crystallite's size [J]. Science Asia, 2001, 27: 127-132.

[151] Piorkowska E. Modeling of polymer crystallization in a temperature gradient [J]. Journal of Applied Polymer Science, 2002, 86: 1351-1362.

[152] Mark H. Introduction to numerical methods in differential equations [M]. New York:Springer, 2011.

[153] Piorkowska E, Galeski A. Handbook of Polymer Crystallization [M]. New Jersey:Wiley, 2013.

[154] Liu P Q, Hu A, Wang S, et al. Evaluation of nonisothermal crystallization kinetics models for linear poly(phenylene sulfide) [J]. Journal of Applied Polymer Science, 2011, 121(1): 14-20.

[155] Yang J, McCoy B, Madras G. Distribution kinetics of polymer crystallization and the Avrami equation [J]. the Journal of Chemical Physics, 2005, 122(6): 064901.

[156] Zhou Y G, Turng L S, Shen C Y. Modeling and prediction of morphology and crystallinity for cylindrical-shaped crystals during polymer processing [J].Polymer Engineering and Science, 2010, 50(6): 1226-1235.

[157] Zhou Y G, Wu W B, Lu G Y, et al. Isothermal and non-isothermal crystallization kinetics and predictive modeling in the solidification of poly(cyclohexylene dimethylene cyclohexanedicarboxylate) melt [J]. Journal of Elastomers and Plastics,2016, 49(2): 132-156.

[158] Pawlak A, Piorkowska E. Crystallization of isotactic polypropylene in a temperature gradient [J]. Colloid and Polymer Science, 2001, 279: 939-946.

[159] Ruan C L. Morphological Monte Carlo simulation for crystallzation of isotactic polypropylene in a temperature gradient [J]. Crystals, 2019, 9(213): 1-13.

[160] 严波，李阳，孔啸，等. 塑料注射成型结晶过程三维数值模拟[J]. 高分子学报，2011，(2): 173-179.

[161] Zinet M, Otmani R E, Boutaous M, et al. Numerical modeling of nonisothermal polymer crystallization kinetics: flow and thermal effects [J].Polymer Engineering and Science, 2010, 50(10): 2044-2059.

[162] Schneider W, Koppl A, Berger J. Non-isothermal crystallization of polymers [J]. International Polymer Processing,1988, 3: 151-154.

[163] Godara A, Raabe D, Van Puyvelde P, et al. Influence of flow on the global crystallization kinetics of iso-tactic polypropylene [J]. Polymer TestIng,2006, 25(4): 460-469.

[164] Chung S T, Kwon T H. Coupled analysis of injection molding filling and fiber orientation, including in-plane velocity gradient effect [J]. Polymer Composites,1996, 17(6): 859-872.

[165] Chung D H, Kwon T H. Invariant-based optimal fitting closure approximation for the numerical prediction of flow-induced fiber orientation [J]. Journal of Rheology, 2002, 46(1): 169-194.

[166] Aboubacar M, Webster M F. A cell-vertex finite volume/element method on triangles for abrupt contraction viscoelastic flows [J]. Journal of Non-Newtonian Fluid Mechanics, 2001, 98(2-3): 83-106.

[167] Mu Y, Zhao G Q, Chen A B, et al. Numerical investigation of the thermally and flow induced crystallization behavior of semi-crystalline polymers by using finite element-finite difference method [J]. Computers & Chemical Engineering, 2012, 46: 190-204.

[168] 刘德峰. 粘弹性流动的微观-宏观确定性数值模拟[D]. 西安：西北工业大学, 2008.

[169] Kumaraswamy G, Issaian A M, Kornfield J A. Shear-enhanced crystallization in isotactic polypropylene. 1. Correspondence between in situ rheo-optics and situ structure determination [J]. Macromolecules, 1999, 32: 7537-7547.

[170] Rhie C M, Chow W L. Numerical study of the turbulent flow past an airfoil with trailing edge separation [J]. AIAAJ, 1983, 21(11): 1525-1632.

[171] Oliveira P J, Miranda A I P. A numerical study of steady and unsteady viscoelastic flow past bounded cylinders [J]. Journal of Non-Newtonian Fluid Mechanics, 2005, 127(1): 51-66.

[172] Ruan C L, Ouyang J. Microstructures of polymer solutions of flow past a confined cylinder [J]. Polymer-Plastics Technology and Engineering, 2010, 49(5): 510-518.

[173] Jan-Willem H, Markus G, Gerrit W M P. Structure-property relations in molded, nucleated isotactic polypropylene [J]. Polymer, 2009, 50(10): 2304-2319.